大学入試

全レベル問題集
物　理

[物理基礎・物理]

基礎レベル

はじめに

日本では，これまで11人の先生方がノーベル物理学賞を受賞されています。受賞内容は，画期的な予言や理論体系の完成であったり，先駆的な実験や発明など様々ですが，一ついえることは，どの先生方もはじめは皆さんと同じように物理の勉強をはじめられたということです。
またこれは，ノーベル賞受賞者に限ったことでもありません。もっと身近なところでは，学校の先生，予備校や塾の先生，先輩，友人やライバルだって，はじめはこの問題集のレベルから出発しています。

本書は「物理基礎」と「物理」で学習する，必ず押さえておきたい基本事項を中心に，問題演習を通じて短期間で学習できるようになっています。考え方のポイント・公式の使い方を復習するのに最適で，基礎固め・大学受験準備用としてオススメです。

どんどん問題にチャレンジしてみてください。

物理では問題を解くにあたり，何よりも大切なのは「考える」ことです。解答を覚えるのではなく，じっくり考えた結果を他の問題にもあてはめて考えることで，どんどん解けるようになります。科目によっては，たくさん暗記すればある程度有利かもしれませんが，物理ではこの考えた結果をどれだけ持っているかがカギとなります。すぐに解けない場合は，実際に教科書を開いて公式や考え方を確認したり，学校で配られた副教材，その他の参考書などを参照してみるのも有効です。あきらめずに，自分なりの答えを導き出すのが一番の近道です。

そして次のステップへ向けて，本書が大いなる礎となりますことを，願っております。

旺 文 社

目 次

装丁デザイン：ライトパブリシティ
本文デザイン：イイタカデザイン
執筆・編集協力：株式会社群企画
編集担当：椚原文彦

本シリーズの特長

1. 自分にあったレベルを短期間で総仕上げ

本シリーズは，理系の学部を目指す受験生に対応した短期集中型の問題集です。４レベルあり，自分にあったレベル・目標とする大学のレベルを選んで，無駄なく学習できるようになっています。また，基礎固めから入試直前の最終仕上げまで，その時々に応じたレベルを選んで学習できるのも特長です。

レベル①…「物理基礎」と「物理」で学習する基本事項を中心に総復習するのに最適で，基礎固め・大学受験準備用としてオススメです。
レベル②…共通テスト「物理」受験対策用にオススメで，分野によっては「物理基礎」の範囲からも出題されそうな融合問題も収録。全問マークセンス方式に対応した選択解答となっています。また，入試の基礎的な力を付けるのにも適しています。
レベル③…入試の標準的な問題に対応できる力を養います。問題を解くポイント，考え方の筋道など，一歩踏み込んだ理解を得るのにオススメです。
レベル④…考え方に磨きをかけ，さらに上位を目指すならこの一冊がオススメです。目標大学の過去問と合わせて，入試直前の最終仕上げにも最適です。

2. 入試過去問を中心に良問を精選

本シリーズに収録されている問題は，効率よく学習できるように，過去の入試問題を中心にレベル毎に学習効果の高い問題を精選してあります。なかには入試問題に改題を加えることで，より一層学習効果を高めた問題もあります。

3. 解くことに集中できる別冊解答

本シリーズは問題を解くことに集中できるように，解答・解説は使いやすい別冊にまとめました。より実戦的な問題集として，考える習慣を身に付けることができます。

本書の使い方

問題編は学習しやすいように分野ごとに，教科書の学習進度に応じて問題を配列しました。最初から順番に解いていっても，苦手分野の問題から先に解いていってもいいので，自分にあった進め方で，どんどん入試問題にチャレンジしてみましょう。問題文に記した「基」マークは，主に「物理基礎」で扱う内容を示しています。学習する上での参考にしてください。

なお，有効数字について特に指定がない場合は，有効数字 2 桁で答えてください。

問題を一通り解いてみたら，次は別冊解答に進んでください。解答は問題番号に対応しているので，すぐに見つけることができます。構成は次のとおりです。解けなかった場合はもちろん，答が合っていた場合でも，解説は必ず読んでください。

答 …一目でわかるように，最初の問題番号の次に明示しました。
解説 …わかりやすいシンプルな解説を心がけました。
Point …問題を解く際に特に重要な知識，考え方のポイントをまとめました。
注意 …間違えやすい点，着眼点などをまとめました。
参考 …知っていて得をする知識や情報，一歩進んだ考え方を紹介しました。

志望校レベルと「全レベル問題集　物理」シリーズのレベル対応表

＊ 掲載の大学名は本シリーズを活用していただく際の目安です。

本書のレベル	各レベルの該当大学
① 基礎レベル	高校基礎～大学受験準備
② 共通テストレベル	共通テストレベル
③ 私大標準・国公立大レベル	[私立大学] 東京理科大学・明治大学・青山学院大学・立教大学・法政大学・中央大学・日本大学・東海大学・名城大学・同志社大学・立命館大学・龍谷大学・関西大学・近畿大学・福岡大学　他 [国公立大学] 弘前大学・山形大学・茨城大学・新潟大学・金沢大学・信州大学・神戸大学・広島大学・愛媛大学・鹿児島大学・東京都立大学　他
④ 私大上位・国公立大上位レベル	[私立大学] 早稲田大学・慶應義塾大学／医科大学医学部 他 [国公立大学] 東京大学・京都大学・東京工業大学・北海道大学・東北大学・名古屋大学・大阪大学・九州大学・筑波大学・千葉大学・横浜国立大学・大阪市立大学／医科大学医学部　他

学習アドバイス

 公式を1つでも多く自分の味方に！

物理の問題に取り組むにあたり，公式を知らなければ，答えを導くことは不可能に近いでしょう。ただ残念なことに,「公式を暗記すれば解けるのか」と問われれば，答えはNoです。無味乾燥な数式をいくら暗記しても，公式の意味を知らなければ，問題を解けるようにはなりません。

物理は身のまわりの自然現象を研究し，不変の法則を発見し，数式によって表現された学問です。したがって，公式のもととなる物理現象が存在し，実験によって公式はどのようにして導かれたのか，この文字の組合せにはどんな意味があるのか，単位はどうなっているのか，…この1つひとつを，じっくりと吟味する必要があります。そして，公式が奏でる意味を深く理解できてはじめて，すんなりと問題が解けるようになります。

本書では，分野ごとに入試でよく出る重要公式に的をしぼり，まず数値を代入して公式の使い方に慣れる練習から学習が始まります。1つのテーマで3から4題の問題をやさしい順に並べました。最終的には教科書の例題・章末問題レベルの問題を解けるようになることが目標です。

 教科書の図や写真もしっかり確認しよう！

教科書に載っている図や実験結果の写真も，しっかり読み込んでおくこともオススメの学習法です。「百聞は一見にしかず」のことわざどおり，知識の定着や公式のイメージをつかみやすくなるだけでなく，頭の中で運動の様子や状態変化がシミュレーションしやすくなります。

日ごろから教科書を眺めるだけでも，できれば教科書を丸々1冊読み切ってしまうのも，幅広い知識の習得には有効です。

考え方のポイントをマスターしよう！

問題を解くにあたり，公式の次に大切となるのが考え方のポイントです。つまり設問の条件を式に落とし込む際のコツをしっかり押さえることです。

これはどの問題にもあてはまることですが，この場面ではこの公式・解法パターンを使うといったような Point を，本書の解説では一目でわかるようになっています。しっかりと身に付けてください。

また，解けないからといって，すぐに解説を読むのではなく，実際に教科書を開いて公式や考え方を確認したり，学校で配られた副教材，その他の参考書などを参照してみるのも有効です。

あきらめずに，自分なりの答えを導き出すのが一番の近道です。

どんどん問題に挑戦しよう！

このレベルでは，基礎的な問題をどんどん解き，反復練習をして基礎学力を身に付けるのことが大切です。

本書に収録された問題を完全に解けるまで，何度も解いて，自分のものにしてください。そして１つでも多く「解ける！」問題を確実に増やし，さらに上を目指してがんばりましょう。

それでは，はじめましょう！

第1章 力　学

1 平均の速さ

1 速さ 基

(1) 36 km/h は何 m/s か。

(2) 20 m/s は何 km/h か。

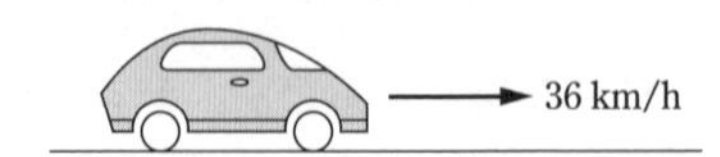

2 平均の速さ① 基

電車がA駅からB駅までの 24 km を 20 分で走った。この電車のA駅からB駅まで走る平均の速さは何 km/h か。

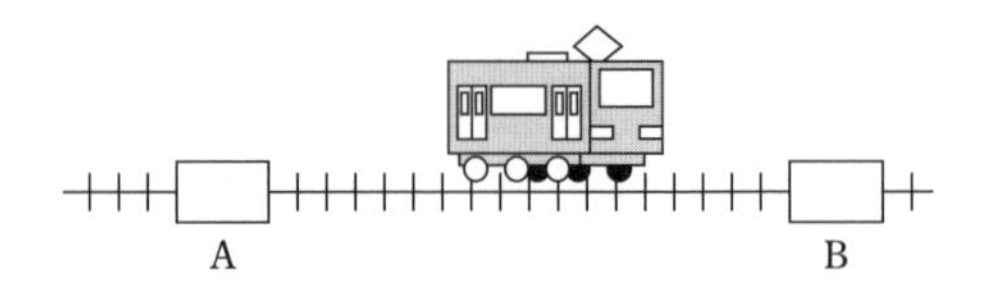

3 平均の速さ② 基

4.0 km 離れた隣町へ，行きは 60 分で歩き，帰りは急いで 40 分で歩いて帰った。往復の間の平均の速さは何 km/h か。

2 相対速度

4 一直線上の相対速度 基

東西にのびる，まっすぐな線路に沿った道を，西向きに 20 m/s の速さで車が走っている。線路を走っている電車が，車から次のように見えるとき，電車の進む向きと速さを求めよ。

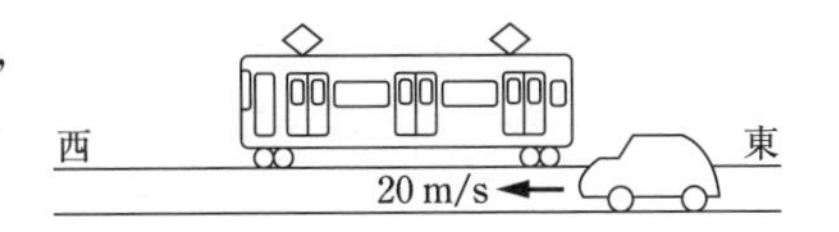

(1) 5 m/s の速さで追い抜かれている。

(2) 止まって見える。

(3) 50 m/s の速さですれ違う。

5 平面上の相対速度①

雨が鉛直に降るなかを，水平面上をまっすぐに電車が速さ 17 m/s で走っていると，電車の中の人から見ると雨は鉛直方向と 60° の角度で降っているように見えた。雨の降っている速さを求めよ。ただし，$\sqrt{3}=1.7$ とする。

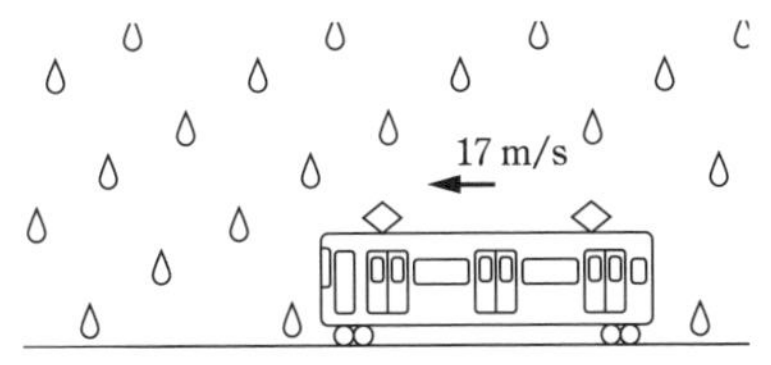

6 平面上の相対速度②

東西と南北にのびる直線道路の交差点から，A は東向きに，B は北向きに，ともに 2.8 m/s の速さで自転車で同時に出発した。このとき，A から見て，B はどちらの方向にどのくらいの速さで移動しているように見えるか。ただし $\sqrt{2}=1.4$ とする。

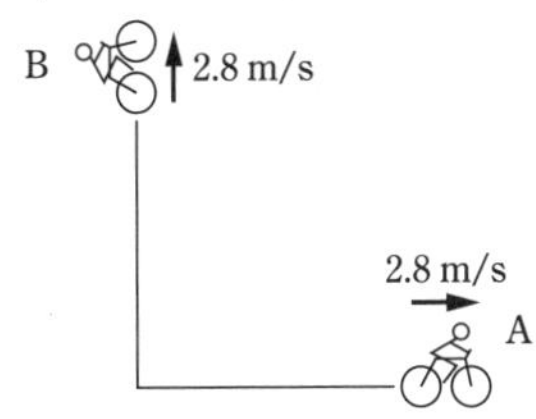

3 等加速度直線運動

7 等加速度直線運動① 基

静止していた物体が動き出し，一直線上を正の向きに 3.0 m/s^2 の一定の加速度で進んだ。動き出してからの経過時間が次のとき，物体の速度は何 m/s か。

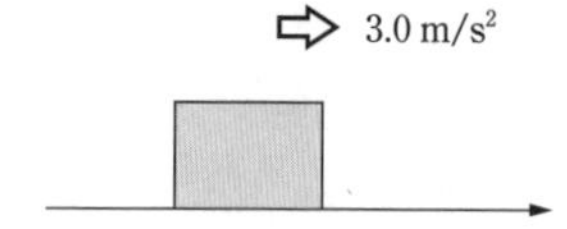

(1) 1.0 秒後

(2) 5.0 秒後

8 等加速度直線運動② 基

7.5 m/s で一直線上を正の向きに動いていた物体が，原点Oを通過後一定の加速度で減速し，減速し始めてから 5.0 秒後に止まった。このときの物体の加速度は何 m/s^2 か。

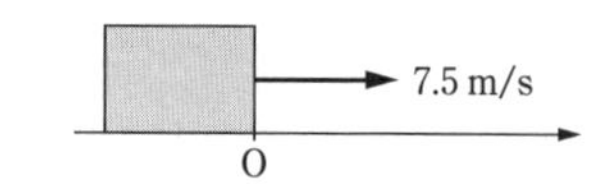

9 *v*-*t* グラフ 基

右の図は，車が直線道路を走り出してから t 秒後の車の速さ v〔m/s〕の関係を示す v-t グラフである。このグラフについて，次の問いに答えよ。

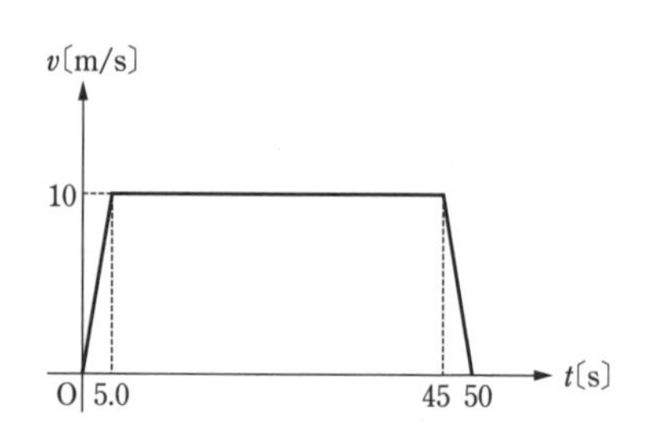

(1) この車が，進行方向に対して負の加速度で走っているのは何秒後から何秒後の間か。

(2) この車が，加速度 0 で走っていたのは何秒間か。

(3) この車は，停止するまで何m走ったか。

(4) この車が 50 m 進むのは，走り出してから何秒後か。

4 自由落下・鉛直投げ下ろし

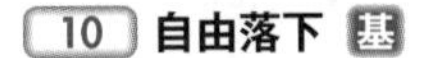

10 自由落下 基

ビルの6階から小球を静かにはなすと，2.0秒後に地面に達した。重力加速度の大きさを$9.8\ \mathrm{m/s^2}$として，次の問いに答えよ。

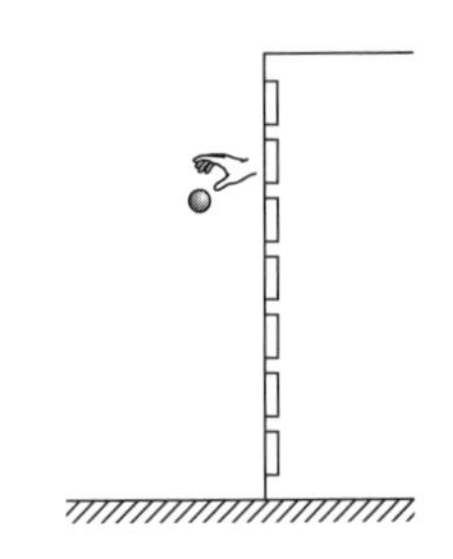

(1) 地面に達する直前の小球の速さは何m/sか。

(2) 6階は地上何mのところか。

11 自由落下の v-t グラフ 基

自由落下する物体について，運動をはじめてからt秒後の速さをv〔m/s〕とするとき，vとtの関係を示すv-tグラフとして正しいものを①～④から1つ選べ。

①

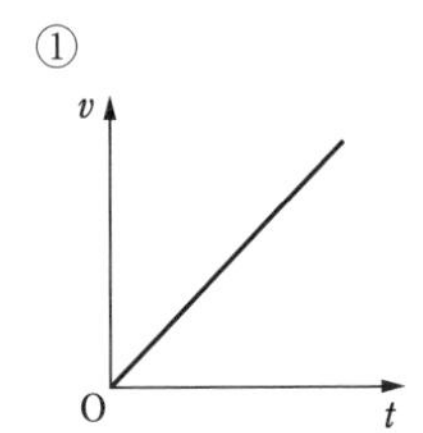

②

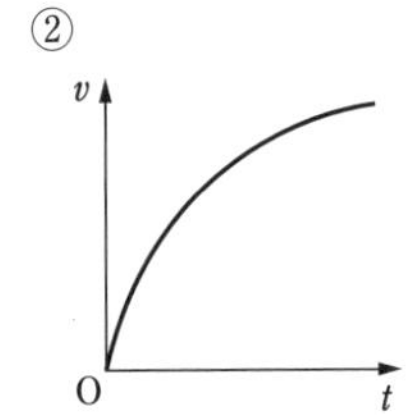

③

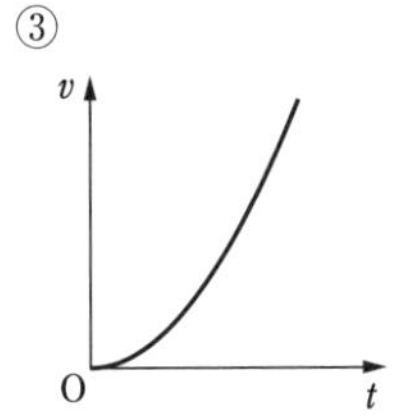

④

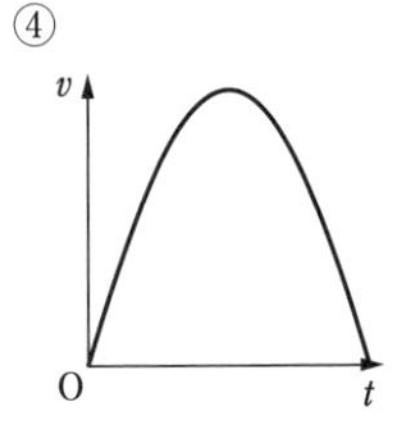

12 鉛直投げ下ろし 基

ビルの屋上から，小球を初速度2.5 m/sで鉛直下向きに投げ下ろすと2.0秒後に地面に達した。重力加速度の大きさを$9.8\ \mathrm{m/s^2}$として，次の問いに答えよ。

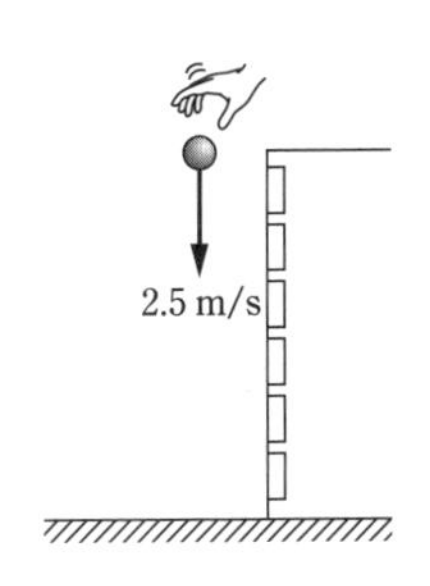

(1) 地面に達する直前の小球の速さは何m/sか。

(2) ビルの屋上は地上何mのところか。

5 鉛直投げ上げ

13 鉛直投げ上げ 基

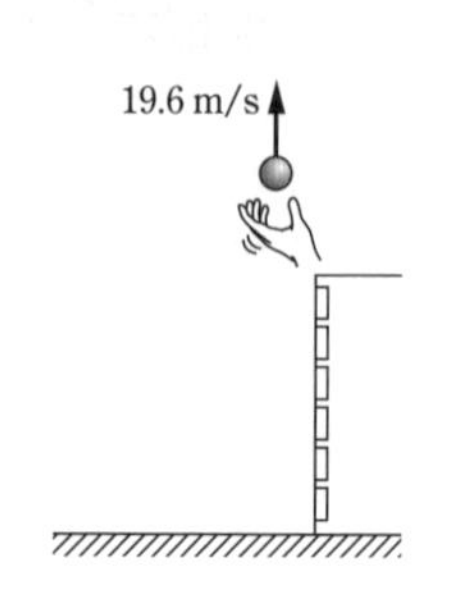

ビルの屋上から小球を鉛直上向きに 19.6 m/s の速さで投げ上げた。すると 6.0 秒後に地面に達した。重力加速度の大きさを $9.8\,\mathrm{m/s^2}$ として，次の問いに答えよ。

(1) 小球が最高点に達するのは投げ上げてから何秒後か。

(2) ビルの屋上は地上何mのところか。

14 鉛直投げ上げの v-t グラフ 基

ビルの 3 階の窓から鉛直上向きに小球を初速度 v_0〔m/s〕で投げ上げたとき，次の問いに答えよ。

(1) t 秒後の小球の速度を v〔m/s〕とするとき，v と t の関係を示す v-t グラフとして正しいものを①～④から 1 つ選べ。ただし，鉛直上向きを正とする。

①
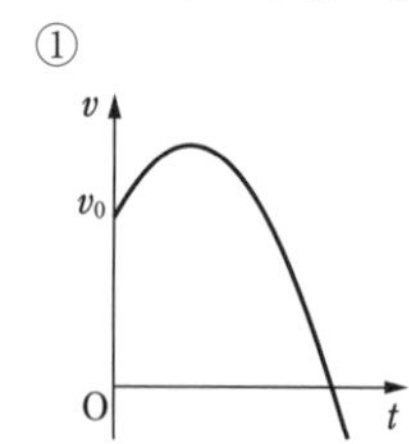

②
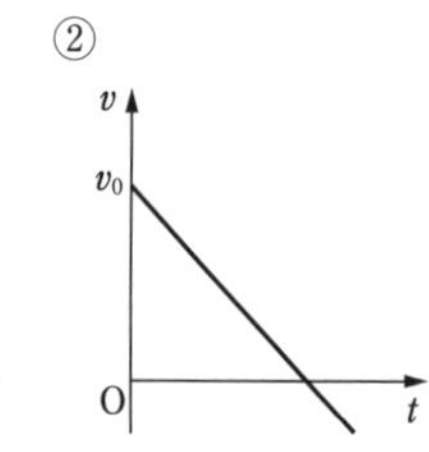

③
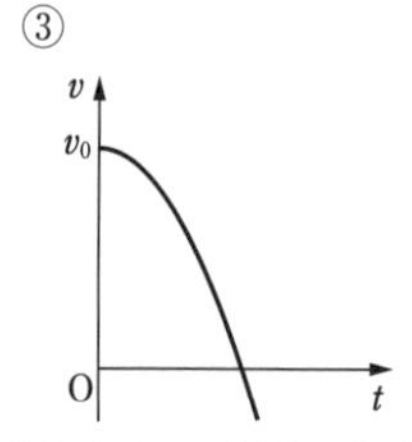

④
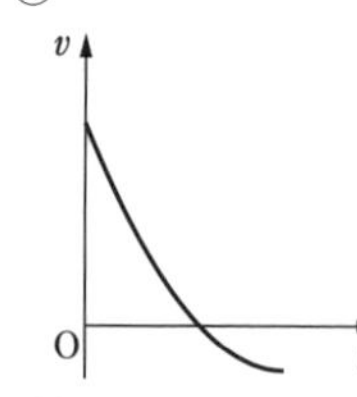

(2) (1)で選んだグラフについて，グラフが t 軸と交わる時刻の小球の位置として正しいものを①～③から 1 つ選べ。

① 小球が最高点にある。

② 小球が投げ上げた高さまで戻っている。

③ 小球が地面に達した。

15 自由落下と鉛直投げ上げ 基

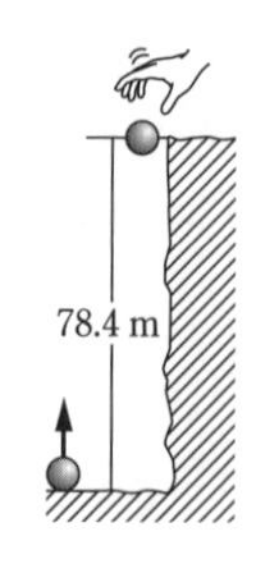

高さ 78.4 m の崖の上から小球を静かにはなすと同時に，地面から鉛直上向きに小球を投げ上げたところ，2 つの小球は衝突することなく同時に地面に達した。このとき，重力加速度の大きさを $9.8\,\mathrm{m/s^2}$ として，次の問いに答えよ。

(1) 地面に達するのは，2 つの小球が運動を始めてから何秒後か。

(2) 地面から投げ上げた小球は，はじめ何 m/s の速さで投げ上げられたか。

6 水平投射・斜方投射

16 水平投射

速さ 288 km/h で地面からの高さを 78.4 m に保って水平飛行している飛行機がある。この飛行機から，物体を静かに落下させて地上の目的地点に着地させるためには，目的地点から水平距離で何m手前で落下させればよいか。重力加速度の大きさを 9.8 m/s² とし，空気抵抗は無視できるものとする。 〈東京都市大〉

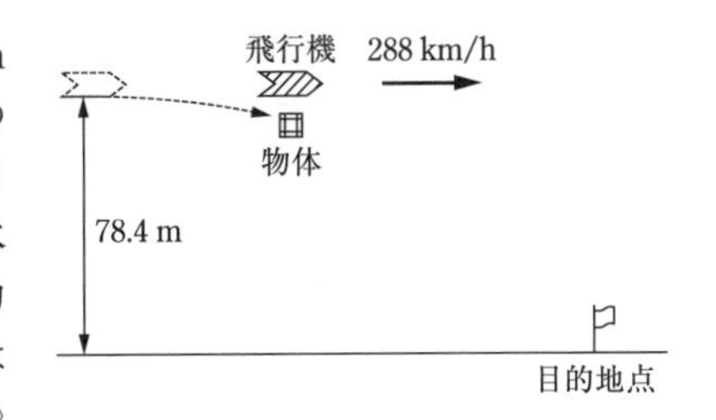

17 斜方投射①

水平な地面上の一点Aから，水平と 60° の角度をなす斜め上方に，質量 m〔kg〕の小物体を初速度 v_0〔m/s〕で発射した。物体は図に示すような放物線を描いて，地面上の点Bに落下した。図中の点Mは最高点である。重力加速度の大きさを g〔m/s²〕として次の問いに答えよ。

(1) 最高点Mの高さはいくらか。

(2) 点Aから点Bまでの水平距離はいくらか。

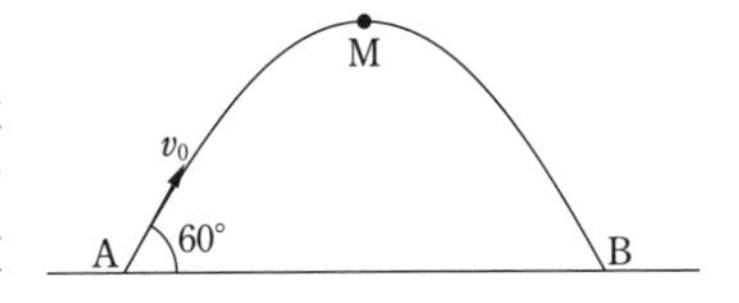

18 斜方投射②

図に示すように，地面からの高さ 29.4 m の位置から水平方向と 30° の角をなす方向に初速度 9.8 m/s で小物体を投げ出した。以下の問いに答えよ。必要ならば，$\sqrt{3}=1.73$ として計算せよ。

(1) 小物体が最高点に到達するまでにかかる時間は，投げ出してから何秒後か。

(2) 小物体が地面に到達するのは，投げ出してから何秒後か。

(3) 小物体が地面に到達するまでに進んだ水平距離は何mか。

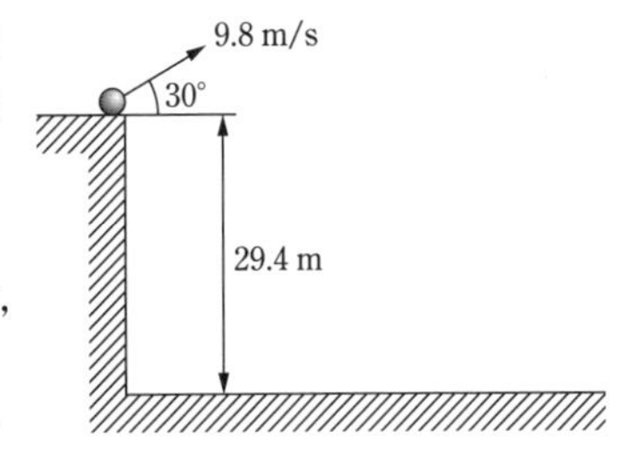

〈大阪産業大〉

7 いろいろな力

19 重力 基

質量 10 kg の物体がある。次の場合について，この物体にはたらく重力の向きと大きさを求めよ。ただし，重力加速度の大きさを 9.8 m/s² とする。

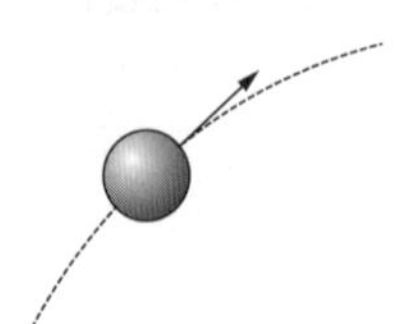

(1) 手の上にのせた物体が静止しているとき。

(2) 斜方投射された物体が上昇中のとき。

20 物体にはたらく力 基

次の場合について，物体にはたらく力を矢印で示し，それぞれの力の名称を書け。

(1) 水平面上で静止している物体。

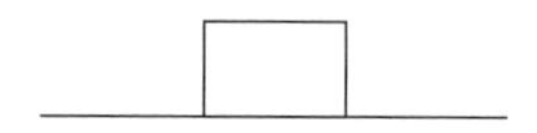

(2) 天井から 2 本の糸でつるされて静止している物体。

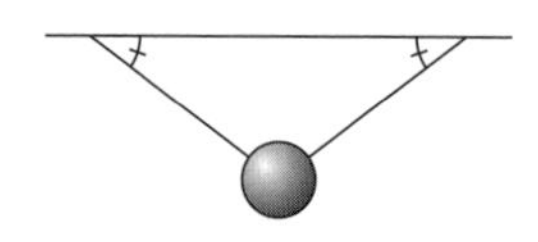

(3) あらい斜面上で静止している物体。

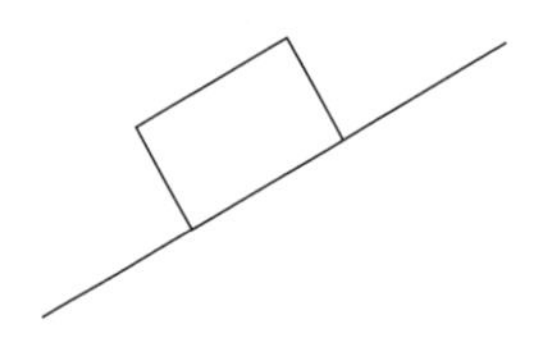

(4) 糸に引かれてあらい水平面上を右向きに運動している物体。

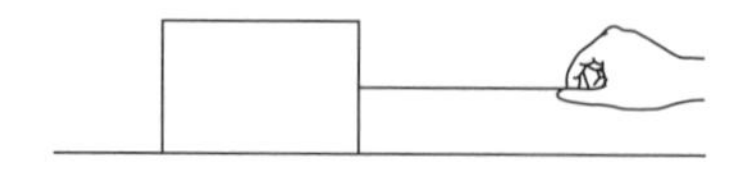

8 力のつりあい

21 糸の張力 基

天井からぶら下げた糸に，質量 0.10 kg のおもりを付けて静止させた。このとき糸の張力の大きさを答えよ。ただし，重力加速度の大きさを 9.8 m/s² とする。

22 物体が受ける力 基

右の図のように，水平な床の上に直方体Bが置かれ，その上に直方体Aが置かれている。AもBも静止しているとして，直方体Bにはたらいている力の名称と力の向きを正しく表しているものを，下の①～④から選べ。

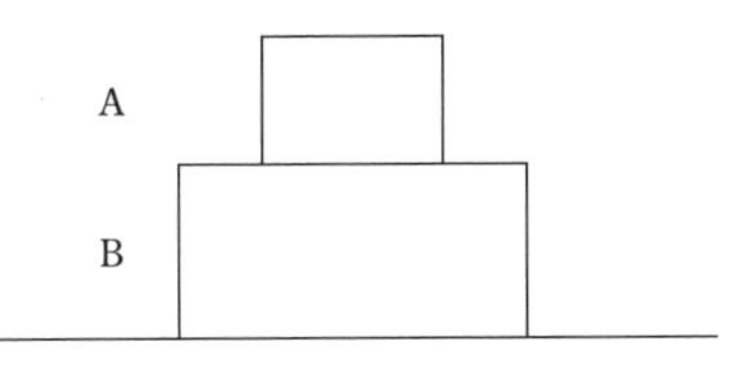

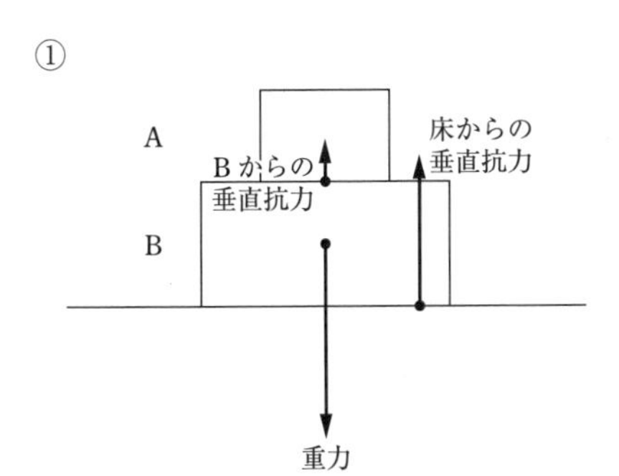

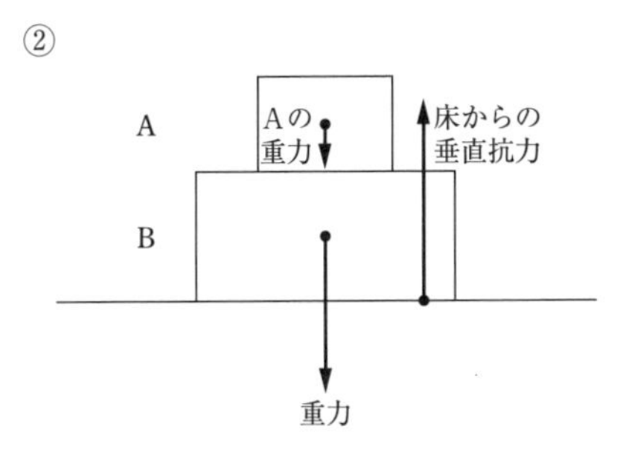

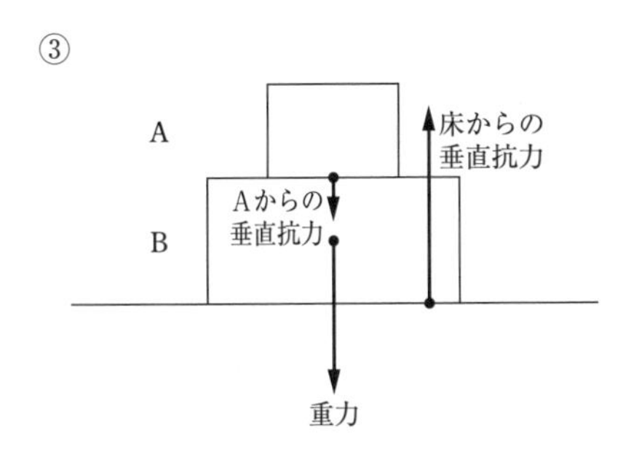

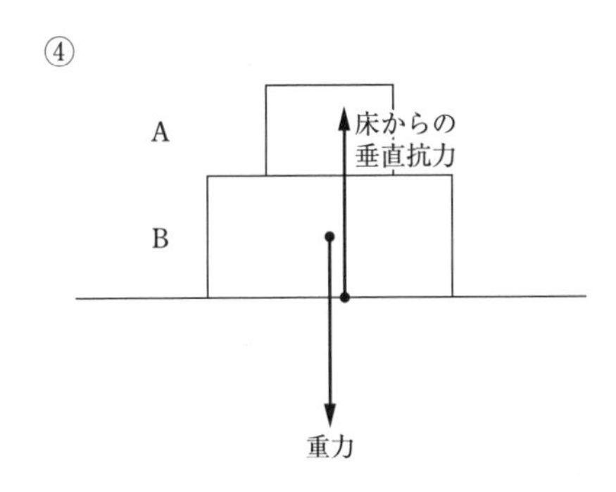

9 フックの法則

23 フックの法則① 基

つる巻きばねを手で引いて，0.15 m 伸ばしたところ，手はばねから 3.0 N の大きさの力を受けた。ばね定数は何 N/m か。

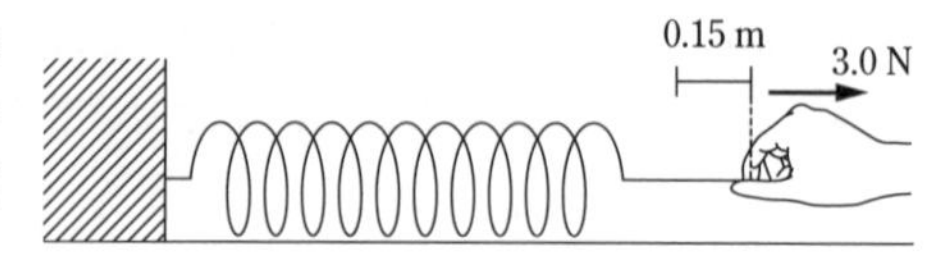

24 フックの法則② 基

つる巻きばねに 100 g のおもりをつるしたところ，ばねは自然長より 0.020 m 伸びた。次に，このばねの一端を固定して水平な面に置き，自然長より 0.10 m 縮めるには何Nの力でばねを押せばよいか。ただし，重力加速度の大きさを 9.8 m/s^2 とする。

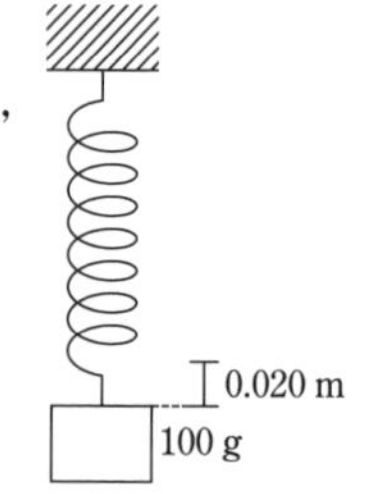

25 両端におもりをつり下げたばね 基

右の図のように，一端を壁に固定したつる巻きばねに，滑車を通して質量 2.0 kg の物体をつるしたとき，ばねが 4.9 cm 伸びた。重力加速度の大きさを 9.8 m/s^2 として，次の問いに答えよ。

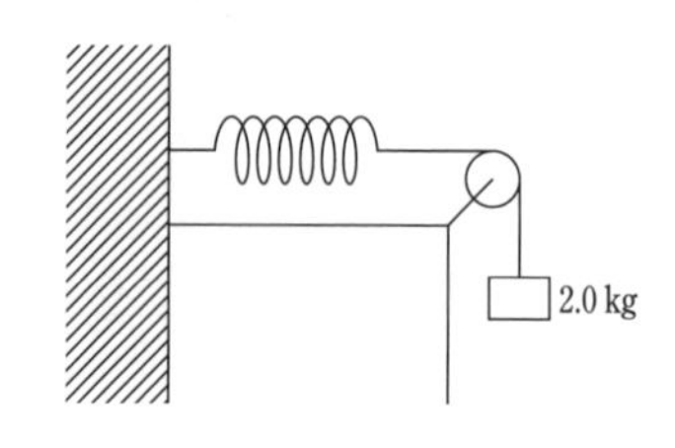

(1) このばねのばね定数を求めよ。

(2) このばねを右図のように，両端に滑車を通して質量 2.0 kg のおもりをそれぞれつるした。このとき，自然長からのばねの伸びは何 cm か。

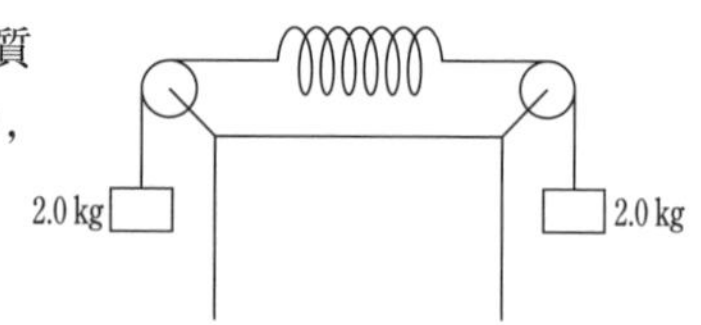

10 圧力と浮力

26 圧力 基

掲示板に画びょうでお知らせを貼り付ける。画びょうの上の面積を 1.2×10^{-4} m^2，下の針の部分の面積を 1.8×10^{-8} m^2，指で押す力を 18 N とする。画びょうが指から受ける圧力 p_1〔Pa〕，針が掲示板を押す圧力 p_2〔Pa〕を，それぞれ求めよ。

27 水中の圧力 基

水深 10 m における圧力は何 Pa か。大気圧を 1.0×10^5 Pa，水の密度を 1.0×10^3 kg/m^3，重力加速度の大きさを 9.8 m/s^2 とする。

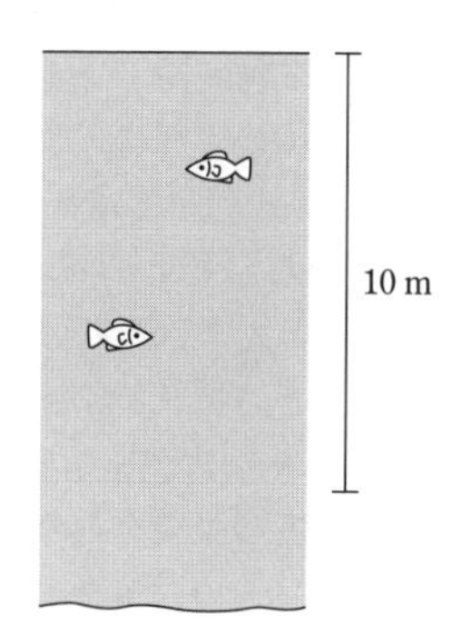

28 浮力 基

図のように縦 5.0 cm，横 10 cm，高さ 6.0 cm の直方体を，密度 1.2×10^3 kg/m^3 の液体の中に静かに入れたところ，上から 1.0 cm のところまで液体の中に入って浮いたまま静止した。重力加速度の大きさを 9.8 m/s^2 として，このときの物体の重さを求めよ。

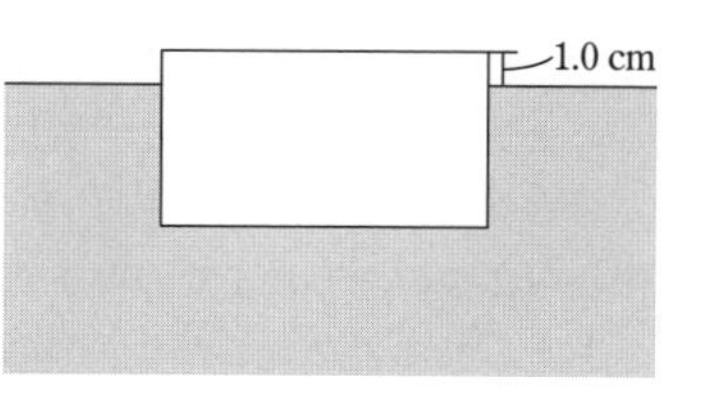

11 水平・鉛直方向の運動方程式

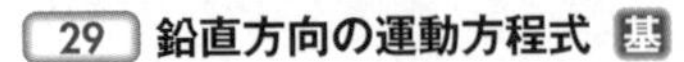

29 鉛直方向の運動方程式 基

質量 2.0 kg の物体に糸を付けぶら下げた。次の問いに答えよ。ただし，重力加速度の大きさを $9.8\ \mathrm{m/s^2}$ とする。

(1) 鉛直上向きに 30 N の力を糸に加え続けるとき，物体が上昇する加速度の大きさを求めよ。

(2) 物体が一定の速さ 4.0 m/s で上昇するようにする。このとき，糸の張力を求めよ。

2.0 kg

30 2体問題① 基

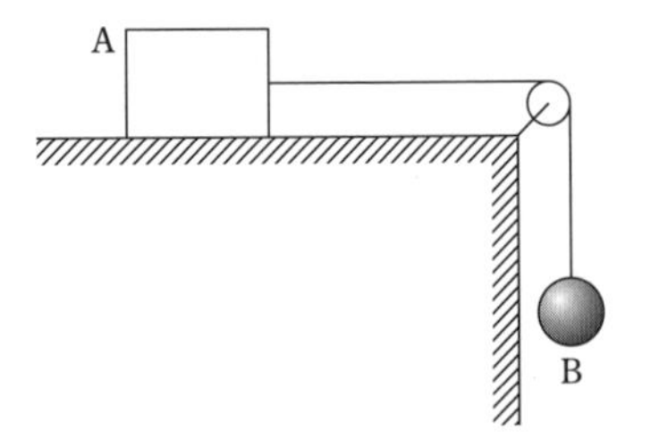

右の図のように，なめらかな水平面上に物体Aを置き，糸を付けて滑車を通し，質量 2.0 kg のおもりBをつるしたところ，おもりBは加速度 $7.0\ \mathrm{m/s^2}$ で降下した。次の問いに答えよ。ただし，重力加速度の大きさを $9.8\ \mathrm{m/s^2}$ とする。

(1) おもりBが加速度 $7.0\ \mathrm{m/s^2}$ で降下しているときの糸の張力を求めよ。

(2) 物体Aの質量を求めよ。

31 2体問題② 基

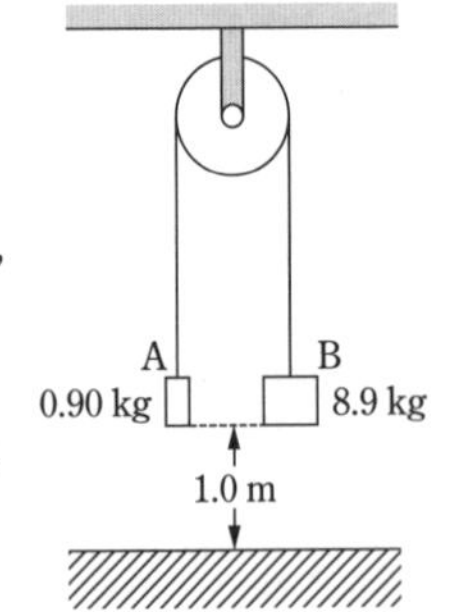

図に示すように，天井に取り付けた滑車に，糸でつないだおもりAとBをつり下げる。滑車はなめらかに回転し質量が無視できる。また，糸は伸び縮みせず質量が無視できる。

おもりAの質量は 0.90 kg，Bの質量は 8.9 kg である。はじめ，床から2つのおもりまでの高さが同じになるように，おもりBはささえられていた。このときの高さは 1.0 m であった。その後，Bのささえをはずすと，2つのおもりは初速度 0 m/s で加速度運動を始めた。

重力加速度の大きさを $9.8\ \mathrm{m/s^2}$ として，以下の問いに答えよ。

(1) 運動中のおもりの，加速度の大きさはいくらか。

(2) 運動中，おもりAを上向きに引いている糸の力の大きさはいくらか。

(3) 運動を始めてから，おもりBが床に着地するまでの時間は何秒か。

(4) おもりBが床に着く直前の速さはいくらか。

〈東北工業大〉

12 摩擦のある面上の運動

32 摩擦のある平面上の運動 基

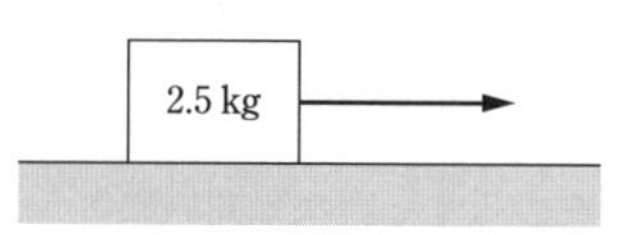

あらい水平面上に質量 2.5 kg の物体がある。この物体にひもを付け，水平方向に引く。物体と面との静止摩擦係数を 0.40，動摩擦係数を 0.20 として，次の問いに答えよ。ただし，重力加速度の大きさを 9.8 m/s^2 とする。

(1) ひもを 8.0 N の力で引いたとき物体は動かなかった。このときの摩擦力を求めよ。

(2) 徐々に引く力を大きくしていくと物体は動き出した。動き出す直前のひもを引く力の大きさは何 N か。

(3) ひもを 12 N の力で引いたときの摩擦力の大きさを求めよ。

33 摩擦のある斜面上の運動 基

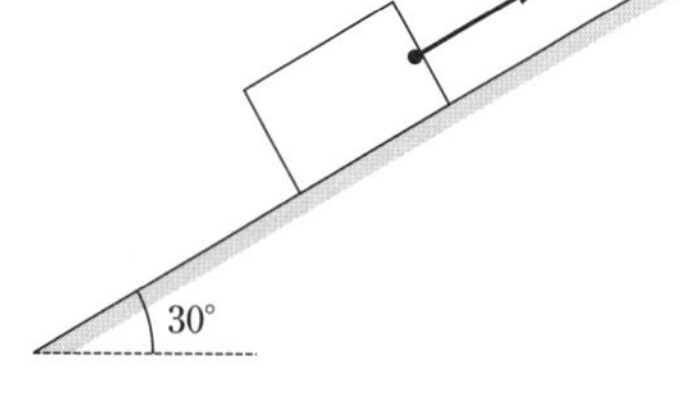

右の図のように，あらい斜面に質量 2.0 kg の物体があり，糸を付け斜面にそって上向きに大きさ f〔N〕の力で引く。重力加速度の大きさを 9.8 m/s^2 として，次の問いに答えよ。

(1) 糸を 6.0 N の力で引いたとき物体は動かなかった。このときの静止摩擦力の向きと大きさを求めよ。

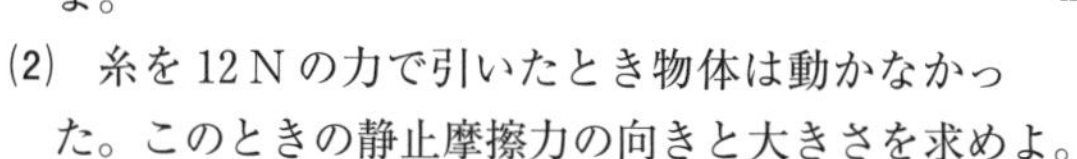

(2) 糸を 12 N の力で引いたとき物体は動かなかった。このときの静止摩擦力の向きと大きさを求めよ。

(3) 物体は動かず，かつ静止摩擦力を 0 N にするには，何Nの力で糸を引けばよいか。

34 動摩擦係数 基

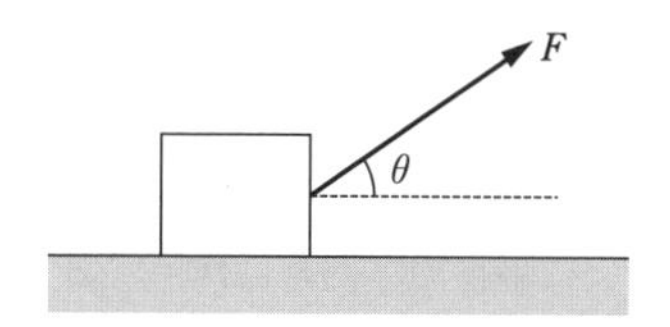

図のように，あらい水平面上に置いた質量 m の物体に，水平と θ の角をなす向きに大きさ F の一定の力を加え続けた。物体と水平面の間の動摩擦係数を μ'，重力加速度の大きさを g として，以下の問いに答えよ。

(1) 動摩擦力の大きさを f とすれば，この物体の加速度 a の大きさはいくらか。

(2) 垂直抗力 N の大きさはいくらか。

(3) 動摩擦力の大きさ f はいくらか。

〈東北工業大〉

13 斜面上の運動方程式

35 斜面上の運動方程式① 基

水平面と30°の角度をなす斜面上に物体Aを置き，軽いひもを付け，滑車を通して質量10 kgのおもりをつるした。次の問いに答えよ。ただし，重力加速度の大きさを10 m/s^{2}とし，無理数は開平しないでそのまま用いること。

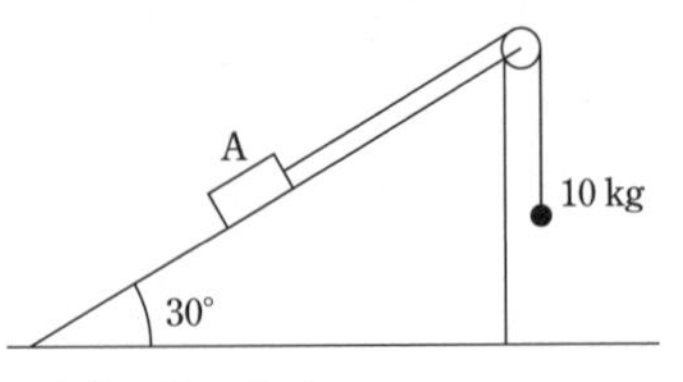

まず，なめらかな斜面の場合，おもりは加速度5.0 m/s^{2}で降下した。

(1) おもりが降下している間のひもの張力は何Nか。

(2) 物体Aの質量は何kgか。

あらい斜面の場合には，おもりは加速度4.0 m/s^{2}で降下した。

(3) おもりが降下している間のひもの張力は何Nか。

(4) 物体Aが斜面から受ける垂直抗力は何Nか。

(5) 斜面と物体Aとの間の動摩擦係数を求めよ。

〈九州産業大〉

36 斜面上の運動方程式② 基

図のように斜面の上に物体を置いた場合を考える。ただし，物体の質量をm，重力加速度の大きさをg，物体と斜面の間の静止摩擦係数をμ，動摩擦係数をμ'とする。

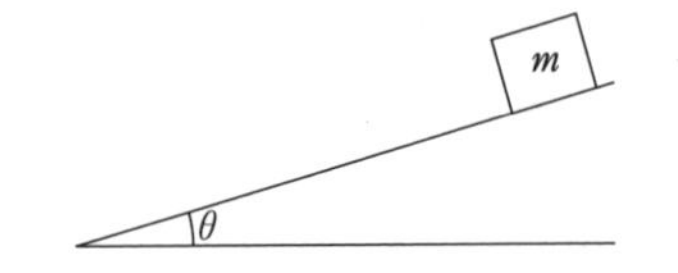

(1) 斜面と水平のなす角度がθのとき，物体を斜面の上に静かに置いたところ，物体は静止摩擦力のために静止していた。このとき物体に作用する重力の，斜面に平行な成分と垂直な成分の大きさはそれぞれいくらか。

(2) 斜面の角度θを次第に大きくしたところ，角度θ_0を超えた瞬間，物体は滑り出した。物体と斜面の間の静止摩擦係数μはいくらか。

(3) 斜面の角度をθ_0より小さい値θに戻し，物体を再び斜面の上に静かに置き，物体に打撃を加え，斜面に平行な下向きの初速度v_0を与えた。運動中に物体に対して斜面に平行で下向きに作用する力はいくらか。

(4) (3)の打撃を加えたのち，しばらくすると物体は停止した。停止するまでに物体の動いた距離sはいくらか。

〈神奈川工科大〉

14 仕事と仕事率

37 仕事① 基

次の問いに答えよ。

(1) 物体に 2.0 N の力を加え続けて，その力の向きに 5.0 m 動かすとき，力が物体にした仕事は何 J か。

(2) 水平面に置かれた物体を，水平面から 30° の向きに大きさ 5.0 N の力を加え続け，水平方向に 4.0 m 移動した。力が物体にした仕事は何 J か。ただし，$\sqrt{3}=1.7$ とする。

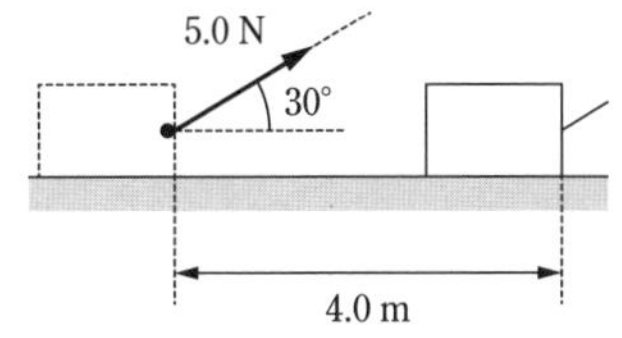

(3) 質量 10 kg の物体を，人がゆっくりと 1.0 m 持ち上げたとき，人がした仕事は何 J か。ただし，重力加速度の大きさを 9.8 m/s² とする。

38 仕事② 基

右の図のように，あらい水平面上の質量 5.0 kg の物体に軽いひもを付け，右向きに 12 N の力を加えて 5.0 m 引いた。物体と面の間の動摩擦係数を 0.2 として次の問いに答えよ。ただし，重力加速度の大きさを 9.8 m/s² とする。

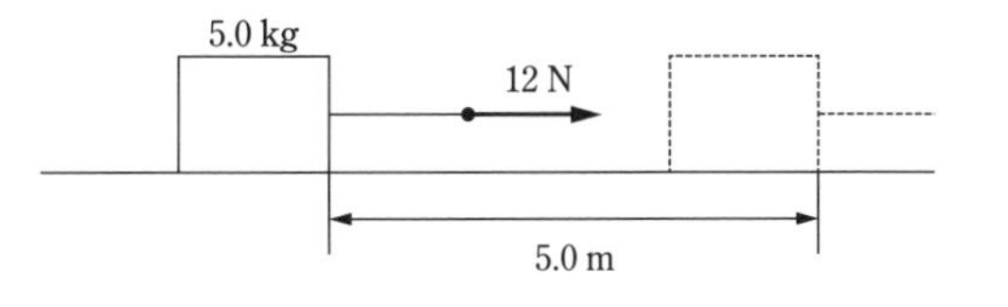

(1) 加えた力がした仕事は何 J か。

(2) 物体にはたらく垂直抗力がした仕事は何 J か。

(3) 物体にはたらく動摩擦力がした仕事は何 J か。

(4) 物体にはたらく重力がした仕事は何 J か。

(5) 物体がされた仕事は何 J か。

39 仕事と仕事率 基

クレーンが，質量 500 kg の物体を一定の速さで 40 m 持ち上げるのに 49 秒かかった。このとき次の問いに答えよ。ただし，重力加速度の大きさを 9.8 m/s² とする。

(1) クレーンがした仕事は何 J か。

(2) このときの仕事率を求めよ。

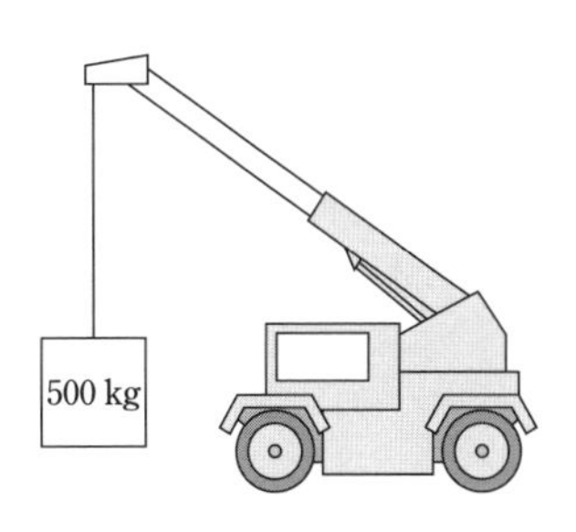

15 力学的エネルギー保存の法則

40 力学的エネルギー保存の法則① 基

図のように，なめらかな水平面上を速さ 4.2 m/s で運動している小球が，なめらかな斜面を上っていった。小球は水平面から何 m の高さまで達するか。ただし，重力加速度の大きさを 9.8 m/s^2 とする。

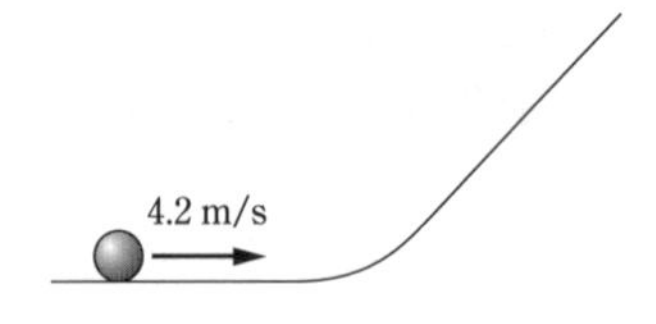

41 力学的エネルギー保存の法則② 基

図のように，高さ 20 m の位置Aから，質量 2.0 kg の小球を静かにはなすと，なめらかな曲線にそって小球は高さ 0.0 m の点Bを通って，高さ 10 m の点Cへと進んだ。重力加速度の大きさを 9.8 m/s^2，$\sqrt{2}=1.4$ として次の問いに答えよ。

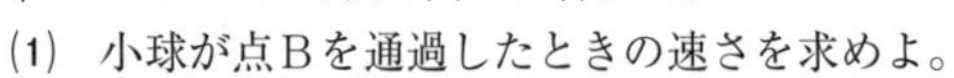
(1) 小球が点Bを通過したときの速さを求めよ。

(2) 小球が点Cを通過したときの速さを求めよ。

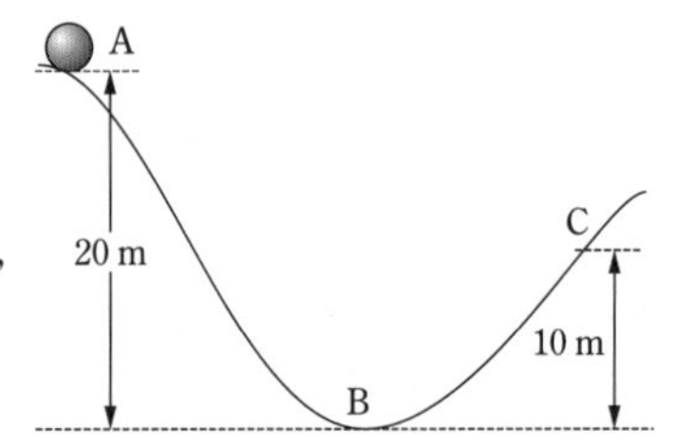

42 単振り子 基

図のように，長さ l〔m〕の軽い糸におもりを付けた振り子を，糸をぴんと張った状態で鉛直方向と 45° の位置にある点Aから，ゆっくりはなした。このとき，次の問いに答えよ。ただし，重力加速度の大きさを g〔m/s^2〕とする。

(1) おもりが最下点Bを通るときの速さを求めよ。

(2) 鉛直方向と 30° の位置にある点Cをおもりが通るときの速さを求めよ。

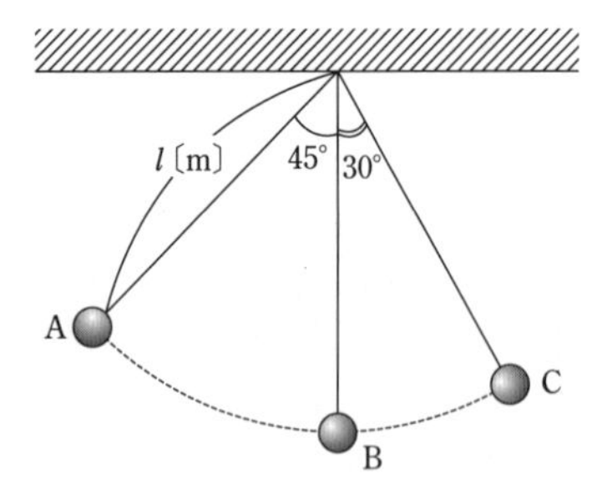

16 運動エネルギーと仕事

43 運動エネルギーと仕事① 基

質量 50 g の小物体が動摩擦係数 0.50 の水平な床の上を 40 cm 移動して静止した。この小物体の初速度はいくらか。ただし，重力加速度の大きさを 10 m/s^2 とする。

〈神奈川大〉

44 運動エネルギーと仕事② 基

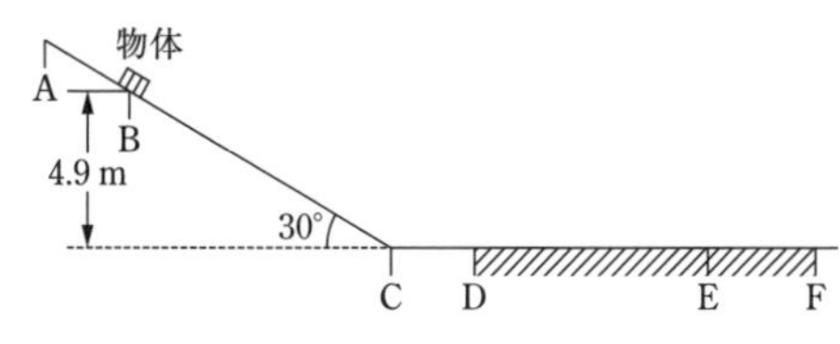

図のように，水平面に対して角度 30° をなす斜面 AC となめらかに連結する水平面 CF がある。AD 間は摩擦のないなめらかな面で DF 間は摩擦のあるあらい面である。いま水平面から高さ 4.9 m の斜面上の点Bに質量 0.50 kg の物体を置いて静かに手をはなしたところ，物体は斜面にそって滑り始め，点C，点Dを通過して点Eで止まった。空気の抵抗は無視できるものとし，重力加速度の大きさは 9.8 m/s^2 とする。

(1) CF 面を基準にしたときの，点Bにおける物体の重力による位置エネルギーはいくらか。

(2) 物体が点Cを通過するときの速さはいくらか。

(3) 点Dでの物体の持つ運動エネルギーはいくらか。

(4) DF 面と物体間の動摩擦係数が 0.50 であるとき，点Dから物体が停止した点Eまでの距離はいくらか。

〈神奈川工科大〉

45 運動エネルギーと仕事③ 基

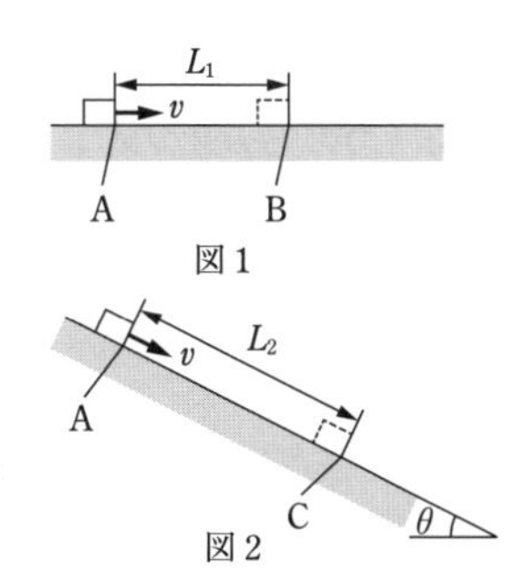

図 1 のように，あらい水平面上で，質量 m〔kg〕の物体が滑りながら移動している。点Aに達したときの物体の速さは v〔m/s〕であった。ここで，面と物体の間の動摩擦係数は μ'，重力加速度の大きさは g〔m/s^2〕とする。

(1) 点Aに達したときのこの物体の運動エネルギー K〔J〕を表せ。

(2) この物体は点Aに達したのち，点Bにおいて静止した。点Aと点Bの距離 L_1〔m〕を，g，v，μ' を用いて表せ。

次に，図 2 のように面を水平から角度 θ〔rad〕傾けて固定した。先と同様に点Aに達した時の物体の速さは v である。

(3) この物体は点Aから L_2〔m〕に位置する斜面上の点Cにおいて静止した。L_2 を g，v，μ'，θ を用いて表せ。

〈静岡理工科大〉

17 力のモーメント

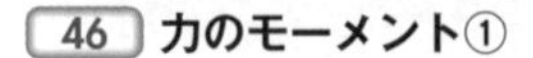

46 力のモーメント①

図に示した(1)~(4)の各力の点Oのまわりの力のモーメントを求めよ。ただし力の大きさはどれも 1.0 N であり，1 目盛りを 0.10 m，回転の向きが反時計回りのときを正，$\sqrt{2}=1.4$ とする。

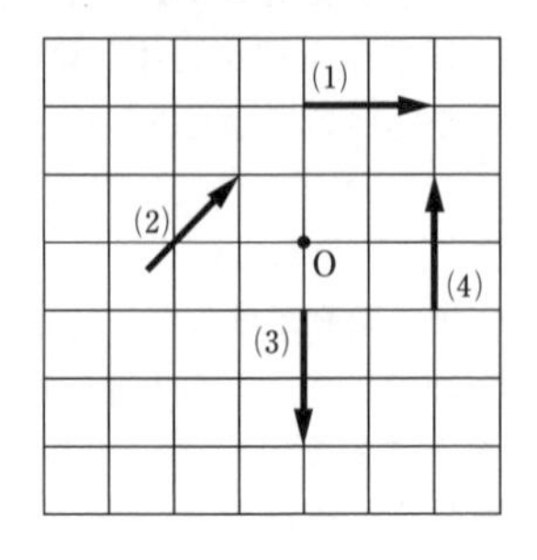

47 力のモーメント②

図のように，軽い棒に大きさ 8.0 N の力がはたらいている。次の問いに答えよ。反時計回りを正とする。

(1) 点Pのまわりの力のモーメントを求めよ。

(2) 点Qのまわりの力のモーメントを求めよ。

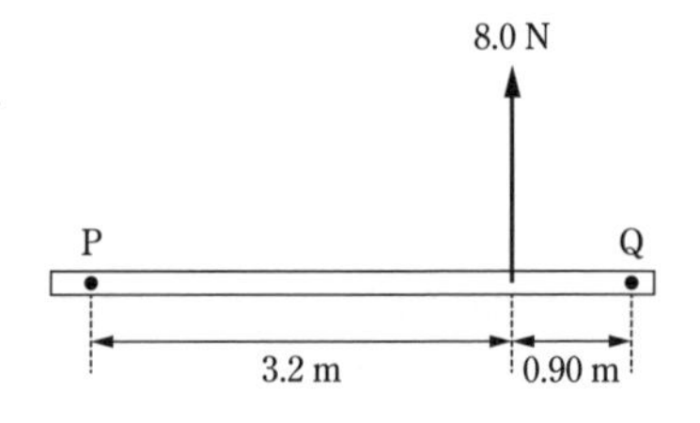

48 力のモーメント③

図のように，長さ l〔m〕の軽い棒の片方の端の点Pに棒との角度が 30° の向きに大きさ F〔N〕の力がはたらいている。このとき，もう一方の点Oのまわりの力のモーメントを求めよ。

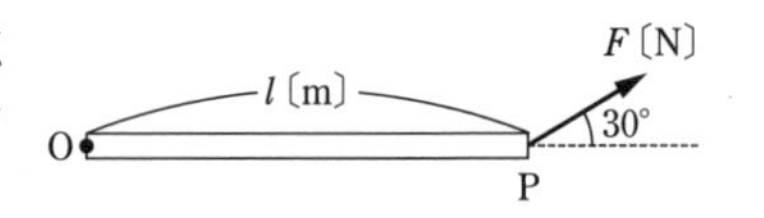

18 剛体のつりあい

49 つり下げた棒①

図のように長さ 0.80 m の軽い棒が，端の点Aから 0.30 m の位置Oで天井から糸でつり下げられている。棒の端Aに質量 4.0 kg のおもり，端Bに質量のわからないおもりをつるすと，棒は水平を保ったまま静止した。このとき，次の問いに答えよ。ただし，重力加速度の大きさを 9.8 m/s^2 とする。

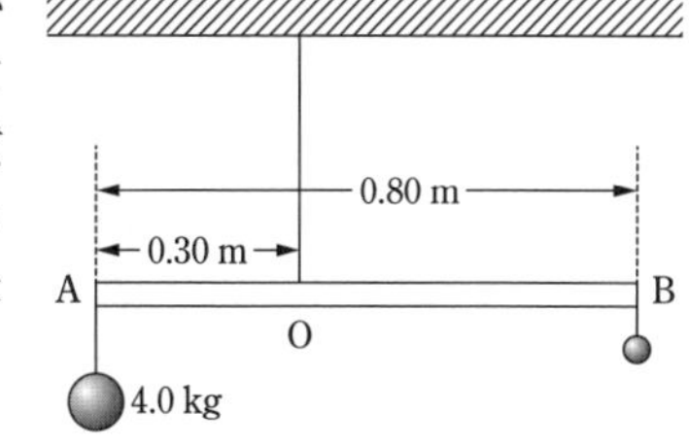

(1) 端Bにつるされたおもりの質量を求めよ。

(2) 糸の張力を求めよ。

50 立てかけた棒

図のように，長さ 0.8 m で重さが 6.0 N の棒が，水平であらい床と鉛直でなめらかな壁の間に，水平から 60° の角度で立てかけられて静止している。平方根はそのまま用いて，次の問いに答えよ。

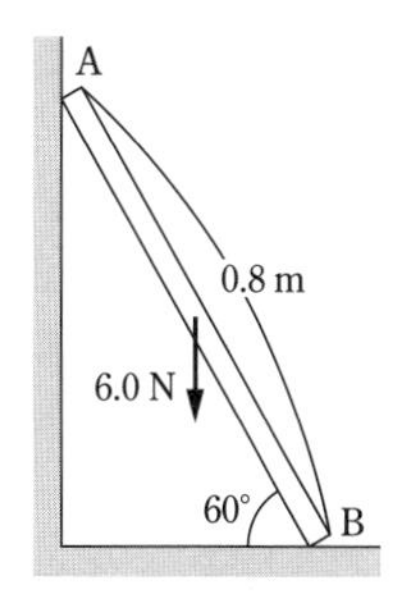

(1) 点Aで棒が壁から受ける垂直抗力の大きさ N_1 を求めよ。

(2) 点Bで棒が床から受ける垂直抗力の大きさ N_2 を求めよ。

51 つり下げた棒②

図のように，長さ l〔m〕で質量 m〔kg〕の棒を，端Aを鉛直であらい壁にあて，もう一方の端Bを糸で結び，糸の他端を壁の点Cに結びつけると，棒は水平になり，棒と糸の角度は θ でつりあった。次の問いに答えよ。ただし，重力加速度の大きさを g〔m/s^2〕とする。

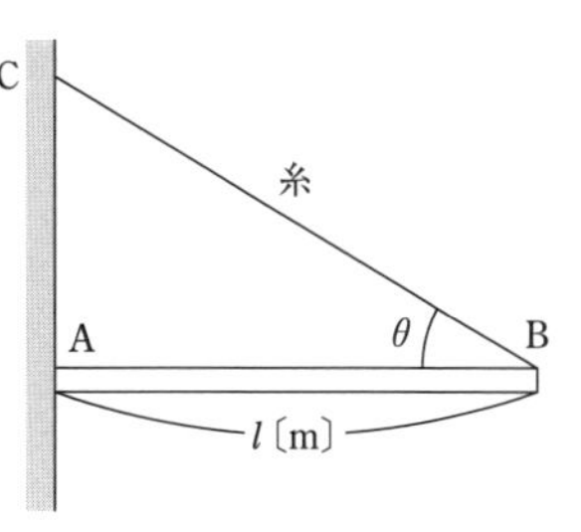

(1) 棒が点Aで壁から受ける上向きの静止摩擦力 f〔N〕を求めよ。

(2) 糸の張力 T〔N〕を求めよ。

19 運動量保存の法則

52 一直線上の衝突①

一直線上を，質量2.0 kgで速さが正の向きに3.0 m/sの小球Aが，質量3.0 kgで速さが正の向きに0.50 m/sで進む小球Bと衝突した。衝突後小球Aは正の向きに速さ0.75 m/sで進んだ。このとき小球Bの進む向きと速さを求めよ。

53 平面上の衝突①

図のように，なめらかなxy平面上の原点の位置に質量6.9 kgの小球Qがある。質量1.0 kgでx軸上を速さ2.0 m/sで進む小球Pが原点で小球Qで衝突し，小球Pはx軸とy軸正の方向に60°，小球Qはx軸とy軸負の方向に30°の角度で進んだ。平方根はそのまま用いて，次の問いに答えよ。

(1) 衝突後の小球Pの速さを求めよ。

(2) 衝突後の小球Qの速さを求めよ。

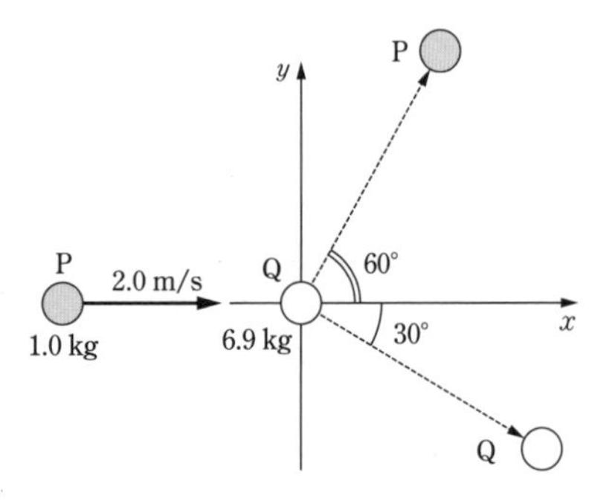

54 合体

図のように，軽くて伸びない長さlの糸の一端を天井に固定し，他端に質量mの小球Aをつるし，その最下点の位置に質量Mの粘土球Bを置く。糸がたるまないようにして，糸と鉛直下方とのなす角が60°となるまで小球Aを持ち上げて静かにはなしたら，小球Aは粘土球Bに衝突し，その後2つの球は一体となって運動した。重力加速度の大きさをgとして，次の問いに答えよ。

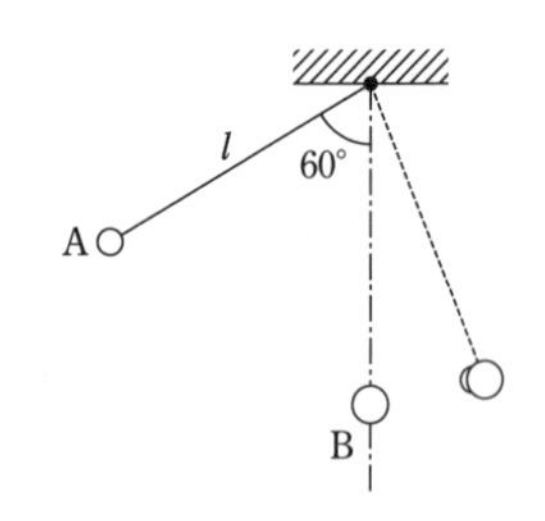

(1) AがBに衝突する直前のAの速さvを求めよ。

(2) AとBが一体となった直後の速さVを求めよ。

(3) 衝突によって全体として失われた力学的エネルギーを求めよ。

〈愛知工業大〉

20 はね返り係数

55 一直線上の衝突②

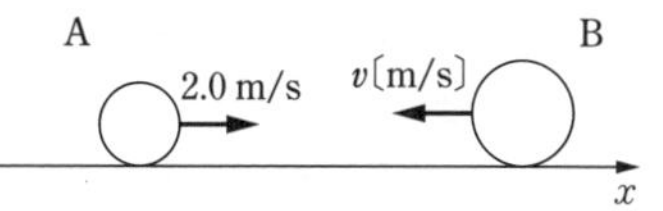

速さ 2.0 m/s で x 軸正の方向に進んでいた小球Aと，速さ v〔m/s〕で x 軸負の方向に進んでいた小球Bが x 軸上で衝突した。衝突後，小球Aは静止し，小球Bは速さ 1.8 m/s で x 軸正の方向に進んだ。衝突前の小球Bの速さ v はいくらか。ただし，小球AとBのはね返り係数は 0.50 とする。

56 一直線上の衝突③

次の文中の空欄に適する数式を求めよ。

小物体B　小物体A
水平面　M　m

図のように，なめらかな水平面上に，一端が固定されたばね定数 k の軽いばねが置かれている。そのばねの他端に質量 m の小物体Aをそえ，静かにばねを自然長から x だけ縮めた。この状態で静かに手をはなすと，ばねが自然長に戻ったところで，小物体Aはばねから離れて水平面上を滑り出した。ばねを離れる瞬間の小物体の速さ v は [(1)] と表される。

その後，小物体Aは水平面上に静止している質量 M の小物体Bに一直線上で正面衝突した。小物体Bの衝突直後の速さは [(2)] となる。ただし，小物体AとBの間のはね返り係数を e とし，空気抵抗は無視できるものとする。

57 床との衝突

高さ h〔m〕のところから自由落下させた小球が，水平な床に衝突してはね返った。衝突後，小球が到達する最高点の高さはいくらか。ただし，小球と床との間のはね返り係数を e とする。

〈東京都市大〉

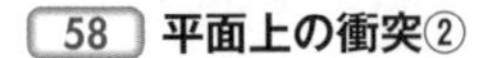

58 平面上の衝突②

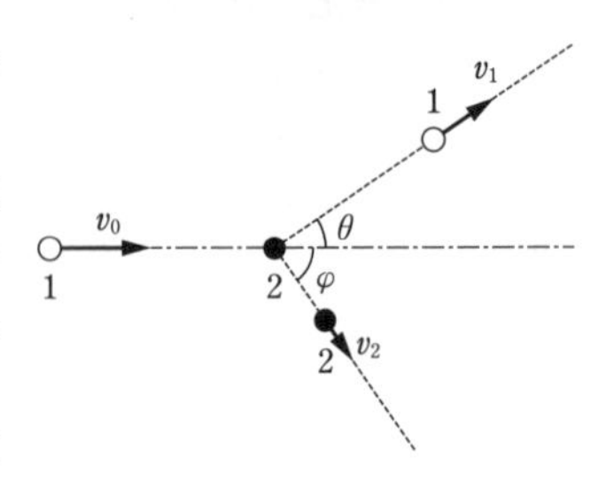

同じ質量 m の 2 つの小球による平面内での弾性衝突を考えよう。図のように，小球 1 が静止した小球 2 に速さ v_0 で衝突し，小球 1 は角 θ の向きに進み，小球 2 は角 φ の向きにはね飛ばされた。衝突後の小球 1 の速さを v_1，小球 2 の速さを v_2 とする。文中の空欄にあてはまる適切な式を求めよ。

衝突前後で運動量は保存されるので，次式が成り立つ。

$$mv_0 = \boxed{(1)}, \quad mv_1\sin\theta = \boxed{(2)}$$

また，弾性衝突では力学的エネルギーは保存されるので，次式が成り立つ。

$$\frac{1}{2}mv_0{}^2 = \boxed{(3)}$$

以上より，$\sin^2\varphi+\cos^2\varphi=1$ を用いて φ を消去すると，v_1，v_2 は v_0，θ を用いて次式で表される。

$$v_1 = \boxed{(4)}, \quad v_2 = \boxed{(5)}$$

〈甲南大〉

59 運動量保存の法則と力学的エネルギー保存の法則

文中の空欄にあてはまる適切な式を求めよ。

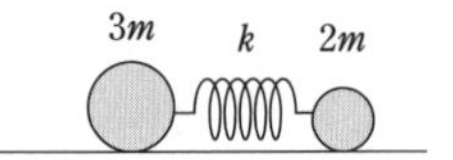

ばね定数 k のばねの両端に質量 $2m$ と $3m$ の 2 つの物体をつけ，なめらかな水平面上に置いた。ばねを自然長から a だけ縮めたとき，ばねに蓄えられているエネルギーは $\boxed{(1)}$ である。次にばねを静かにはなすと，全体の重心は静止したまま 2 つの物体は振動した。ばねの長さが自然長になったとき，質量 $2m$ の物体の速さは $\boxed{(2)}$ である。

〈東京都市大〉

60 可動な三角台を上る小物体

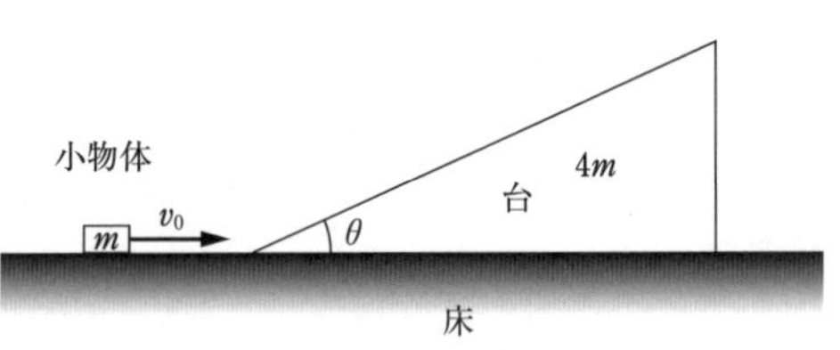

図のように，水平な床の上に質量 m の小物体と，床に対して角度 θ の斜面を持つ質量 $4m$ の台がある。以下，小物体と床の間および小物体と台の斜面の間には摩擦はないものとし，床と台の斜面はなめらかに接続されている。また，台は床の上を摩擦なく自由に滑ることができる。重力加速度の大きさを g とし，空気の抵抗はないものとする。文中の空欄にあてはまる適切な式を求めよ。

小物体を大きさ v_0 の初速度で，静止している台に向かって運動させると，小物体は台の斜面を上る。小物体が最高点に達したときの小物体の水平方向の速さは $\boxed{(1)}$ で，その高さは床から測って $\boxed{(2)}$ である。その後，小物体は斜面を滑り下りた後，床の上を速さ $\boxed{(3)}$ で運動する。このときの台の速さは $\boxed{(4)}$ である。

〈近畿大〉

22 水平面上の等速円運動

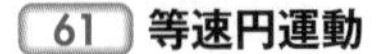

61 等速円運動

水平面上で半径 1.0 m の円周上を，10 秒間で 5.0 回転のペースで，一定の速さで運動する物体について，次の問いに答えよ。円周率は π とする。

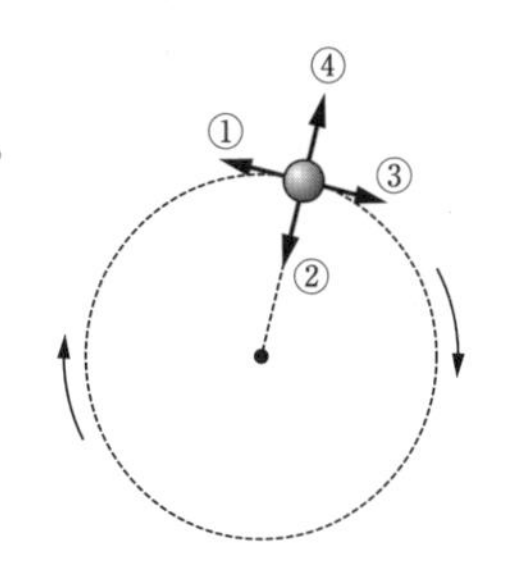

(1) 角速度を求めよ。
(2) 物体の速さを求めよ。
(3) 周期を求めよ。
(4) 回転数を求めよ。
(5) 速度の向きを図の①～④から選べ。
(6) 加速度の向きを図の①～④から選べ。

62 糸でつながれた物体の円運動

なめらかな水平面上で，長さ 1.0 m の軽い糸の一方を点Oに固定し，もう一方に質量 2.0 kg の物体をつけ，物体を点Oを中心に角速度 1.0 rad/s で等速円運動をさせた。次の問いに答えよ。

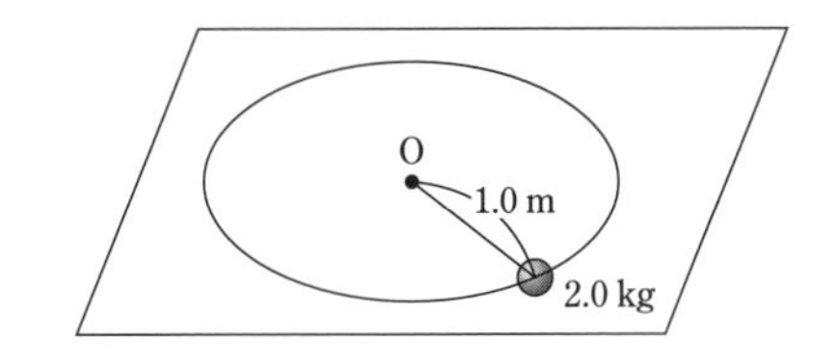

(1) 物体の速さを求めよ。
(2) 物体の加速度の大きさを求めよ。
(3) 円運動を続けるのに必要な糸の張力の大きさを求めよ。

63 あらい円板上の物体の円運動

図のように，水平な円板の回転中心から距離 r〔m〕の位置に m〔kg〕の小物体を置いた。小物体と円板との間の静止摩擦係数を μ，重力加速度の大きさを g〔m/s^2〕とする。

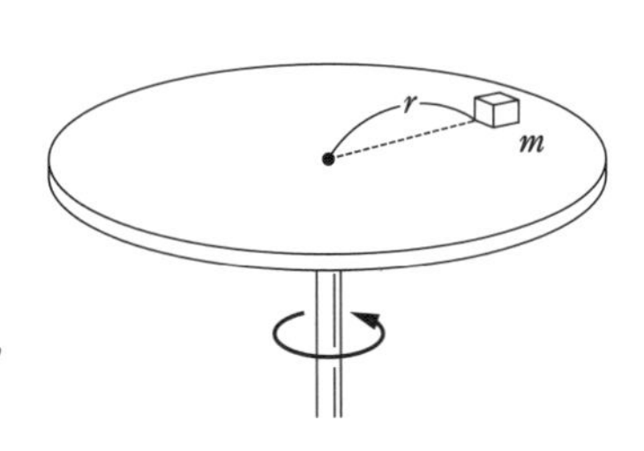

(1) 小物体が滑らないように円板を静かに回転させ，ある角速度 ω〔rad/s〕で小物体が円板とともに回転しているとき，小物体にはたらく遠心力の向きと大きさを求めよ。
(2) さらに回転の速さを増すと遠心力が増し，それに応じて摩擦力も増すが，やがて小物体は円板上を滑り出す。滑り出す直前の摩擦力の大きさとそのときの角速度を求めよ。
〈甲南大〉

23 いろいろな円運動

64 円錐振り子

質量 m の小物体を長さ l の軽い糸で天井からつり下げる。糸がたるむことなく鉛直線と角度 θ をなすように小物体を持ち上げて，適当な初速度を与える。糸と鉛直線が角度 θ を保ったまま，小物体は一定の水平面内で円周に沿って運動した。重力加速度の大きさを g とする。空気の抵抗はないものとする。

(1) 糸の張力の大きさを求めよ。

(2) 小物体の加速度の大きさを求めよ。

(3) 小物体の速さを求めよ。

(4) 小物体の円運動の周期を求めよ。

65 鉛直面内での円運動

図のように，糸がたるまないように，質量 m の小球を点Oと同じ高さの点Eまで持ち上げ，静かに放した。小球が点Aを通過した瞬間に糸はくぎに触れ，小球は点Bを中心とする円運動をした。このときの円運動の頂点をFとし，重力加速度の大きさを g とする。

(1) 小球が頂点Fを通過した瞬間の速さはいくらか。

(2) 小球が頂点Fを通過した瞬間に，糸が小球を引く力はいくらか。

(3) 小球が頂点Fを，糸がたるむことなく通過できる最大の r はいくらか。〈神奈川工科大〉

66 円筒面内での円運動

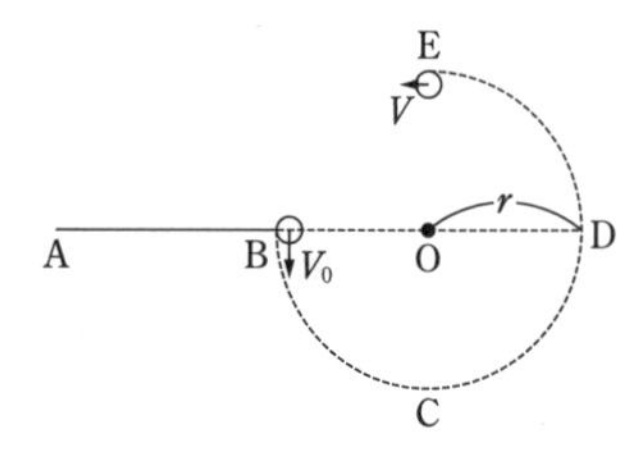

図のBCDEは半径 r のなめらかな円筒面の4分の3周分の断面である。円筒の中心Oを通るABODは同一鉛直面にあり，Cは最下点，Eは最高点である。

点Bから速さ V_0 で，円筒の内壁に沿って鉛直下向きに滑り出した質量 m の小球の運動を考える。V_0 が小さいとき，小球は点Dを通過した後，最高点Eに達する前に内壁から離れ落下してしまう。しかし，V_0 を増していくと最高点Eまで内壁に沿って滑り上がり，その後，水平方向に空中に飛び出し重力による放物運動をするようになる。重力加速度の大きさを g とする。

(1) 点Bでの小球の速さを V_0，最高点Eでの小球の速さを V，水平面ABODを高さの基準として，力学的エネルギー保存の法則を表す関係式を書け。

(2) 最高点Eで小球が内壁から受ける力（垂直抗力）の大きさを N として，円運動している小球に作用する力が満たす関係式を書け。

(3) 小球が最高点Eを通過できるために，点Bで小球に与えるべき初速度の大きさ V_0 の最小値はいくらか。

(4) 小球が，最高点Eを通過できる最小の速さで水平方向に飛び出したとき，同一水平面にあるAO間のどこに落下するか。円筒面の中心Oからの水平距離で答えよ。

〈北海道科学大〉

24 単振動

67 水平ばね振り子

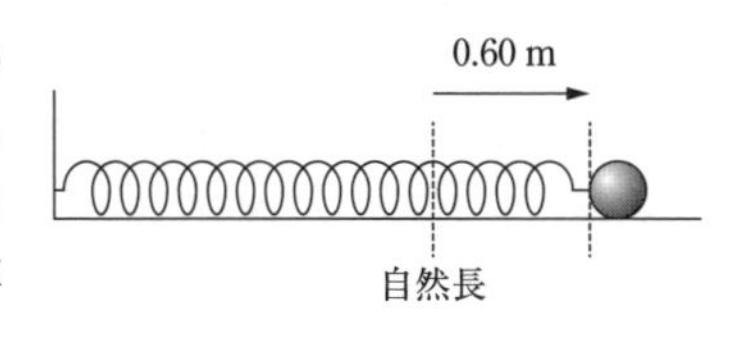

図のように，ばね定数kが98 N/mの軽いばねの一端に質量m=2.0 kgの小球を取り付けてなめらかな水平面上に置き，他端を壁に固定して小球を自然長から0.60 m引いてから静かに放した。円周率をπとする。

(1) 単振動の振幅A〔m〕を求めよ。

(2) 単振動の周期T〔s〕を求めよ。

(3) 小球の速さの最大値v_{max}〔m/s〕を求めよ。

68 鉛直ばね振り子

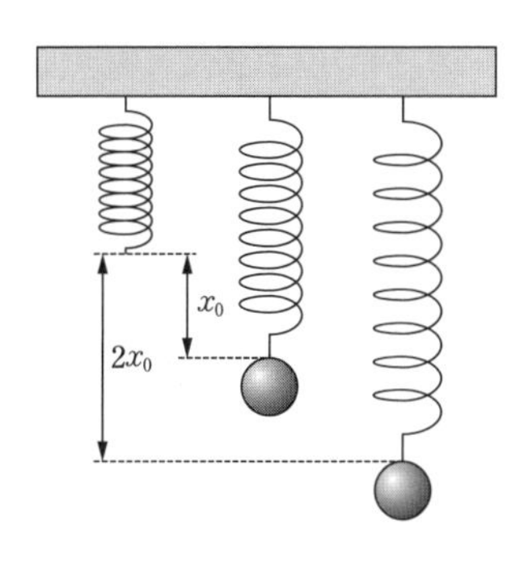

図のように，軽いばねの上端を天井に固定し，下端に質量m〔kg〕の小球をつるしたところ，ばねはx_0〔m〕伸びて静止した。重力加速度の大きさをg〔m/s^2〕とし，このつりあいの位置を原点とする。小球を持って下向きの力を加え，ばねの伸びが$2x_0$〔m〕となったところで，静かに手をはなしたところ，小球は単振動を始めた。

(1) ばね定数k〔N/m〕を求めよ。

(2) この単振動の振幅A〔m〕を求めよ。

(3) この単振動の周期T〔s〕を求めよ。

(4) 小球の最大の速さv_{max}〔m/s〕を求めよ。

〈九州産業大〉

69 単振り子

次の文中の空欄に適する式を求めよ。

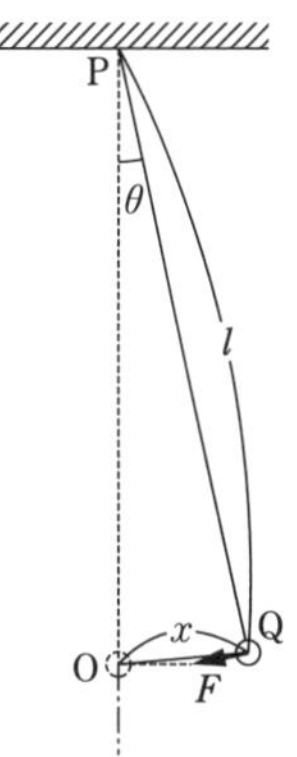

天井の点Pに長さlの軽い糸の上端を固定し，下端に質量mの小球Qを付けて，鉛直面内で振動させた。図は，つりあいの位置OからQの変位がx（xは右向きを正とする）となった瞬間を表している。糸と鉛直線のなす角をθとすると，QをOに引き戻そうとする力，すなわち復元力Fはm, g, θを用いて F=［(1)］と表される。小球Qは半径lの円周上を往復運動するが，振幅が小さい場合には，経路はほぼ直線と考えてよく，この往復運動はOを中心とする単振動であると見なすことができ，単振り子と呼ばれる。また，θが十分小さいとき，$\sin\theta \fallingdotseq \theta$ と近似できるので，Fはm，g，l，xを用いて
F=［(2)］と表される。

おもりの加速度をaとすると，単振り子の運動方程式は
ma=［(2)］となる。単振り子の角振動数をωとすると，aはx，ωを用いて，a=［(3)］となる。よって，ωはg，lを用いて ω=［(4)］となる。また，単振り子の周期Tはg，lを用いて T=［(5)］となる。

25 万有引力

70 万有引力

地球の質量を M〔kg〕，地球の半径を R〔m〕の一様な球と仮定し，その自転の効果，大気の空気抵抗は無視できるものとする。ただし，万有引力定数を G〔N·m^2/kg^2〕，地表における重力加速度の大きさを g〔m/s^2〕とする。

(1) 地表にある質量 m〔kg〕の物体にはたらく万有引力の大きさは何Nか。m，M，R，G を用いて表せ。

(2) 地球の質量は何 kg か。R，G，g を用いて表せ。

(3) 地表から h〔m〕の高さでの重力加速度の大きさは何 m/s^2 か。R，g，h を用いて表せ。

(4) 地表から高さ h〔m〕の距離で，地球のまわりを等速円運動している人工衛星がある。この人工衛星の速さは何 m/s か。R，g，h を用いて表せ。

〈麻布大〉

71 ケプラーの第二法則

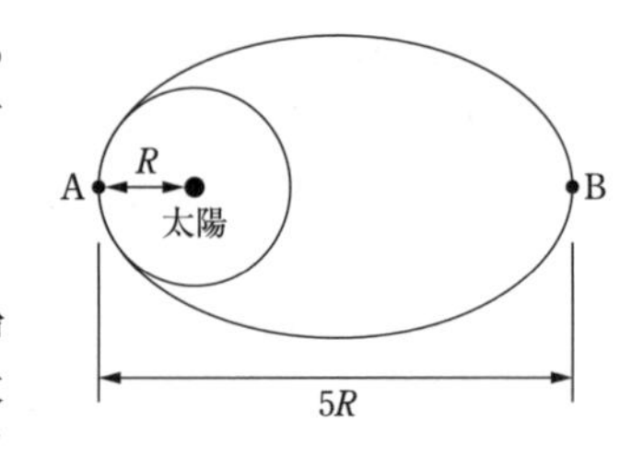

宇宙船がエンジンを切って，質量 M の太陽のまわりを公転周期 T，半径 R の等速円運動をしている。万有引力定数を G として以下の空欄にあてはまる数値，数式を求めよ。

この宇宙船の速さは［(1)］である。また，宇宙船の質量を m とすると，宇宙船にはたらく向心力の大きさは［(2)］である。太陽と宇宙船との間の万有引力の大きさは［(3)］である。この万有引力が向心力となるので，関係式 $\dfrac{R^3}{T^2}=$［(4)］が成り立つ。したがって公転周期と軌道半径を測定すると，太陽質量は $M=$［(5)］と求められる。

さて，宇宙船が図の点Aに来た時，接線方向に瞬間的にエンジンを噴射させて，その速さを v_A に増加させたのちエンジンを切った。その結果，宇宙船の軌道は長軸 AB の長さが $5R$ の楕円軌道となった。点Aにおける宇宙船の面積速度（宇宙船と太陽を結ぶ線分が単位時間に通過する面積）の大きさは［(6)］である。これを図の点Bにおける面積速度の大きさと比べると，v_A と点Bにおける速さ v_B の比が $\dfrac{v_A}{v_B}=$［(7)］と求められる。したがって，力学的エネルギー保存則により $v_A=$［(8)］$\times\sqrt{\dfrac{GM}{R}}$ となる。

〈近畿大〉

第2章 熱

26 熱量と比熱，熱量保存

72 セルシウス温度と絶対温度 基

次の問いに答えよ。

(1) 200 °C は何Kか。

(2) 300 K は何 °C か。

73 熱量 基

400 g の水を 20 °C から 90 °C にするのに必要な熱量は何 J か。水の比熱を 4.2 J/(g·K) とする。

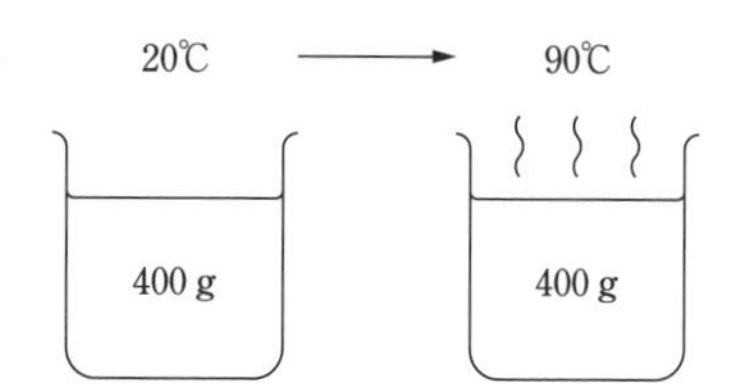

74 熱量保存① 基

15 °C の水 1000 g に，比熱 0.70 J/(g·K) の 75 °C に熱した 2000 g の金属の小球を入れてかき混ぜた。全体の温度は何 °C になったか。ただし，水の比熱を 4.2 J/(g·K) とし，水を入れた容器の熱容量は無視できるものとする。

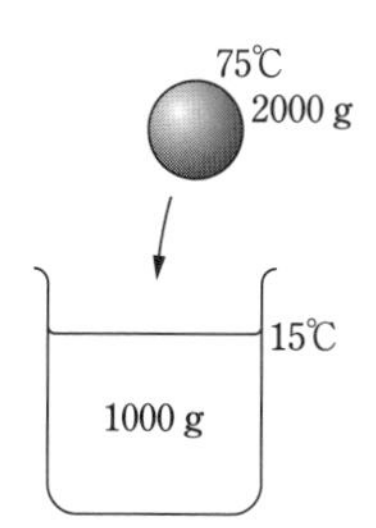

75 熱量保存② 基

熱容量 75 J/K の容器の中に 250 g の水を入れたところ全体の温度は 20 °C になった。この中に 100 °C の 200 g の金属の小球を入れたところ，全体の温度が 28 °C になった。このとき金属球の比熱を求めよ。ただし，水の比熱を 4.2 J/(g·K) とする。

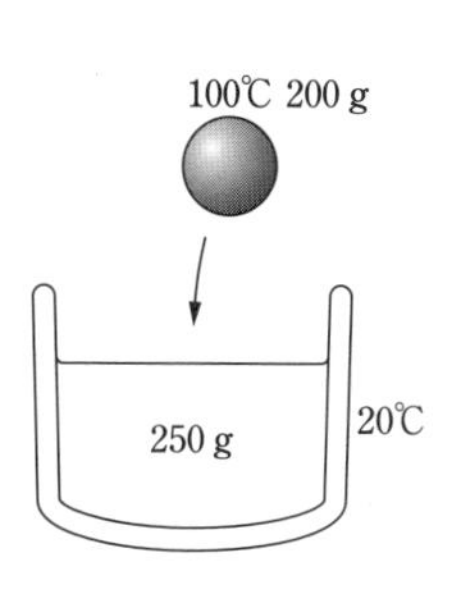

27 物質の三態

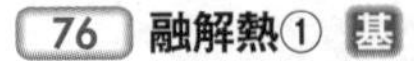

76 融解熱① 基

0°C，100 g の氷が融けて 20°C の水になるまでに必要な熱量を求めよ。ただし，氷の融解熱は 3.3×10^5 J/kg，水の比熱は 4.2×10^3 J/(kg·K) である。〈神奈川大〉

77 融解熱② 基

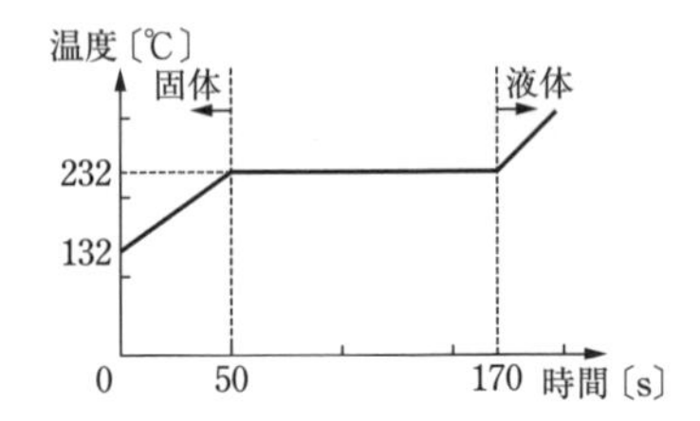

比熱が 0.25 J/(g·K) の固体に毎秒 8.0 J の熱量を与えていったところ，温度が図のように時間とともに変化し，融解して液体に変化した。

(1) この固体の質量はいくらか。

(2) この物質の融解熱はいくらか。〈東京電機大〉

78 物質の三態 基

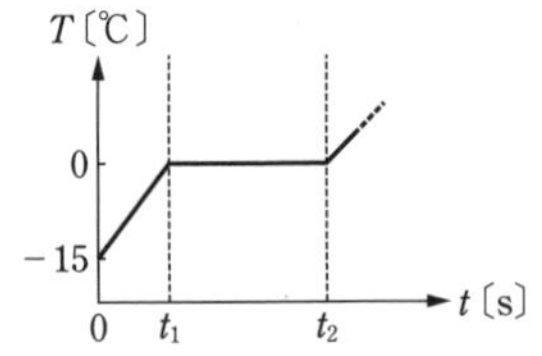

文中の空欄に適する数値を，有効数字 2 桁で求めよ。

質量 250 g の金属容器の中に，質量 200 g の氷を入れた。容器の内部に取り付けたヒーターにより，毎秒一定の熱量を加えたところ，容器と氷の温度 T〔°C〕は時刻 t〔s〕に対して図のように変化し，$t=0$ s で $T=-15$ °C であった。熱は容器の外に逃げないものとし，容器内の気圧は 1 気圧で熱平衡に保たれ，空気とヒーターの熱容量は無視できるものとする。また，氷の比熱を 2.0 J/(g·K)，氷の融解熱を 3.3×10^2 J/g とする。

図中の時刻 $t_1=20$ s で温度の上昇が止まった。加熱の開始から t_1 までにヒーターから加えられた熱量の総和は 7500 J であったとすると，金属容器の比熱は [(1)]〔J/(g·K)〕であり，このヒーターの消費電力 (毎秒加えられる熱量) は [(2)]〔W〕である。時刻 $t=100$ s では容器内の氷の [(3)]〔g〕が水に変わっている。

図中の時刻 $t_2=196$ s 以後，加熱を続け，温度は再び上昇した。水と容器の熱容量の和を 960 J/K とすると，時刻 t_2 より 50 s 後の水と容器の温度は [(4)]〔°C〕である。また，水が沸騰をはじめる時刻は $t=$ [(5)]〔s〕である。

28 ボイル・シャルルの法則

79 ボイル・シャルルの法則①

圧力 1.0×10^5 Pa，体積 1.0 m^3，温度 300 K の気体を，体積 1.6 m^3，温度を 325 K にしたとき，気体の圧力は何 Pa か。

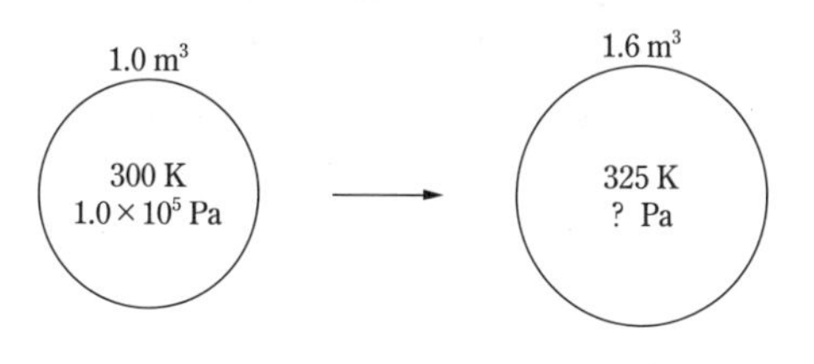

80 ボイル・シャルルの法則②

なめらかに動く軽いピストンとそれを止めるストッパーが底から 30 cm のところに付いている容器を横にして置く。この容器に圧力 1.0×10^5 Pa で温度 300 K の気体を閉じ込めた。この気体を温めて 350 K にしたところ，はじめ容器の底から 27 cm の位置にあったピストンがストッパーのところで止まった。このとき，中の気体の圧力を求めよ。

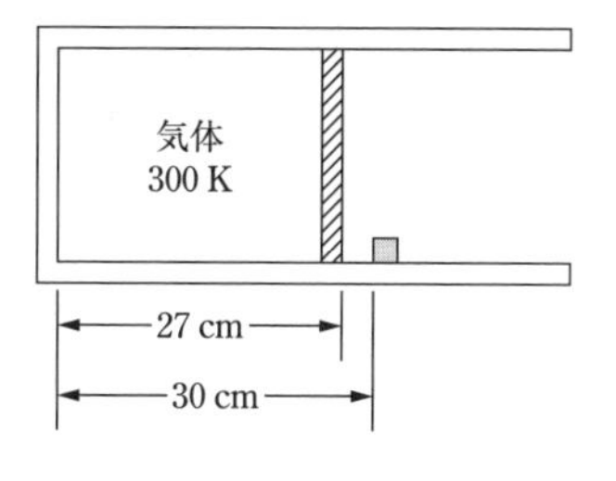

81 ボイル・シャルルの法則③

なめらかに動く重さの無視できるピストン付きの容器がある。この容器に気体を閉じ込め，はじめピストンは容器の底から高さ 20 cm のところにあり，気体の温度は 300 K で，気体の圧力は大気圧と同じであった。このピストンの上に質量 10 kg のおもりをのせると，ピストンははじめの状態から 2.0 cm 下がった。内部の気体の温度は何Kになったか。ピストンの断面積を 1.4×10^{-3} m^2，大気圧を 1.0×10^5 Pa，重力加速度の大きさを 9.8 m/s^2 とする。

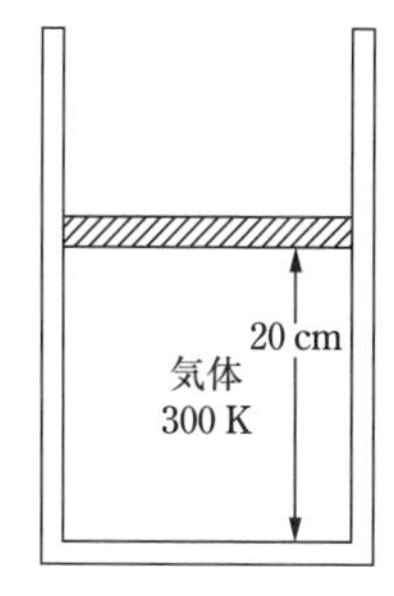

29 理想気体の状態方程式

82 理想気体の状態方程式

圧力 1.66×10^5 Pa，温度 273 K，物質量 0.40 mol の理想気体が占める体積は何 m^3 か求めよ。気体定数を 8.31 J/(mol·K) とする。

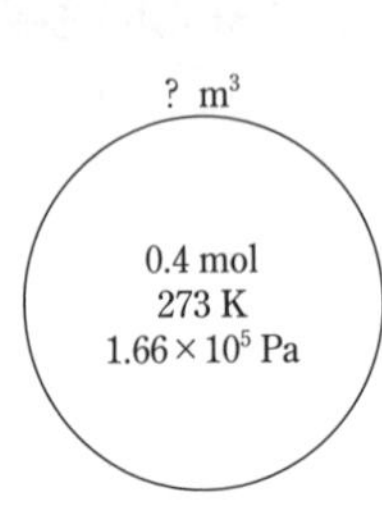

83 漏れ出した気体

容積 41.5L のボンベに理想気体を入れてバルブを閉めた。圧力は 7.00×10^6 Pa，温度は 7°C に保たれていたとするとき，以下の問いに答えよ。気体定数を 8.31 J/(mol·K) とする。

(1) ボンベに入っている気体の物質量は何 mol か。有効数字 3 桁で答えよ。

(2) ボンベが加熱され温度が 63°C になった。圧力ははじめの何倍になったか。

(3) (2)の状態のまま，しばらくすると，上記のボンベのバルブがゆるんでしまい，気体の一部がボンベ外に漏れてしまった。バルブを閉め直し，しばらくして圧力と温度を測ると，圧力が 2.90×10^6 Pa に下がり，温度は 17°C になっていた。漏れた気体の物質量は何 mol か。有効数字 2 桁で答えよ。

84 連結された 2 つの容器

右の図のように，細いガラス管で連結された体積 $2V$〔m^3〕および V〔m^3〕の 2 つの容器 A，B がある。これらの容器全体に n〔mol〕の理想気体を封入し，容器Aの温度を T〔K〕に，容器Bの温度を $\frac{4}{3}T$〔K〕に保った。十分に時間が経った後，容器 A，B の圧力は等しくなった。このときの容器内部の圧力〔Pa〕を求めよ。ただし，気体定数を R〔J/(mol·K)〕とし，ガラス管の体積は無視できるものとする。 〈防衛大〉

30 気体の内部エネルギー，熱力学第一法則

85 気体の内部エネルギー

n〔mol〕の単原子分子からなる理想気体の絶対温度 T〔K〕における内部エネルギーを表す式はどうなるか。気体定数を R〔J/(mol·K)〕として，正しいものを，次の①〜⑤のうちから1つ選べ。□〔J〕

〈北海道科学大〉

① $\frac{1}{2}nRT$　② $\frac{3}{2}nRT$　③ $\frac{5}{2}nRT$　④ $\frac{7}{2}nRT$　⑤ $\frac{9}{2}nRT$

86 熱力学第一法則①

ピストンが付いた容器内に気体を入れて加熱し，1.2×10^3 J の熱量を与えたところ，ピストンを押して 8.0×10^2 J の仕事をした。気体の内部エネルギーの変化量は何 J か。また内部エネルギーは，増加したか，減少したか。

87 定圧変化①

単原子分子の理想気体 1 mol がピストンの付いたシリンダーに入れてある。気体の温度は T であった。圧力を一定に保ったまま，気体に熱を与え体積が3倍になるようにした。気体定数を R として，この間に気体が外にした仕事 W と，与えられた熱量 Q を求めよ。

88 定圧変化②

2 mol の単原子分子の理想気体が，なめらかに動くピストンが付いたシリンダーに入っている。最初，気体の体積は V であり，温度は T であった。この気体を定圧で加熱したところ，気体は膨張し，その温度は $\frac{4}{3}T$ になった。気体定数を R として，次の問いに答えよ。

(1) この気体の圧力はいくらか。

(2) この変化の間に気体の内部エネルギーはいくら増加するか。

(3) この変化の間に気体は外部にいくら仕事をするか。

89 熱力学第一法則②

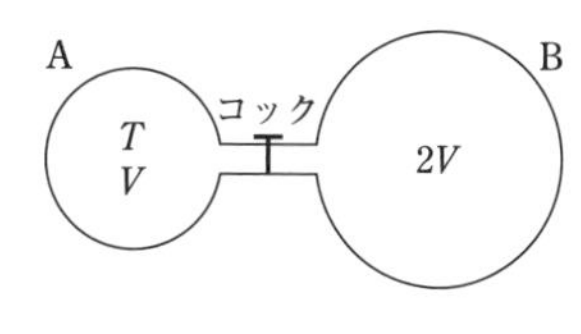

容器Aと容器Bがコックでつながっている。容器Bの容積は容器Aの容積 V の2倍である。最初コックは閉じられており，容器Aの中には温度 T の 1 mol の単原子分子の理想気体が入れられていて，容器Bの中は真空である。理想気体を加熱して温度が最初の1.5倍となったときにコックを開くと，気体は容器Bにも広がった。コックを開くまでに理想気体に与えた熱量はいくらか。また，理想気体が容器Bまで広がったときの圧力は，加熱する前の圧力の何倍か。ただし，気体定数を R とする。

〈愛知工業大〉

31 p-V グラフ，V-T グラフ

90 p-V グラフ

理想気体を容器に入れ，状態をゆっくり変化させた。この気体の圧力 P，体積 V は図に示すように A → B → C → A と変化した。次の問いに答えよ。

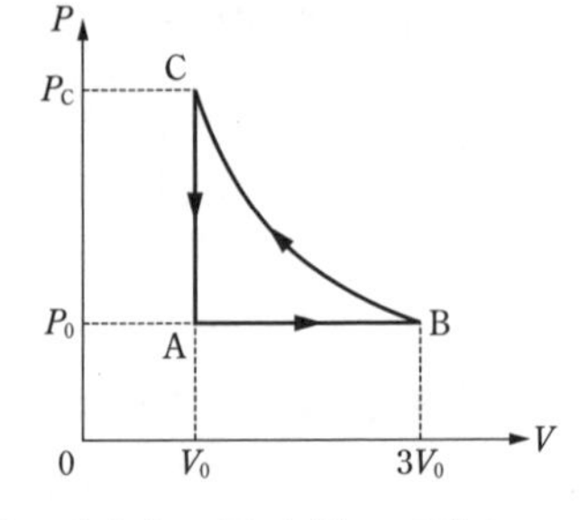

(1) この状態変化の中で体積が一定の変化（定積変化），圧力が一定の変化（定圧変化）はそれぞれどこか。A → B のように答えよ。

(2) A → B の過程で気体が外にした仕事 W はいくらか。P_0，V_0 を用いて示せ。

(3) A における温度は T_0 である。B における温度 T_B はいくらか。T_0 を用いて示せ。

(4) B → C は等温変化である。C における圧力 P_C はいくらか。P_0 を用いて示せ。

〈岡山理科大〉

91 V-T グラフ，p-V グラフ

一定質量の気体をピストンの付いたシリンダー内に閉じ込め，その圧力，体積，絶対温度をそれぞれ p_0，V_0，T_0 にした（図 a の状態 A）。次に気体の状態を A → B，B → C，C → A と変化させてもとの状態に戻した。このとき状態 B の体積は V_1 であった。また，図 b はこの状態の変化を体積と圧力の関係で表したもので，E → F の曲線は体積と圧力の反比例のグラフである。以下の問いの答えとして最も適するものを解答群の中から 1 つずつ選べ。

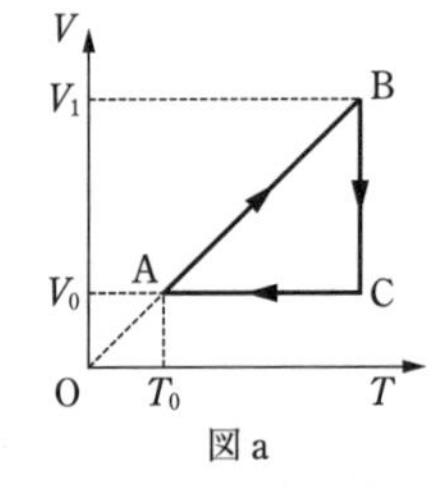

図 a

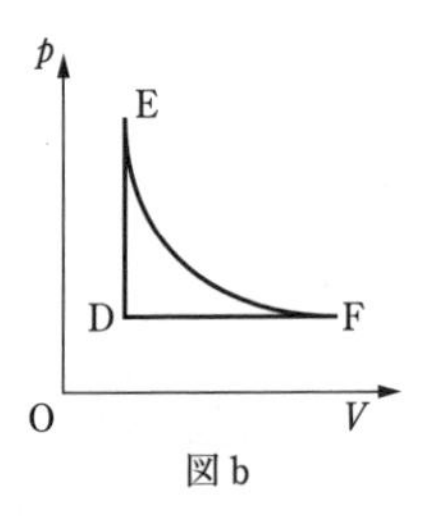

図 b

(1) 図 a の A → B の状態変化はどのような法則を表しているか。

① ボイルの法則　② シャルルの法則　③ 熱量保存の法則
④ 熱力学の第 1 法則　⑤ 熱力学の第 2 法則

(2) 図 a の A → B の変化は，図 b ではどの変化になるか。

① D → E　② E → D　③ E → F　④ F → E　⑤ F → D　⑥ D → F

(3) 状態 B での気体の絶対温度はいくらか。

① $\dfrac{V_1}{V_0}T_0$　② $\dfrac{V_0}{V_1}T_0$　③ $\dfrac{p_0}{V_0}T_0$　④ $\dfrac{p_0}{V_1}T_0$　⑤ $\dfrac{V_0}{p_0}T_0$　⑥ $\dfrac{V_1}{p_0}T_0$

(4) 状態 C での気体の圧力はいくらか。

① $\dfrac{T_0}{T_0+273}p_0$　② $\dfrac{T_0}{T_0-273}p_0$　③ $\dfrac{T_0+273}{T_0}p_0$　④ $\dfrac{T_0-273}{T_0}p_0$

⑤ $\dfrac{V_1}{V_0}p_0$　⑥ $\dfrac{V_0}{V_1}p_0$

(5) 外から気体に仕事をしても内部エネルギーが変化しないのは，図 b ではどの場合か。

① D → E　② E → D　③ E → F　④ F → E　⑤ F → D　⑥ D → F

〈東北工業大〉

第3章 波　動

32 波の要素

92 波の伝わり方・波の基本的な物理量 基

図は，x 軸上を正の向きに進む正弦波を示している。実線は時刻 $t=0\,\mathrm{s}$ のとき，点線は時刻 $t=0.50\,\mathrm{s}$ のときのものである。ただし，$0\,\mathrm{s}$～$0.50\,\mathrm{s}$ 間では，$x=0\,\mathrm{m}$ の媒質は単調に $-2.0\,\mathrm{m}$ に変化している。次の問いに答えよ。

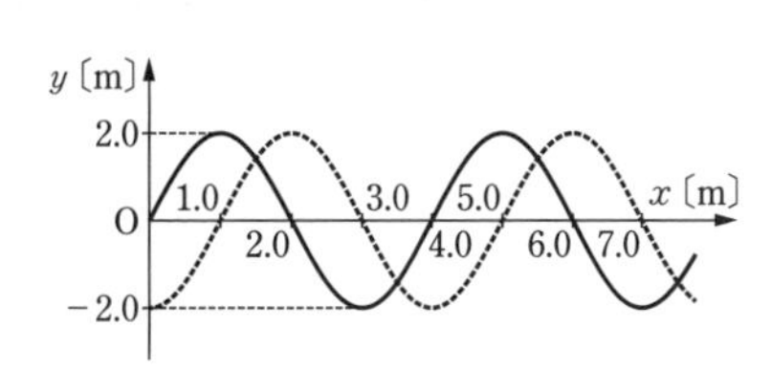

(1) 波の振幅を求めよ。　(2) 波の波長を求めよ。

(3) 波の周期を求めよ。　(4) 波の速さを求めよ。

(5) $t=5.0\,\mathrm{s}$ の波形を①～④から選べ。

①
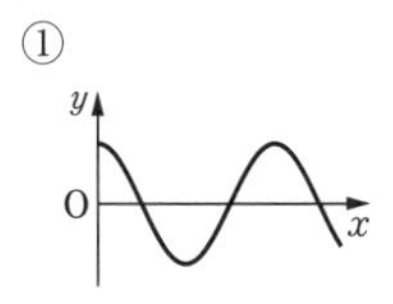
②
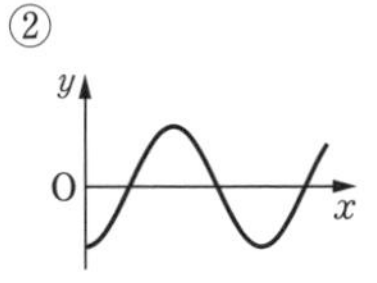
③
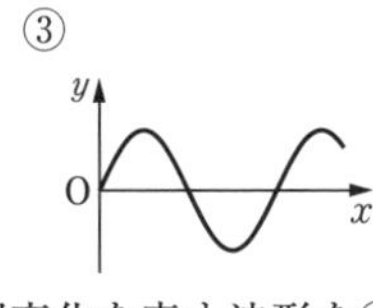
④
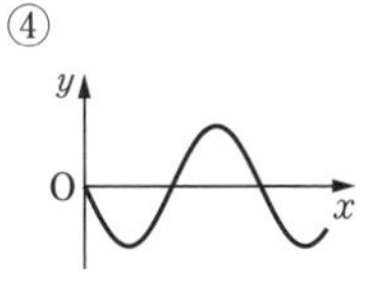

(6) $x=4.0\,\mathrm{m}$ の位置における変位の時間変化を表す波形を①～④から選べ。

①
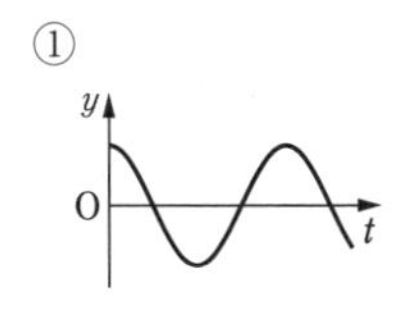
②
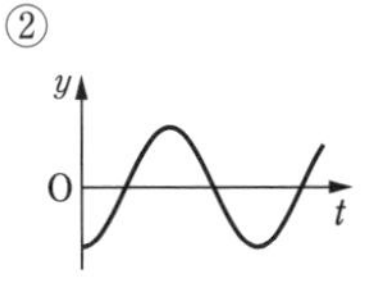
③
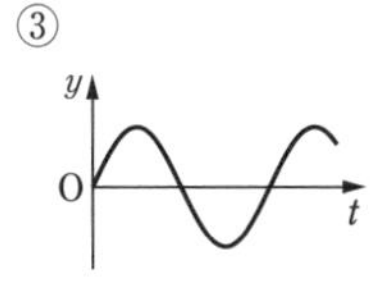
④
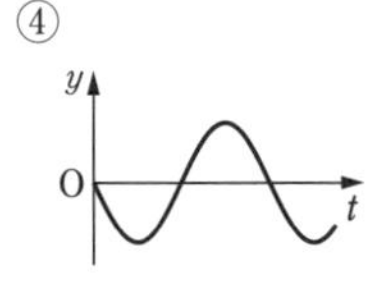

93 横波 基

図は，正弦波が x 軸上を正の向きに進むときのある時刻の波形を示している。次の問いに答えよ。

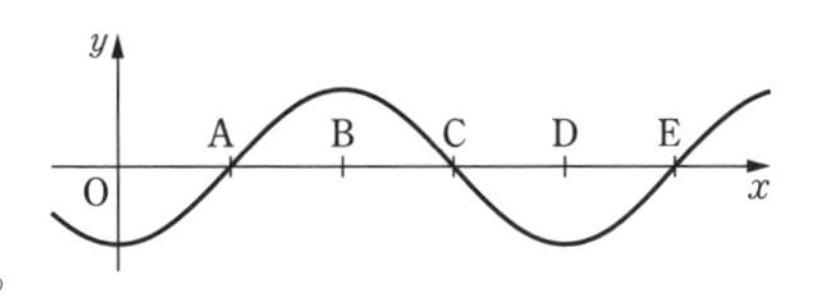

(1) 媒質の速度が0の点はA～Eのうちどれか。すべて答えよ。

(2) 媒質の速さが最大の点はA～Eのうちどれか。すべて答えよ。

(3) 媒質の速度が y 軸の正の向きである点はA～Eのうちどれか。すべて答えよ。

94 縦波 基

図は，x 軸上を正の向きに進む縦波の時刻 $t=0\,\mathrm{s}$ のときの変位を横波のように表したものである。次の問いに答えよ。

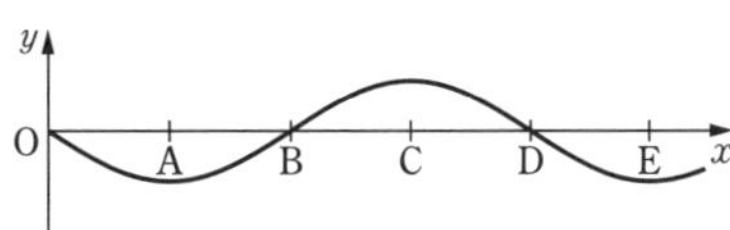

(1) 媒質が最も密な点はA～Eのうちどれか。すべて答えよ。

(2) 媒質が最も疎な点はA～Eのうちどれか。すべて答えよ。

(3) 媒質の速度が0の点はA～Eのうちどれか。すべて答えよ。

(4) 媒質の速度が右向きに最大な点はA～Eのうちどれか。すべて答えよ。

33 波の重ねあわせの原理，定常波

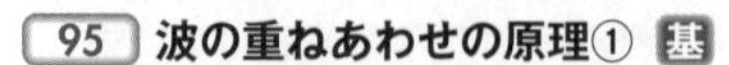

95 波の重ねあわせの原理① 基

図のように，三角形の波形を持つ 2 つの波が互いに逆向きに 2.0 m/s の速さで進んでいる。図の時刻から 2.0 s 後の波形を解答群から 1 つ選べ。ただし，図の横軸の 1 目盛を 2.0 m とする。
〈神奈川工科大〉

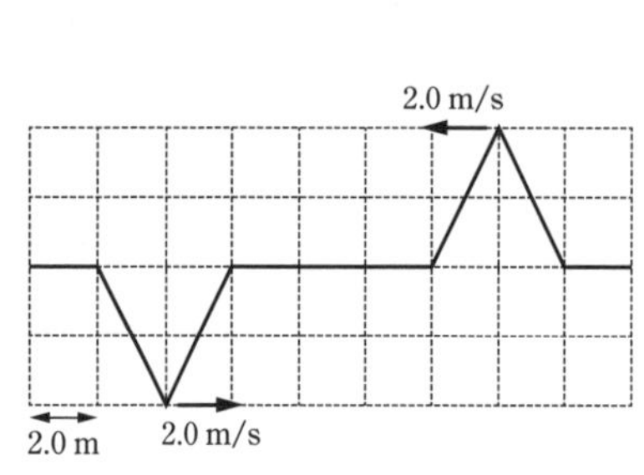

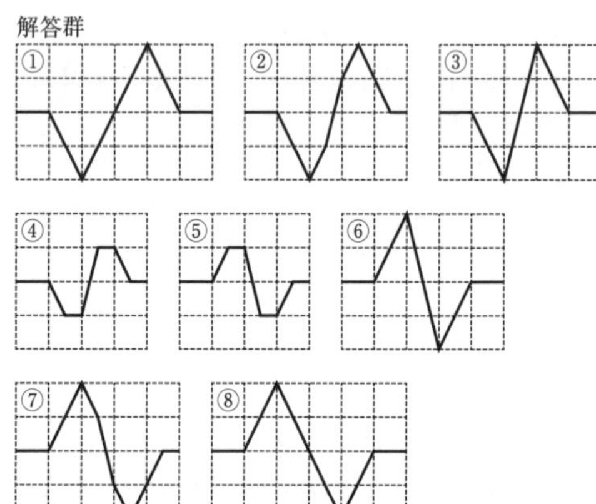

96 波の重ねあわせの原理② 基

図は時刻 $t=0$ s における右向きに速さ 1.0 m/s で進行していく波と，左向きに速さ 1.0 m/s で進行していく波の状態を示している。

(1) 時刻 $t=2.0$ s における合成波の最大変位はいくらか。

(2) 合成波の変位が一様に 0 になるはじめての時刻はいつか。
〈東京電機大〉

97 定常波 基

図のように，x 軸上を反対の向きに進む 2 つの正弦波があり，重なりあって定常波になった。次の問いに答えよ。

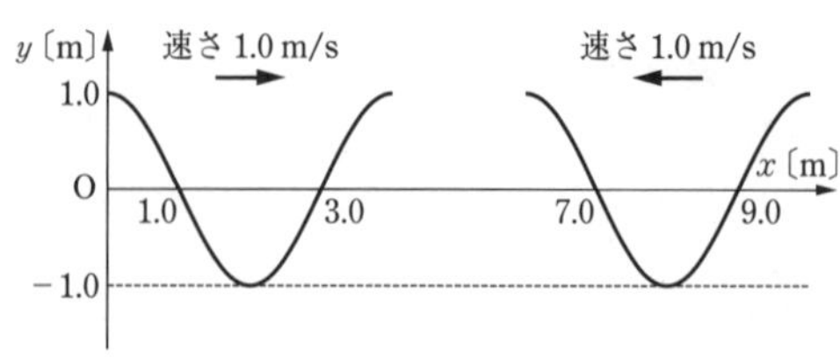

(1) 定常波の節間は何 m か。

(2) 定常波の腹の位置の振幅は何 m か。

(3) 定常波の周期は何 s か。

34 波の反射

98 パルス波の反射波 基

図に示すような波形の，孤立した横波が，その波形を崩すことなく一直線上を右方へ進み，端に入射する。すると，端から反射波が生じ，反射波は左方へと進む。

次の各問いの答えを，下にある解答群から１つずつ選べ。

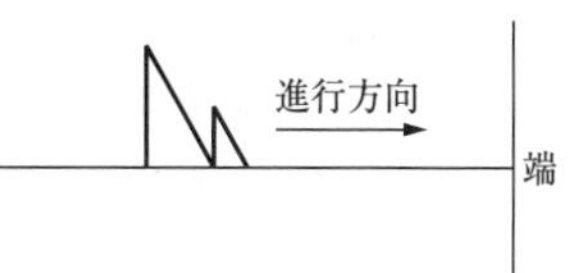

(1) 端が自由端である場合の反射波はどれか。

(2) 端が固定端である場合の反射波はどれか。

[解答群]（図中の矢印は反射波の進行方向を示している。）

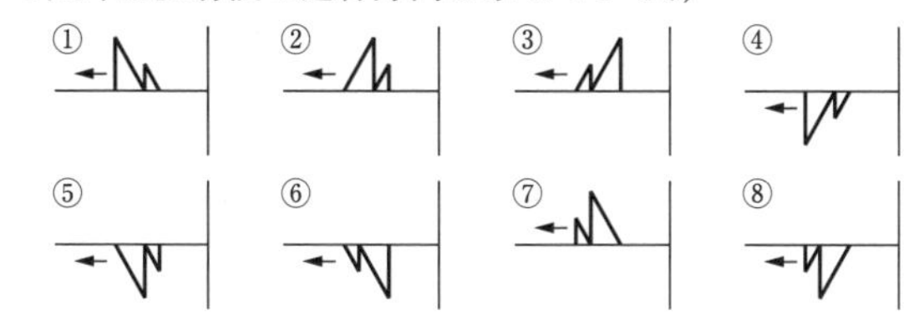

〈東北工業大〉

99 パルス波の合成波 基

図のような，速さ 0.1 m/s，y 軸方向の最大変位 0.1 m のパルス波が x 軸の正の方向に進んでいて，点Pで反射する。図の１目盛りを 0.1 m として，次の問いに答えよ。

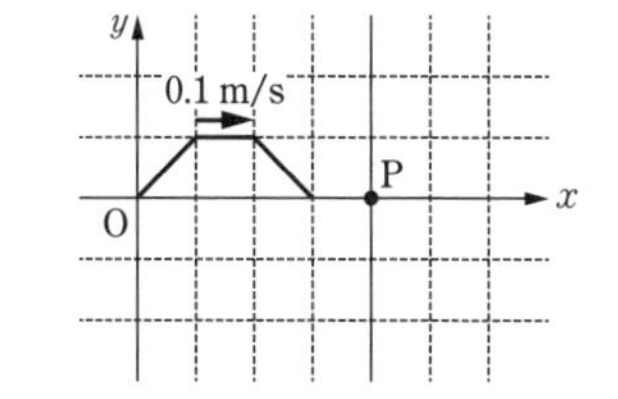

(1) Pを自由端としたとき，現在より 3 s 後の波形として正しいものを下の①～⑤より１つ選べ。

(2) Pを固定端としたとき，現在より 3 s 後の波形として正しいものを下の①～⑤より１つ選べ。

①
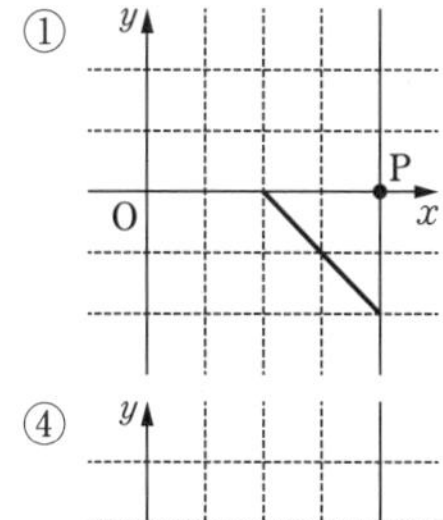

②
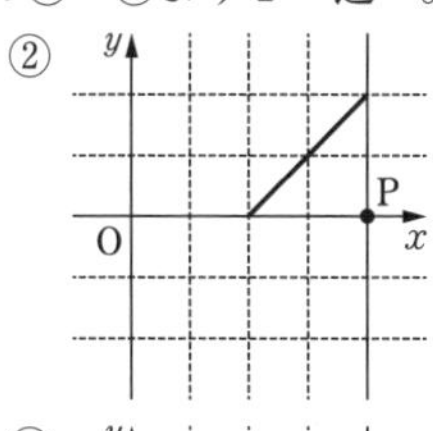

③
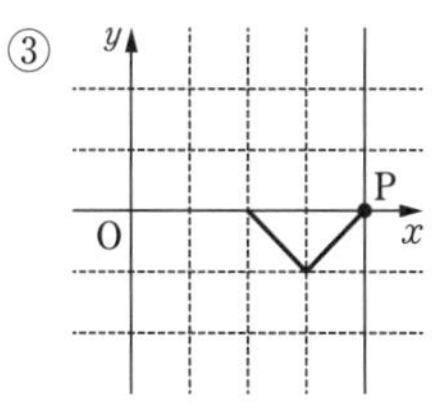

④
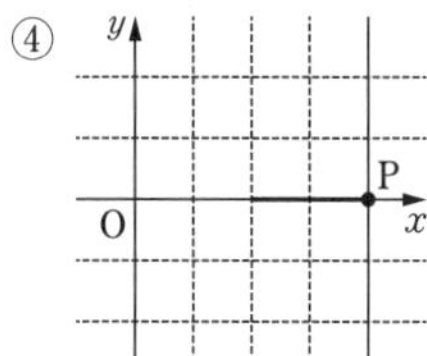

⑤
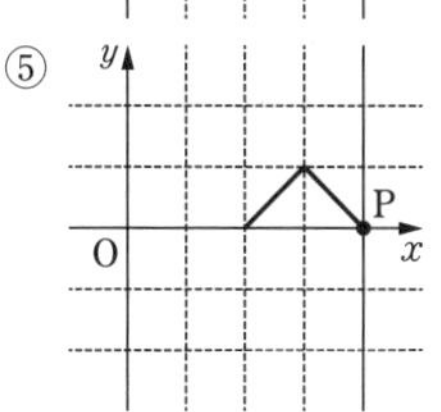

100 正弦波の反射① 基

右の図は，先頭がFにあり，右に進む連続した正弦波を表したものである。この波について，次の問いに答えよ。

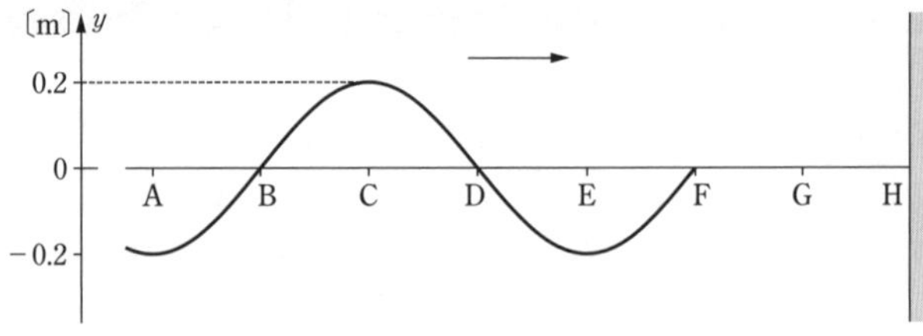

(1) Hが自由端の場合，媒質の y 軸の正の方向の変位の最大値は何mか。

(2) Hが自由端の場合，十分に時間が経ったとき，最も振幅の大きいところを，A～Hのうちですべて答えよ。

(3) Hが固定端の場合，媒質の y 軸の正の方向の変位の最大値は何mか。

(4) Hが固定端の場合，十分に時間が経ったとき，最も振幅の大きいところを，A～Hのうちですべて答えよ。

101 正弦波の反射② 基

図のように速さ 2.0 m/s で，x 軸の正の向きに進む波長 4.0 m，振幅 1.0 m の正弦波が，$x=6.0$ m の点Aで反射される。図は時刻 $t=0$ s でのものである。

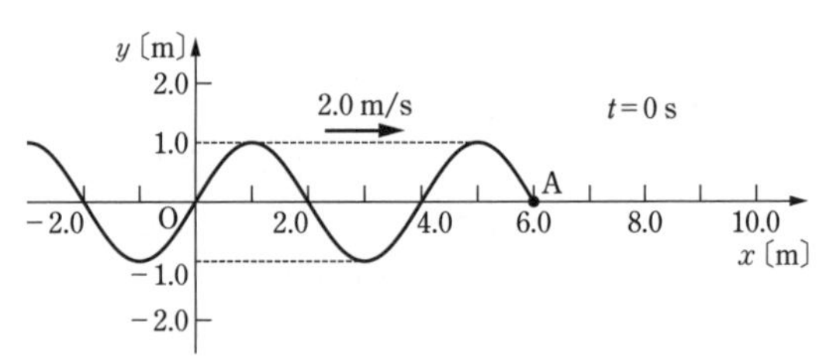

点Aが自由端と固定端の2つの場合に，入射波と反射波によって生じる合成波，定常波について考える。

問1 点Aが自由端の場合

(1) $t=0.50$ s のとき，点Aでの合成波の変位を求めよ。

(2) $t=0.50$ s のとき，合成波の変位が0 m になる位置のうちで，点Aに最も近い位置 x の値を求めよ。

(3) 反射波が $0\,\text{m} \leqq x \leqq 6.0\,\text{m}$ の範囲に存在しているとき，この範囲での定常波の節の数を求めよ。

問2 点Aが固定端の場合

(4) $t=1.0$ s のとき，$x<6.0$ m の範囲で，合成波の変位が0 m になる位置のうちで，点Aに最も近い位置 x の値を求めよ。

(5) 反射波が $0\,\text{m} \leqq x \leqq 6.0\,\text{m}$ の範囲に存在しているとき，この範囲での定常波の節の数を求めよ。

〈金沢工業大〉

35 波の干渉

102 水面上の波の干渉①

水面上の2点S_1，S_2から同じ振幅，振動数，位相を持つ水面波が送り出されている。図の同心円はある瞬間での水面波の山の位置を表す。この図のなかで，水面波が伝わっていく間，水面の上下動が最も小さい点はA～Eのどれか。ただし，水面波の振幅は減衰しないものとする。

〈東京都市大〉

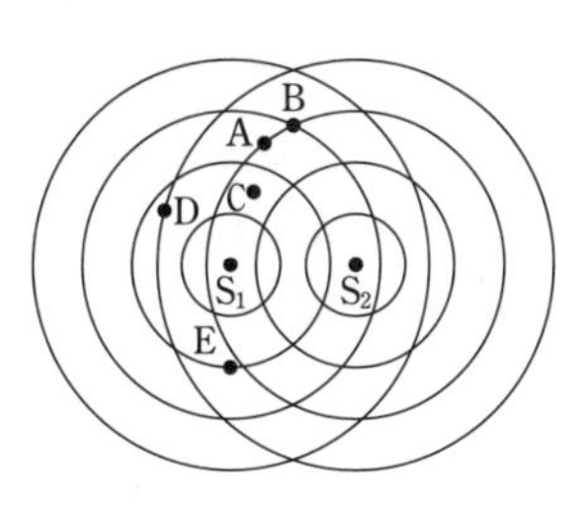

103 水面上の波の干渉②

右の図は，広い池の中央に近い2点P，Qに小球を置き，それらを同じ振幅で同時に上下に周期0.40 sで振動させたときの，時刻$t=0$ sにおける山の波面(実線)と谷の波面(点線)を表している。次の問いに答えよ。

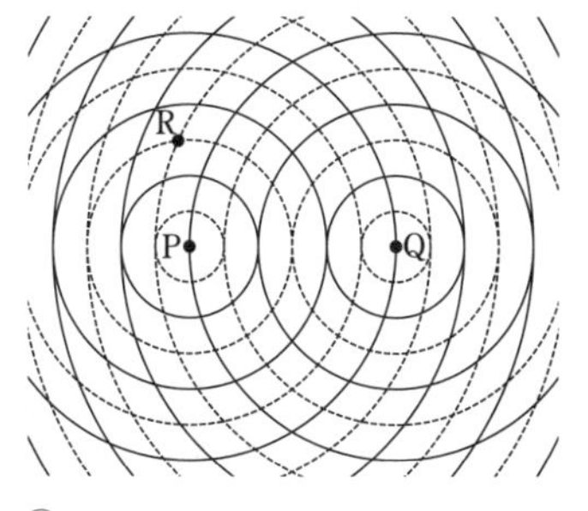

(1) 点Rにおける媒質の変位の時間変化を表しているものとして正しいものを下の①～③のグラフから1つ選べ。

①

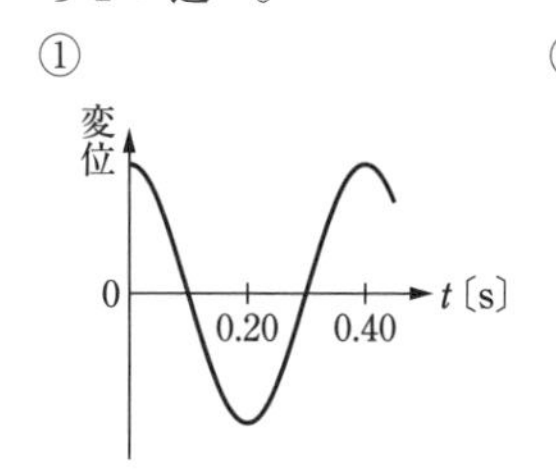

②

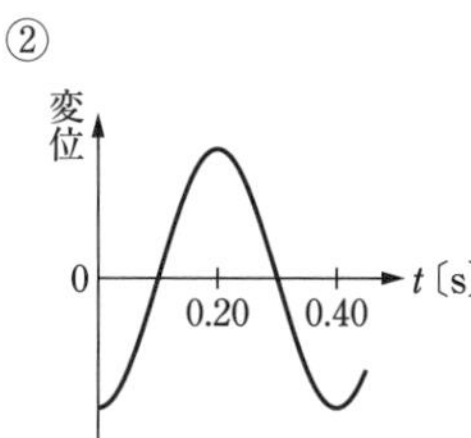

③

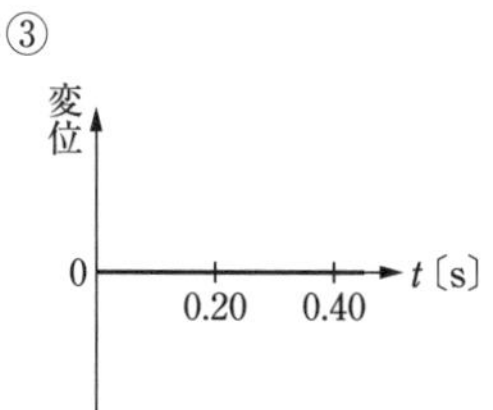

(2) 2点P，Qから出た波が弱めあう点を結んだ線(節線(せっせん))として正しいものを下図①～③から1つ選べ。

①

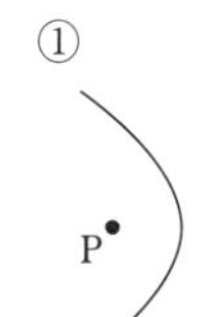

②

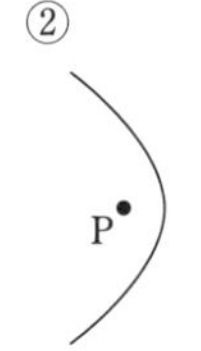

③

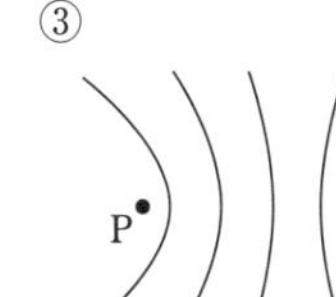
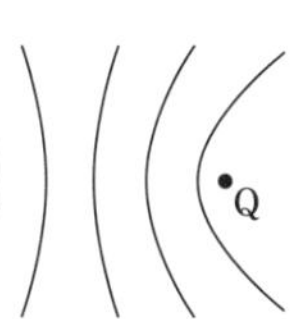

104 水面上の波の干渉③

右の図のように，水面上で距離が 20 cm 離れた 2 つの点波源AとBから同じ振幅，同じ振動数で，同位相の円形の波を送り出したところ，波の干渉が観察された。ここで，実線は波の「大きく振動する場所」を，破線は波の「ほとんど振動しない場所」を表している。AとBから送り出された元の波の波長はいくらか。 〈神奈川工科大〉

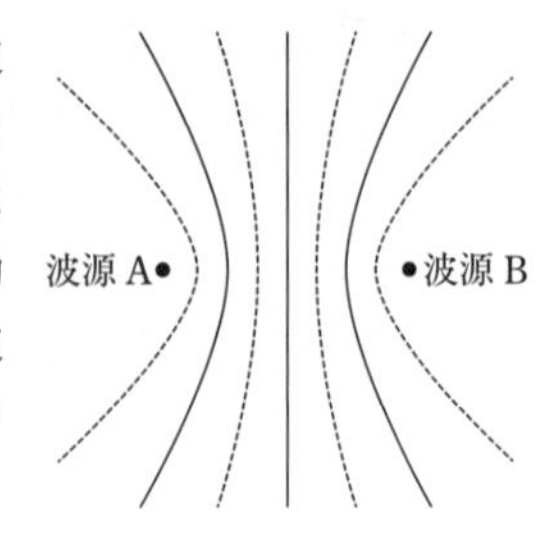

105 水面上の波の干渉④

水面上の 4.0 cm 離れたP，Qから波長 2.0 cm，振幅 0.50 cm の波が出ている。次のとき，Pから 2.0 cm，Qから 5.0 cm の所にある点Rの振幅を求めよ。

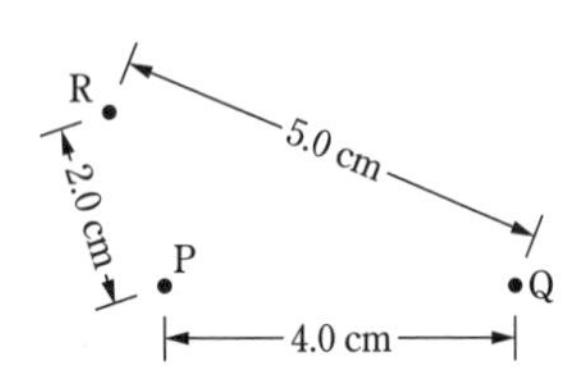

(1) P，Qから同位相の波が出ているとき

(2) P，Qから逆位相の波が出ているとき

106 水面上の波の干渉⑤

次の文中の空欄に適する数値を求めよ。

波長 5.0 cm，振幅 0.50 cm の 2 つの水面波が 15 cm 離れた 2 点 A，B から同じ位相で広がっている。点Aから距離 40 cm，点Bから距離 30 cm の点Pにおける合成波の振幅は [(1)] である。また，線分 AB 上で水面が振動しない点は [(2)] 個である。ただし，水面波が広がることによる減衰は考えないものとする。 〈愛知工業大〉

36 反射・屈折の法則

107 屈折の法則①

右の図のように，媒質 1 での速さが 0.68 m/s，波長が 0.34 m の波が，媒質 1 と媒質 2 の境界で屈折して，媒質 2 へ進む。このとき，次の問いに答えよ。ただし，$\sqrt{3}=1.7$とする。

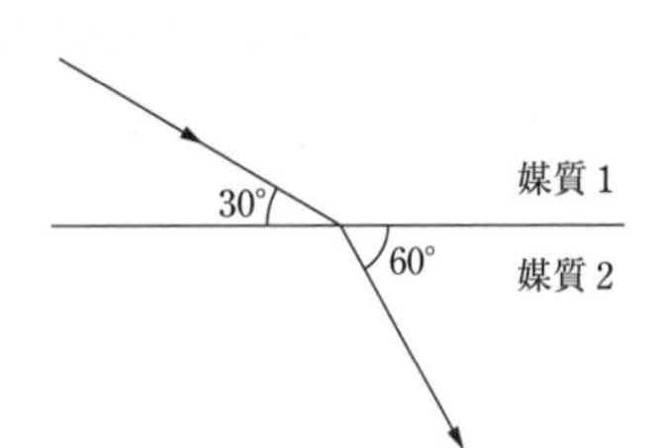

(1) 入射角は何度か。

(2) 屈折角は何度か。

(3) 媒質 1 に対する媒質 2 の屈折率はいくらか。

(4) 媒質 2 中でのこの波の波長はいくらか。

(5) 媒質 2 中でのこの波の速さはいくらか。

(6) 媒質 2 におけるこの波の振動数は媒質 1 における振動数の何倍か。

108 屈折の法則②

次の文中の空欄に適するものを下の解答群から1つ選べ。

水を入れたコップの底にある硬貨を上から見ると，硬貨が浮き上がって見える。これは，図のように，点A（h=OA）から出た光が，空気中の点Eに向かうとき，水面上の点Cで屈折して，点B（h'=OB）から出たように見えるからである。

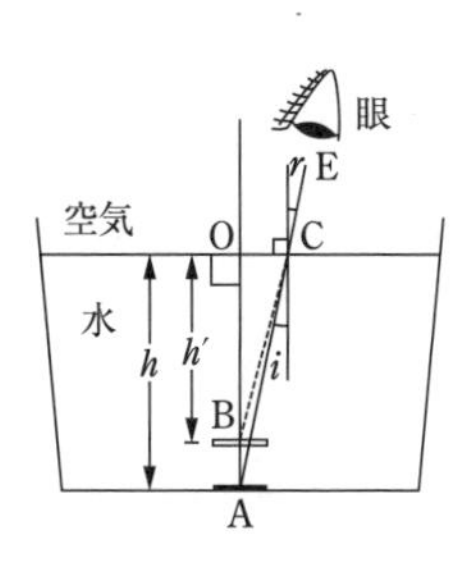

点Bは点Aから水面に下した垂線OAとECを延長した直線との交点である。iを直線ACと法線のなす角度，rを直線ECと法線のなす角度とする。ただし，空気の屈折率を1，水の屈折率をnとする。

問1　屈折の法則より $\dfrac{\sin i}{\sin r}$＝[(1)] である。

(1)の解答群　⓪ 1　① $\dfrac{1}{n}$　② $\dfrac{1}{n^2}$　③ n　④ n^2

問2　ほぼ真上から見ると角度 i と r は非常に小さいので，$\sin i \fallingdotseq \tan i$＝[(2)]，$\sin r \fallingdotseq \tan r$＝[(3)] とできる。したがって，$\dfrac{\sin i}{\sin r}$＝[(4)] となる。

(2)，(3)，(4)の解答群　⓪ $\dfrac{h'}{\mathrm{OC}}$　① $\dfrac{\mathrm{OC}}{h'}$　② $\dfrac{h}{\mathrm{OC}}$　③ $\dfrac{\mathrm{OC}}{h}$

④ $\dfrac{h'}{\mathrm{BC}}$　⑤ $\dfrac{h}{\mathrm{AC}}$　⑥ $\dfrac{h'}{h}$　⑦ $\dfrac{h}{h'}$　⑧ hh'

問3　h'＝[(5)] である。

(5)の解答群　⓪ nh　① $\dfrac{n}{h}$　② $\dfrac{h}{n}$　③ n^2h　④ $\dfrac{n^2}{h}$　⑤ $\dfrac{h}{n^2}$

〈金沢工業大〉

109 反射・屈折の法則

次の文中の空欄に適する数値を求めよ。

屈折率1の空気中に図のような形の屈折率$\sqrt{3}$のガラスがある。面AB上の点Pに入射角60°で光を入射させた。ただし，$\sin 35° = \dfrac{1}{\sqrt{3}}$ とする。

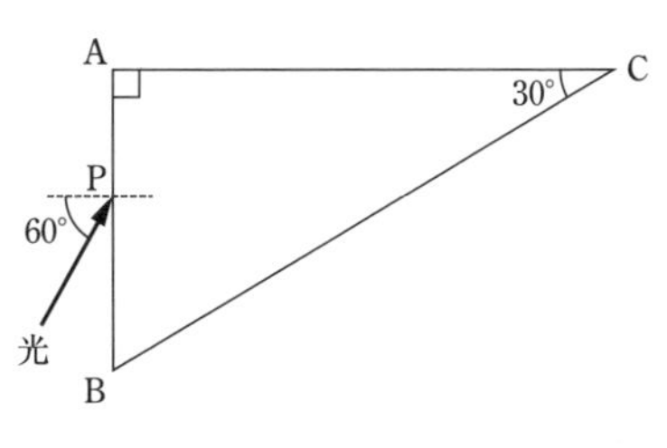

点Pでの光の屈折角は[(1)]〔°〕であり，屈折した光は，面ACに入射角[(2)]〔°〕で入射する。ここで，臨界角は[(3)]〔°〕なので，面ACで光は全反射し，その反射光は面BCに入射し，空気中に出ていくことになる。このとき，面BCへの入射角は[(4)]〔°〕で，屈折角は[(5)]〔°〕である。　〈千葉工業大〉

第3章　波動

37 弦の振動

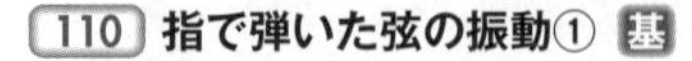

110 指で弾いた弦の振動① 基

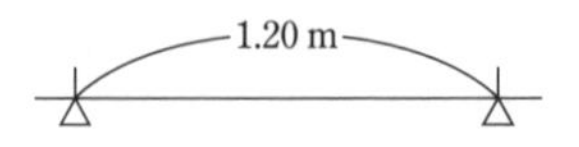

両端を固定した長さ 1.20 m の弦を指で弾いた。次の問いに答えよ。弦を伝わる波の速さを 1.2×10^2 m/s とする。

(1) 3 倍振動のときの波長を求めよ。

(2) 4 倍振動のときの振動数を求めよ。

111 おんさによる弦の振動 基

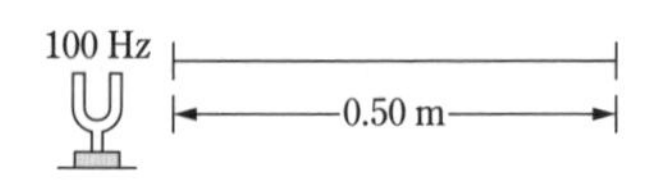

右の図は，両端が固定された長さ 0.50 m の弦である。この弦の近くで振動数 100 Hz のおんさを鳴らすと，弦に基本振動が生じた。次の問いに答えよ。

(1) 弦を伝わる波の速さを求めよ。

(2) 弦の振動を止め，別のおんさを近くで鳴らすと，弦に 2 倍振動が生じた。このおんさの振動数はいくらか。

(3) この弦に 4 倍振動を生じさせるには，周波数がいくつのおんさを近くで鳴らせばよいか。

112 指で弾いた弦の振動② 基

両端を固定し強く張った弦を弾いたところ，腹が 2 個の定常波ができ 100 Hz の音が出た。この弦の長さを半分にしたときに出る最も低い音の振動数はいくらか。

〈北海道科学大〉

113 おもりをつるした弦の振動 基

文中の空欄に適する式を求めよ。

図 1 のように AB 間に弦を張り，弦の端におもりをつるし張力を一定に保つ。A から弦にスピーカーを用いて小さな振動を与える。A，B の間隔は l である。

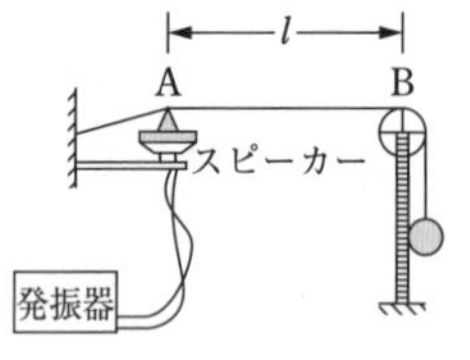

図 1

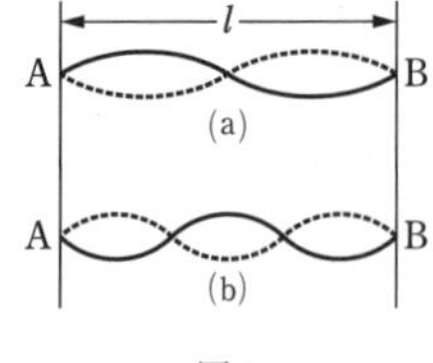

図 2

弦をある振動数 f_0 で振動させたところ共振し，図 2(a)のような 2 つの腹をもつ定常波が得られた。このとき弦を伝わる波の波長は [(1)] で，速さは [(2)] である。さらに振動数を大きくしていくと，図 2(b)のような 3 つの腹をもつ定常波が得られた。波の速さは弦の線密度と張力で決まっているので変わらないから，このときの振動数は f_0 を用いると [(3)] で，周期は [(4)] である。

〈足利工業大〉

38 気柱の振動

114 閉管・開管の振動① 基

長さ1.2 mの気柱の振動について，次の問いに答えよ。ただし，ここでは開口端補正は考えないものとする。

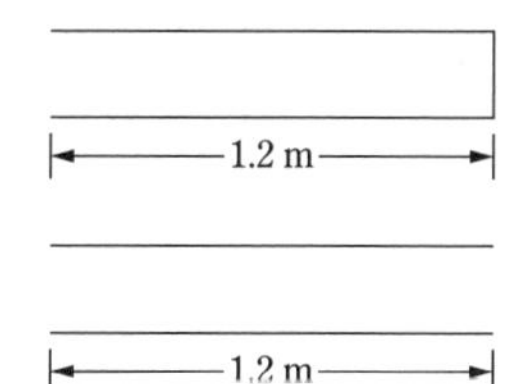

問1 気柱が閉管の場合

(1) 基本振動のときの波長は何mか。

(2) 3倍振動のときの波長は何mか。

問2 気柱が開管の場合

(3) 基本振動のときの波長は何mか。

(4) 3倍振動のときの波長は何mか。

115 気柱の共鳴実験 基

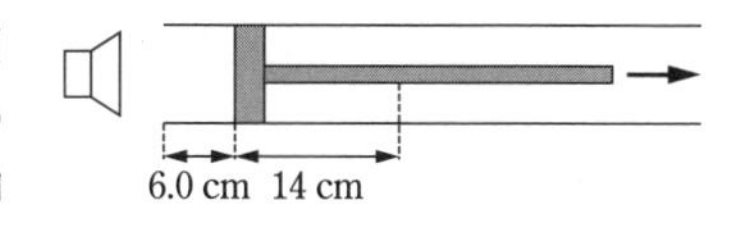

図のように，ガラス管にピストンを取り付けた閉管の管口にスピーカーを置いて，振動数1250 Hzの一定の音を出した。ピストンを管口から徐々に矢印の方向に引いていくと，管口から6.0 cmと，さらにそこから14 cmのところで気柱の固有振動が起こった。次の問いに答えよ。開口端補正は一定とする。

(1) 音の波長は何cmか。

(2) 開口端補正は何cmか。

(3) 音の速さは何m/sか。

(4) 管口から14 cmのところからさらに何cm引くと次の固有振動が起こるか。

116 閉管・開管の振動② 基

長さLの開管の一方の端付近にスピーカーを置く。スピーカーから出た音は，空気の振動として管の中を伝わる。以下の問(1)〜(9)に答えよ。

(1) 音波のように，振動方向と伝わる方向が平行である波は，何波と呼ばれるか。

スピーカーから出る音の周波数を0から徐々に上げていくと，ある周波数ではじめて大きな音が聞こえた。ただし，開口端にできている定常波の腹の位置と管口とは一致しているものとする。

(2) このときの音波の波長をLを用いて表せ。

さらに周波数を上げていくと，音は一度小さくなり，ある周波数でまた大きくなった。

(3) このときの音波の波長をLを用いて表せ。

次に，スピーカーを置いていない方の端をピストンでふさぎ，閉管を作った。そして，前問(2)のように，スピーカーから出る音の周波数を0から徐々に上げていった。ただし，ピストンの厚さは薄く，端をふさいでも管の長さはLのままであるものとする。

(4) 最初に大きな音が聞こえるときの音波の波長をLを用いて表せ。
(5) 次に大きな音が聞こえるときの音波の波長をLを用いて表せ。

前問(2)～(5)を参考にして，

(6) 開管で生じる定常波がn個$(n=1,\ 2,\ 3,\ \cdots)$の節を持つときの，定常波の波長λ_nをLとnで表せ。
(7) 閉管で生じる定常波がm個$(m=1,\ 2,\ 3,\ \cdots)$の節を持つときの，定常波の波長λ_mをLとmで表せ。

最後に，スピーカーから出る音の周波数を前問(2)の周波数の3倍に設定し，次にピストンを徐々に管の中に押し込んでいった。

(8) 最初に大きな音が聞こえるまでに，ピストンはどれだけ押し込まれたか。その距離をLを用いて表せ。
(9) ピストンを，押し込み始めてからスピーカーが置いてある端まで押し込む間に，何回大きな音が聞こえたか。その回数を答えよ。

〈名城大〉

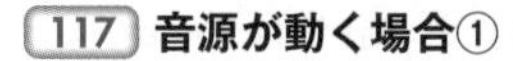

39 ドップラー効果

117 音源が動く場合①

駅のホームに立っている人が，40 m/s の速さで近づく列車から発する音を聞いたとき，510 Hz の振動数の音が聞こえた。音速を 340 m/s とすると，音源の振動数は何 Hz であるか。

〈神奈川大〉

118 音源が動く場合②

図のように音源Aは自動車に付いていて，移動させることができる。音源から離れた位置に観測者Oがいる。文中の空欄に適する値を求めよ。

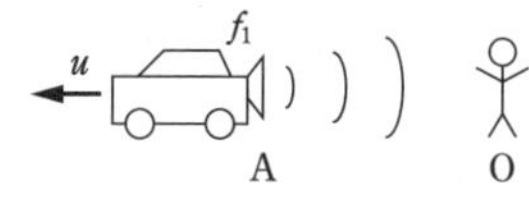

音源が観測者から遠ざかる場合のドップラー効果について考える。音源Aは音を出しながら，観測者Oから遠ざかっている。この音源の振動数を f_0〔Hz〕とし，音速を V〔m/s〕，自動車（音源A）の速さを u〔m/s〕とする。時刻 $t=0$ で，音源Aは観測者から距離 L〔m〕の位置にあった。この時に出た音の波面は［(1)］〔s〕後に観測者の場所へ到達する。この間に音源Aは観測者から［(2)］〔m〕だけ遠ざかる。また，この間の音波の振動回数を考えると，振動数 f_0 の音源Aと観測者Oとの間（AO 間）には［(3)］〔個〕の波があるので，AO 間での音波の波長は［(4)］〔m〕となる。したがって，観測者が聞く音の振動数は［(5)］〔Hz〕となる。

〈甲南大〉

119 音源が動く場合③

同じ性能のスピーカーを 2 台用意して，図のように 1 台は直線の平らな道路上に固定し，もう 1 台は自転車にのせた。固定されたスピーカーの横を，自転車が一定の速さ v〔m/s〕で通り抜けて，道路上の離れた場所で立ち止まっている人に向かって走っている。ただし，風は無く，空気中の音速を V〔m/s〕とする。文中の空欄に適する値を求めよ。

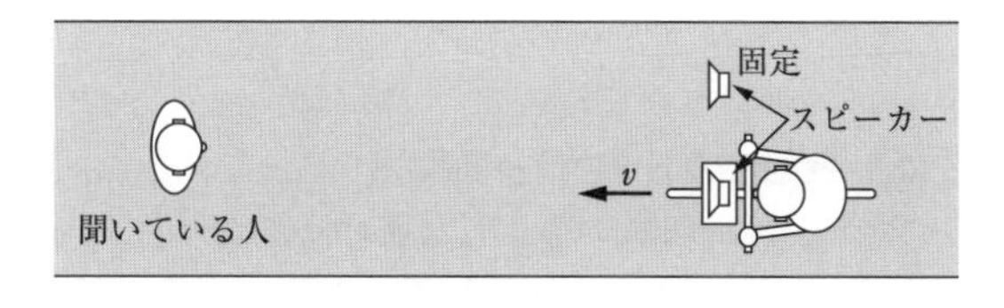

(1) 自転車上のスピーカーからのみ一定の強さで周波数 f_0〔Hz〕の音が出ているとき，ドップラー効果により道路上で聞いている人には一定の周波数 $f=$［　　］〔Hz〕の音が聞こえる。

(2) 道路上と自転車上のスピーカーからともに一定の強さで周波数 f_0〔Hz〕の音が出ているときには，道路上の人には 1 s 間当たり［　　］〔回〕となる“うなり”が聞こえる。

(3) これら 2 台のスピーカーからともに周波数 440 Hz の音を出し続けながら自転車を走らせたところ，道路上の人には周期 0.15 s の“うなり”が聞こえた。空気中の音速を 340 m/s とすると，自転車の速さはおよそ［　　］〔m/s〕であったことがわかる。

120 観測者が動く場合①

2000 Hz の警笛音を出している踏み切りに，時速 72 km/h の速さで近づく列車がある。この列車の中の人が聞く音の振動数は何 Hz であるか。ただし，音速は 340 m/s とする。

〈神奈川大〉

121 反射音のドップラー効果①

次の問いに答えよ。

問1 コウモリが振動数 $f_0=4.5\times10^4$ Hz の超音波を出しながら，速さ $v=15$ m/s で飛行している。この超音波が，コウモリの前方にある静止している物体に当たって反射するとき，そのコウモリが聴く反射波の振動数はいくらか。ただし，超音波の速さを $V_0=340$ m/s とする。

〈神奈川大〉

問2 同一直線上で，一定の速さ u で逃げる昆虫にコウモリが一定の速さ v で追いかけながら超音波を発した。コウモリが発する超音波の振動数を f_0，超音波の速さを V_0 とする。

(1) 昆虫が聴く超音波の振動数はいくらか。

(2) コウモリが聴く昆虫からの反射超音波の振動数はいくらか。

〈東京電機大〉

122 反射音のドップラー効果②

図のように，2 枚の静止した反射板にはさまれた直線道路を，振動数 800 Hz の音波を出しながら速さ 20 m/s で進む自動車がある。空気中での音速を 340 m/s とする。文中の空欄に適する値を求めよ。

自動車の前方に発射された音波の波長は [(1)] m であり，この波が前方の反射板で反射されて自動車に乗っている人に観測されるときの振動数は [(2)] Hz である。自動車の後方に発射された音波の波長は [(3)] m であり，この波が後方の反射板で反射されて自動車に乗っている人に観測されるときの振動数は [(4)] Hz である。

〈千葉工業大〉

40 レンズ

123 レンズによりできる像の作図

下の図で矢印で表したそれぞれの物体のレンズによる像を作図せよ。また，レンズによる物体の像はどのように見えるか。F，F′ はそれぞれのレンズの焦点である。

(1)

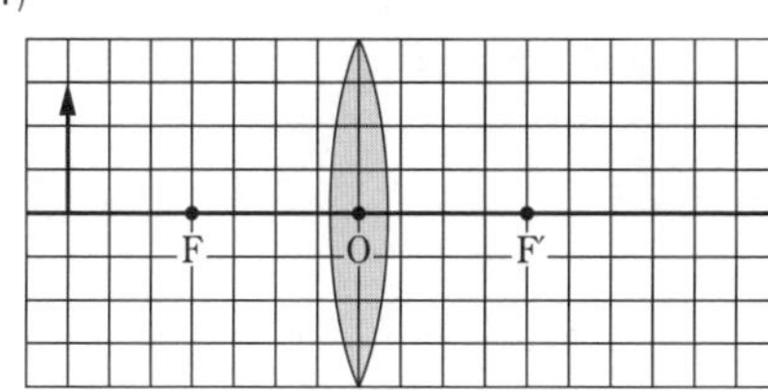

(2)

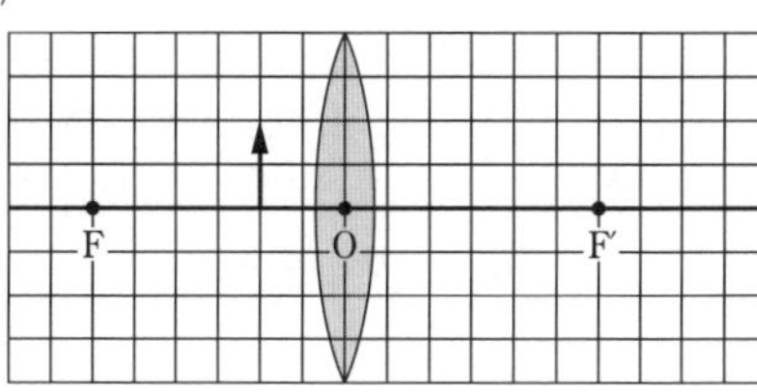

(3)

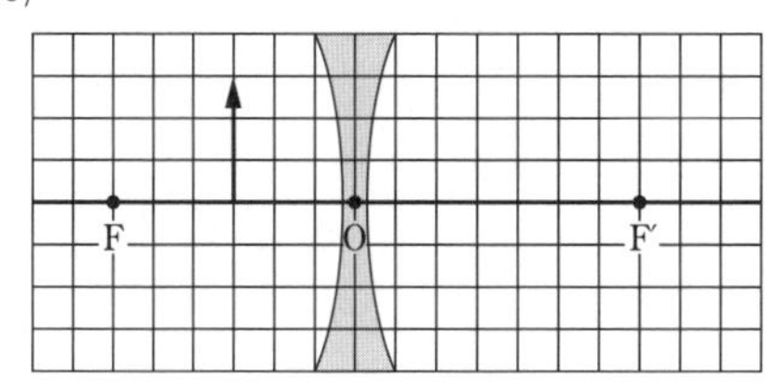

124 レンズによりできる像

次の問いに答えよ。

(1) 焦点距離 15 cm の凸レンズの手前側 20 cm に置いた物体の像はレンズの後方何 cm の所にできるか。

(2) (1)でできる像は何倍の像か。

(3) 焦点距離 15 cm の凹レンズの手前側 20 cm に置いた物体の像はレンズの手前側何 cm の所にできるか。

(4) (3)でできる像は何倍の像か。

125 凸レンズの焦点距離

次の文中の空欄に適する値を求めよ。

光学台上にろうそくCとスクリーンSを 80 cm 離して固定した。ろうそくとスクリーンの間で凸レンズを動かしたところ，図の 2 つの位置 L_1 と L_2 でスクリーン上にろうそくの像が鮮明に見えた。ここで，$CL_1=20$ cm，$CL_2=60$ cm であった。この凸レンズの焦点距離は [(1)] cm である。一般に，$CS=D$，$L_1L_2=d$ とすると，凸レンズの焦点距離は [(2)] と表すことができる。

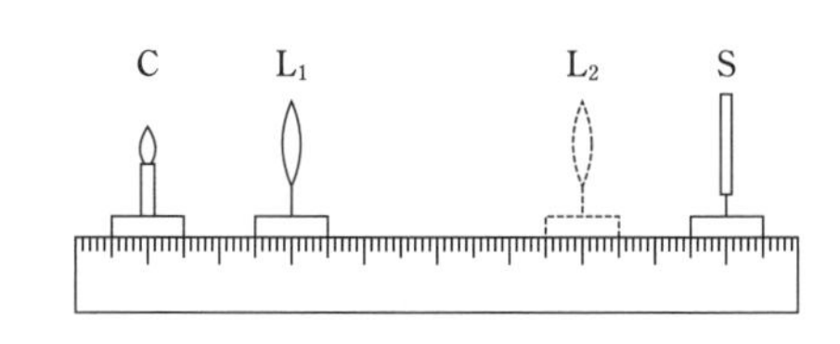

〈東京都市大〉

41 ヤングの実験，回折格子

126 ヤングの実験

次の各設問の［　　］に該当する答えの番号を，それぞれの解答群から1つ選べ。

図のような干渉実験装置を用いて，単色光の光源の波長λを求める実験を行った。

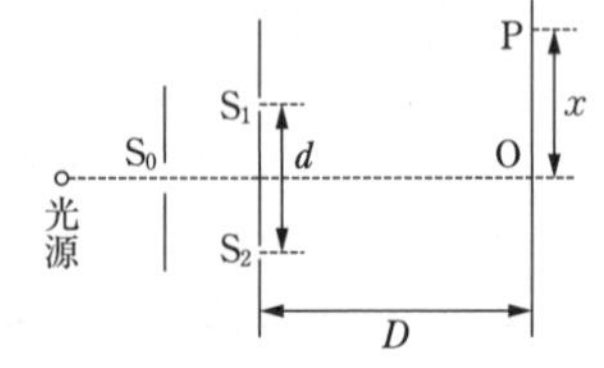

S_0はスリットである。また，S_1，S_2はS_0から等距離にある複スリットで，S_1，S_2の間の間隔はd〔m〕であり，複スリットからスクリーンまでの距離はD〔m〕である。複スリットS_1，S_2から等距離にあるスクリーン上の点Oを原点とし，図のようにスクリーン上に現れた明線の位置PをOからの距離x〔m〕で表し，d，xはDに比べて十分に小さいものとする。

問1　光の波長をλとし，スクリーン上の干渉じまの番号を原点Oから数えて $m=0, 1, 2, \cdots$とするとき，明線Pの条件は，$|S_2P-S_1P|=$［(1)］　……①　である。$m=1$ とすれば，①式より $|S_2P-S_1P|=$［(2)］　……②　である。

(1)の解答群　①　$2m\lambda$　②　$2(m+1)\lambda$　③　$2(m+1)\lambda$　④　$\frac{(2m+1)\lambda}{2}$

⑤　$\frac{2m\lambda}{2}$　⑥　$\frac{\lambda}{2m}$

(2)の解答群　①　$\frac{\lambda}{2}$　②　λ　③　$\frac{3\lambda}{2}$　④　2λ　⑤　3λ　⑥　4λ

問2　①式において，$m=1$ でのPの位置を $PO=x$ とすれば，三平方の定理より$S_2P^2-S_1P^2=$［(3)］　……③　と表される。また $S_2P-S_1P=$［(4)］　……④　であるので，②，③，④式より，$\lambda=$［(5)］　となる。

(3)の解答群　①　dx　②　$\frac{dx}{2}$　③　$\frac{dx}{3}$　④　$\frac{dx}{4}$　⑤　$2dx$

⑥　$\frac{2dx}{3}$

(4)の解答群　①　$\frac{2dx}{3(S_2P+S_1P)}$　②　$\frac{2dx}{(S_2P+S_1P)}$　③　$\frac{dx}{4(S_2P+S_1P)}$

④　$\frac{dx}{3(S_2P+S_1P)}$　⑤　$\frac{dx}{2(S_2P+S_1P)}$　⑥　$\frac{dx}{(S_2P+S_1P)}$

(5)の解答群　①　$\frac{dx}{2D}$　②　$\frac{dx}{4D}$　③　$\frac{dx}{6D}$　④　$\frac{dx}{8D}$　⑤　$\frac{dx}{D}$

⑥　$\frac{dx}{3D}$

〈大阪産業大〉

127 回折格子

次の文章は回折格子についての説明である。以下の問いに答えよ。

回折格子は，ガラス板に1 mm当たり数10から数100本の多数のスリットが平行に並んだ構造をもつ。この多数のスリットからの回折光が干渉しあうことで，回折格子から離れたところに置いたスクリーンには干渉じまが見られる。

図は，平行な光を回折格子に当てたときの様子を拡大して表したものである。波長λの光を回折格子に垂直に当てたとき，図のようにスリットにより入射光に対して角θだけ回折した光と，その隣りのスリットで同じ角θだけ回折した光との間での光路差（光の進む距離の差）lは，スリットとスリットの間隔（格子定数）をdとすると $l=$［(1)］となる。光路差が光の［(2)］の整数倍のとき，光は強めあうため，整数mを使うと，$l=$［(3)］という関係が成り立つ。

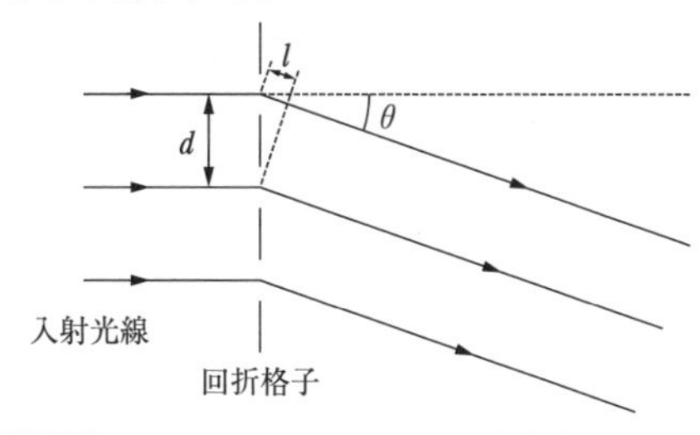

ある波長のレーザー光線を回折格子に当てると，スクリーン上には複数個の明るい点が現れる。この明るい点と点の間隔を調べることによって光の波長を求めることができる。

一方，レーザー光線のかわりに白熱電球の光を回折格子に当てると，スクリーン上の明点の位置には色のしま模様が見られる。このとき1つの明点の中ではスクリーンの中央から遠い場所（θが大になる場所）に，［(4)］が現れる。

問1　［(1)］，［(3)］には適する式を，［(2)］は最もふさわしい語句を答えよ。

問2　スクリーンを回折格子から1.0 m離れたところに置いて，レーザー光線を回折格子に当てたとき現れる複数の明るい点のうち，隣りあう明点間の距離を測ったところ6.5 cmだった。回折格子の格子定数が1.0×10^{-2} mmのとき，レーザー光線の波長は何mか。ただし，このとき $\sin\theta\fallingdotseq\tan\theta$ の近似が成り立つものとする。

問3　［(4)］に入るものとして最もふさわしい語句を下から1つ選べ。

① 緑色　② 紫色　③ 黄色　④ 青色　⑤ 赤色　⑥ 黄緑色
⑦ 水色　⑧ だいだい色

〈東北工業大〉

第4章 電磁気

42 クーロンの法則

128 クーロンの法則①

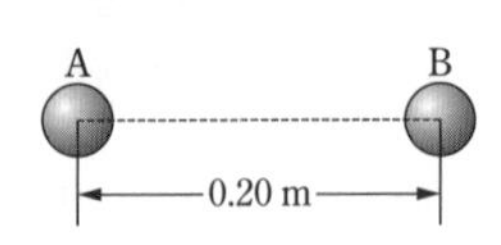

電気量 $+2.0\times10^{-7}$ C の小球Aと，電気量 $+6.0\times10^{-7}$ C の小球Bを 0.20 m 離して置く。次の問いに答えよ。ただし，クーロンの法則の比例定数を 9.0×10^{9} N・m^2/C^2 とする。

(1) 2球A，B間にはたらく静電気力は引力か斥(せき)力か。

(2) 2球A，B間にはたらく静電気力の大きさを求めよ。

129 クーロンの法則②

帯電した小物体A，Bがある。はじめAは -1.0×10^{-9} C の電気量をもっていたが，AとBを接触させた後，0.30 m 引き離したら，Aは $+2.2\times10^{-9}$ C に，Bは $+3.0\times10^{-9}$ C に帯電していた。このとき，A，B間にはたらく静電気力の大きさは何Nか。ただし，クーロンの法則の比例定数を $k=9.0\times10^{9}$ N・m^2/C^2 とする。また，接触前のBの電気量は何Cか。

〈千葉工業大〉

130 クーロンの法則③

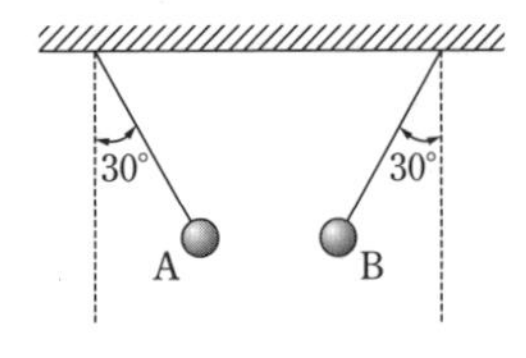

図のように，長さの等しい2本の絹糸の下端に，負電荷 -1.0×10^{-9} C の小球Aと正電荷 1.0×10^{-9} C の小球Bをつるしたところ，AとBは水平面上で 30 mm 離れ，糸は鉛直線から 30° 傾いて静止した。クーロンの法則の比例定数を 9.0×10^{9} N・m^2/C^2，重力加速度の大きさを 10 m/s^2，AとBの質量は等しいとして，次の問いに答えよ。

(1) AとBの間にはたらく静電気力の大きさを求めよ。

(2) 力のつりあいの条件から，小球の質量を求めよ。

〈岡山理科大〉

131 クーロンの法則④

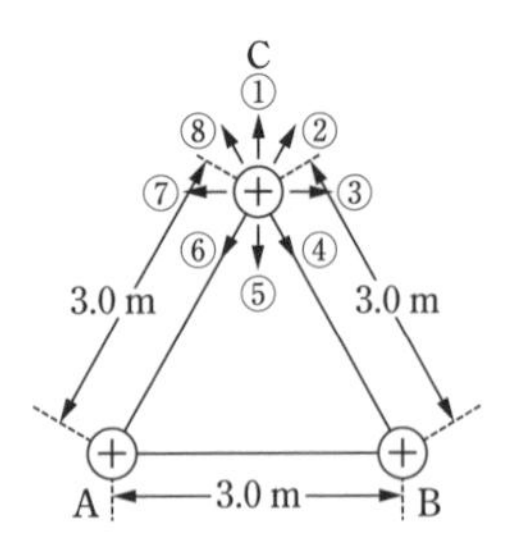

図のように，一辺が 3.0 m の正三角形 ABC の各頂点にそれぞれ電気量が $+1.0\times10^{-4}$ C の点電荷を置く。クーロンの法則の比例定数を 9.0×10^{9} N・m^2/C^2 として，次の問いに答えよ。

(1) 点Cの点電荷にはたらく静電気力の方向は図の①～⑧のうちどれか。

(2) 点Cの点電荷にはたらく静電気力の大きさを求めよ。

43 点電荷のまわりの電場

132 電荷が電場から受ける力

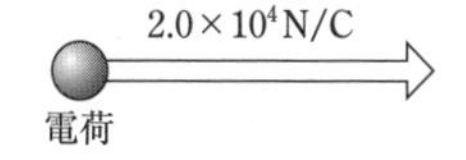

電場が右向きに 2.0×10^4 N/C の強さの位置に，次の点電荷 q を置くとき，電荷が受ける力の向きと大きさを求めよ。

(1) 電気量 3.0×10^{-6} C の正電荷。

(2) 電気量 -4.0×10^{-6} C の負電荷。

133 点電荷のまわりの電場①

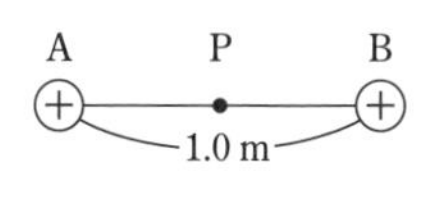

1.0 m 離れた 2 点 A，B の点Aに 1.6×10^{-8} C の正電荷，点Bに 1.0×10^{-9} C の正電荷を置く。線分 AB 上で電場の強さが 0 となる点Pは，点Aから何mのところか。

134 点電荷のまわりの電場②

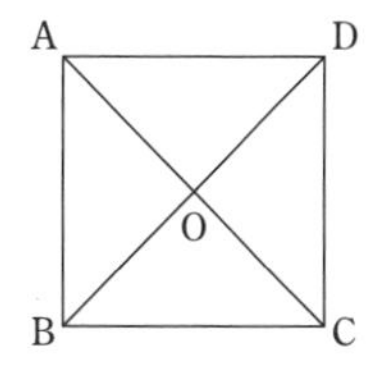

図のような，一辺の長さ l の正方形があり，その頂点 A，B，C，D にそれぞれ $2q$，$-q$，$-q$，$2q$ の点電荷 $(q>0)$ を置いた。各対角線の交点をOとし，クーロンの法則の比例定数は k とする。点Oの電場の強さはいくらか。 〈東北工業大〉

135 電場の強さと電気力線

文中の空欄に適する値を求めよ。

2つの点電荷 q_1〔C〕，q_2〔C〕$(q_1>0,\ q_2>0)$ の間にはたらく静電気力の大きさ F〔N〕は，その間の距離を r〔m〕とし比例定数を k〔N·m²/C²〕とすると，$F=$ [(1)]〔N〕で表される。また，電場の強さが E〔N/C〕の所へ置かれた点電荷 q〔C〕は，電場より $F'=$ [(2)]〔N〕の力を受ける。したがって，点電荷 q_1〔C〕から r〔m〕離れた点での点電荷 q_1 による電場の強さは $E=$ [(3)]〔N/C〕である。そして，この電場の強さ E〔N/C〕を，電気力線の密度で示すことができる。電場の強さが E〔N/C〕の点では，電場に垂直な 1 m² の面を E 本の電気力線が貫くものと決めると，点電荷 q_1〔C〕を中心とした半径 r〔m〕の球面上の電場の強さ E は，[(3)]〔N/C〕であるから，この球面上の 1 m² 当たりを貫く電気力線の数は [(4)]〔本〕で，点電荷 q_1 から出る電気力線の総数 N は $N=$ [(5)]〔本〕である。 〈大阪産業大〉

第4章 電磁気

44 点電荷のまわりの電位

136 点電荷のまわりの電位①

$q_1 = +4.0\times10^{-6}$ C の電荷から 2.0 m 離れた点Aの電位は [(1)]〔V〕で，$q_2 = -6.0\times10^{-6}$ C の電荷から 2.0 m 離れた点Bの電位は [(2)]〔V〕である。ただし，クーロンの法則の比例定数を 9.0×10^{9} N·m^2/C^2 とし，電位の基準点を無限遠とする。

この電荷 q_1 と q_2 を 4.0 m 離して置いた。q_1 と q_2 の中点の位置の電位は [(3)]〔V〕である。

137 点電荷のまわりの電位②

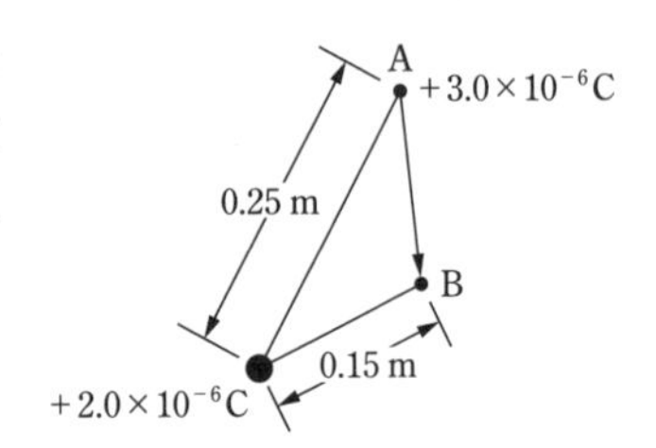

$+2.0\times10^{-6}$ C の点電荷から 0.25 m 離れた点 A，同じ点電荷から 0.15 m 離れた点Bがある。点Aから点Bまで，$+3.0\times10^{-6}$ C の点電荷を移動させるために必要な仕事は何 J か。クーロンの法則の比例定数を 9.0×10^{9} N·m^2/C^2 とする。

138 点電荷のまわりの電位③

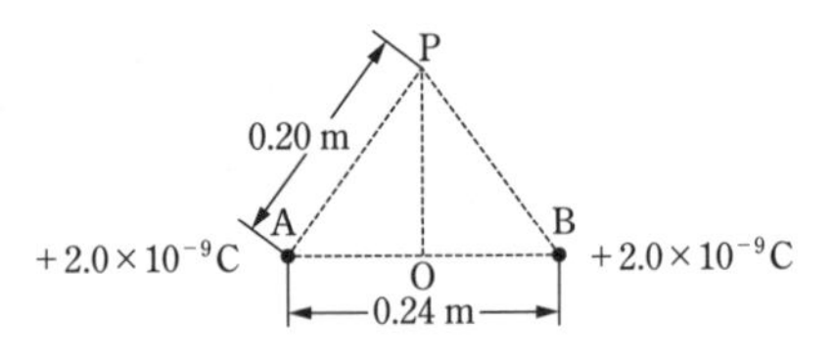

右の図のように，水平面上の 0.24 m 離れた 2 点 A，B に，それぞれ $+2.0\times10^{-9}$ C の点電荷を固定した。A，B の中点をOとし，線分 AB の垂直二等分線上の，点 A から 0.20 m の点をPとする。次の問いに答えよ。ただし，クーロンの法則の比例定数を 9.0×10^{9} N·m^2/C^2 とする。

(1) 点Oの電位は，点Pの電位より，どれくらい低いか，高いか。

(2) 点Oに $+2.5\times10^{-9}$ C の点電荷を置いた。この点電荷を点Oから点Pへ移動させる間に，電場がする仕事を求めよ。 〈金沢工業大〉

139 静電気力を受ける電荷の運動

次の文中の空欄に適する値を求めよ。

電子の電荷を $-e$，質量を m とする。この電子を電場中で電位 V_1 の点Pに静かに置いたところ動き始め，電位 V_2 の点Qを通過した。このとき，電子が点Pから点Qまで移動する間に電場から受けた仕事は [(1)] であり，点Qにおける電子の速さは [(2)] である。 〈愛知工業大〉

45 一様な電場

140 一様な電場①

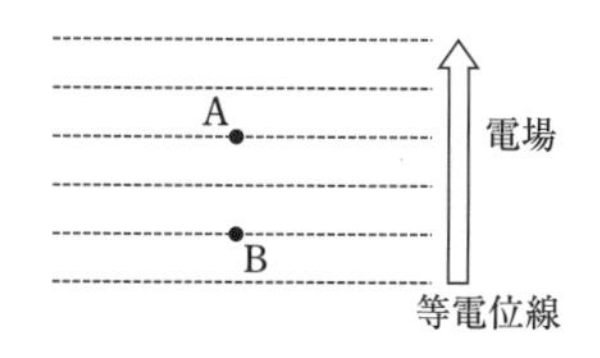

右の図のように，一様な電場中に電場と平行な方向に0.40 m 離れた 2 点 A，B がある。点Aは電位 5.0 V の等電位線上に，点Bは 9.0 V の等電位線上にある。次の問いに答えよ。

(1) 電場の強さは何 V/m か。

(2) 点Aから電場の向きに 0.55 m 離れた位置にある点Pの電位は何Vか。

141 一様な電場②

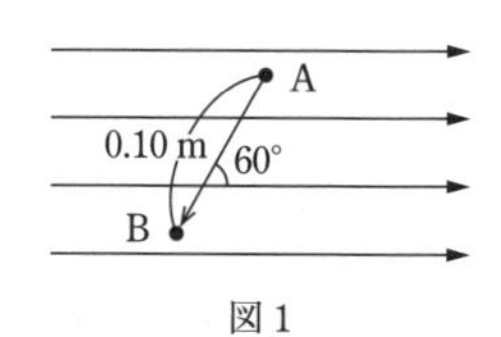

図 1

問1 図 1 に示す右向きの一様な電場の中で，点AからBまで 3.6×10^{-10} C の電荷をゆっくり運んだとき，電気力に逆らって外力がなした仕事は 1.8×10^{-10} J であった。このとき，AB 間の電位差は [(1)]〔V〕である。また，この電場の強さは [(2)]〔V/m〕である。

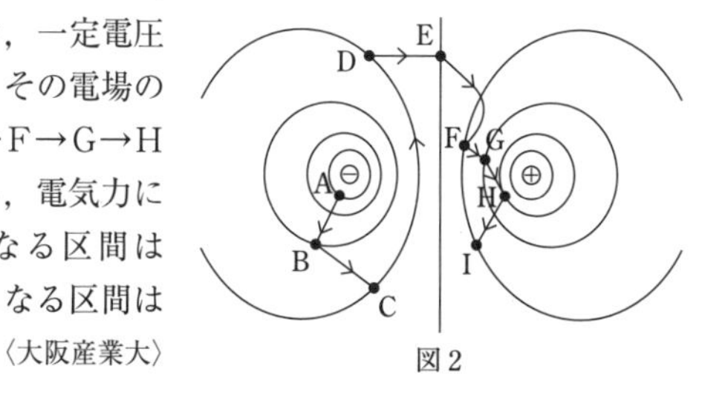

図 2

問2 図 2 は 2 つの点電荷が作る電場を，一定電圧ごとの等電位線で表したものである。その電場の中で，正電荷をA→B→C→D→E→F→G→H→I の順にゆっくりと移動させるとき，電気力に逆らって外力がする仕事が最大となる区間は [(3)] である。また，この仕事が負となる区間は [(4)] である。〈大阪産業大〉

142 一様な電場③

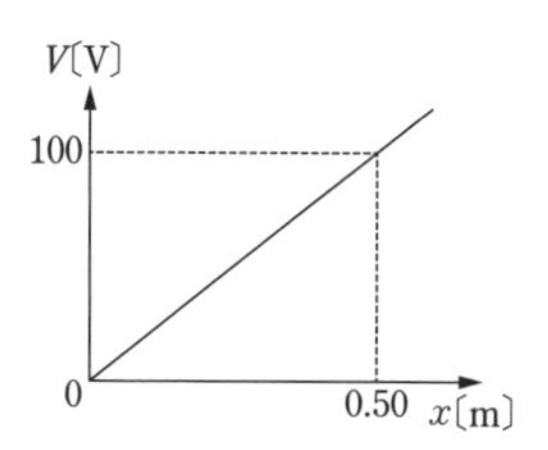

x 軸に沿った一様な電場があり，位置 x と電位 V の関係は図のようになっている。いま，質量 3.3×10^{-27} kg，電荷 -3.3×10^{-19} C の陰イオンが x 軸に沿って負側から正の向きに進んできた。$x=0$ を通過したときの速さは 1.0×10^{5} m/s であった。次の問いに答えよ。

(1) この電場の強さはいくらか。

(2) このイオンが電場から受ける力はいくらか。

(3) この電場中でのイオンの加速度はいくらか。

(4) イオンが $x=0.50$ m の位置を通過するときの速さはいくらか。〈東京電機大〉

46 コンデンサーの性質

143 コンデンサーに蓄えられる電気量①

次の文中の空欄に適する値を求めよ。

電気容量 5.0×10^{-4} F の平行板コンデンサーに 2.0 V の電源を接続すると [(1)]〔C〕の電荷が蓄えられる。コンデンサーを電源に接続したまま極板間隔をもとの 2 倍にすると，極板に蓄えられる電荷はもとの [(2)] 倍になる。〈工学院大〉

144 コンデンサーに蓄えられる電気量②

極板の面積 S，極板間の距離 d の平行板コンデンサーが，起電力 E の電池に接続され，極板間は誘電率 ε_1 の空気で満たされている。以下の操作により，コンデンサーに蓄えられる電気量はそれぞれどれだけ増加するか。

(1) 極板間の距離を d から $\dfrac{d}{2}$ にする。

(2) 極板間の距離は d のまま，誘電率 ε_2 $(\varepsilon_2>\varepsilon_1)$ の誘電体で極板間全体を満たす。

〈名城大〉

145 コンデンサーの性質

文中の空欄に適する値を求めよ。

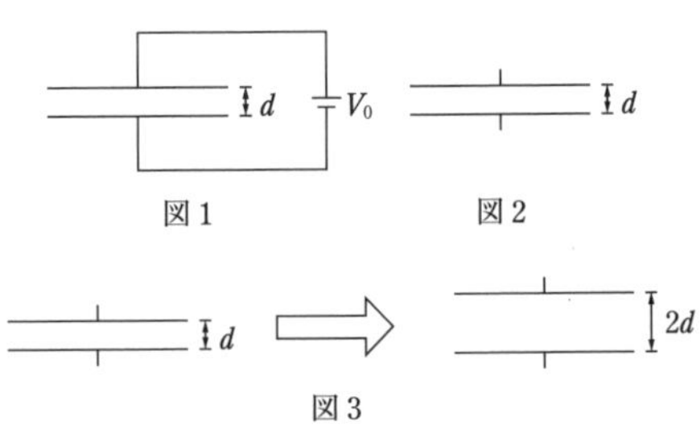

極板の間隔 d，電気容量 C の平行板コンデンサーに図 1 のように電圧 V_0 の電池を接続し，充電した。このとき，極板間には極板に垂直に一様な電場が生じ，その大きさ E_0 は [(1)] となる。また，極板の外側の電場の大きさは 0 である。このコンデンサーに蓄えられる電気量 Q は [(2)] であり，蓄えられる静電エネルギー U_0 は V_0 と Q を用いて $U_0=$ [(3)] と表される。

この充電されたコンデンサーを図 2 のように電池から切り離す。蓄えられている電気量は切り離す前と変わらない。この状態での極板間の電場の大きさを考えてみる。コンデンサーの電気容量 C は極板の面積 S に比例，極板の間隔 d に反比例し，真空の誘電率を ε_0 とすると，$C=$ [(4)] と表される。よって，極板間の電場の大きさ E_0 は，[(1)] と [(4)] の結果より d を消去し，Q，S，ε_0 を用いて [(5)] と表され，電気量の値が同じならば E_0 は極板の間隔 d に依存しないことがわかる。

次に，－極の電荷が＋極の電荷に及ぼす力の大きさを考えてみる。極板間の一様な電場は，－極の電荷と＋極の電荷によって生じており，－極の電荷 $-Q$ による電場の大きさは E_0 の $\dfrac{1}{2}$ である。よって，－極の全電荷により＋極の全電荷 Q にはたらく力の大きさは E_0 を用いて [(6)] と表される。

さて，切り離したコンデンサーを図 3 のように極板の間隔をさらに d だけゆっくりと広げ，$2d$ とする。このとき必要な仕事は [(7)] となり，コンデンサーに蓄えられている静電エネルギーを U_1 とすると，U_1 は U_0 の [(8)] 倍となる。また，このときの極板間の電位差 V_1 は V_0 の [(9)] 倍となる。〈大阪工業大〉

47 コンデンサーの接続

146 合成容量

電気容量が40μFのコンデンサーAと60μFのコンデンサーBがある。次の問いに答えよ。

(1) コンデンサーAとBを直列接続したときの合成容量を求めよ。

(2) コンデンサーAとBを並列接続したときの合成容量を求めよ。

147 導体の挿入

極板の面積 $1.0\times10^{-4}\ \mathrm{m}^2$，極板の間が $3.0\times10^{-3}\ \mathrm{m}$ の平行板コンデンサーがある。この中央に右の図のように，面積が極板と同じで厚さが $1.0\times10^{-3}\ \mathrm{m}$ の金属板を入れる。このコンデンサーの電気容量はいくらか。空気の誘電率を $8.9\times10^{-12}\ \mathrm{F/m}$ とする。

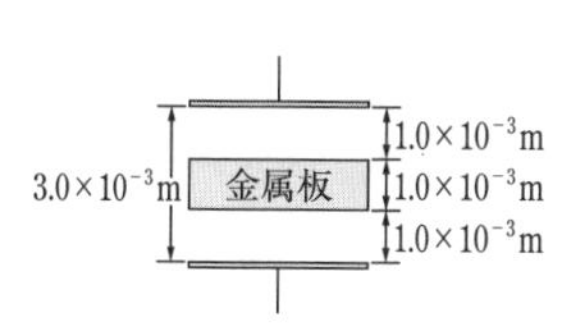

148 誘電体の挿入

次の文中の空欄に適する式を求めよ。

問1 図1のように，同じ形の2枚の平行な金属板からなるコンデンサーを平行板コンデンサーという。このコンデンサーの極板の面積を S〔m^2〕，極板間距離を d〔m〕とする。極板間が真空のとき，真空の誘電率を ε_0〔F/m〕とおくと，このコンデンサーの電気容量 C は [(1)]〔F〕と表すことができる。

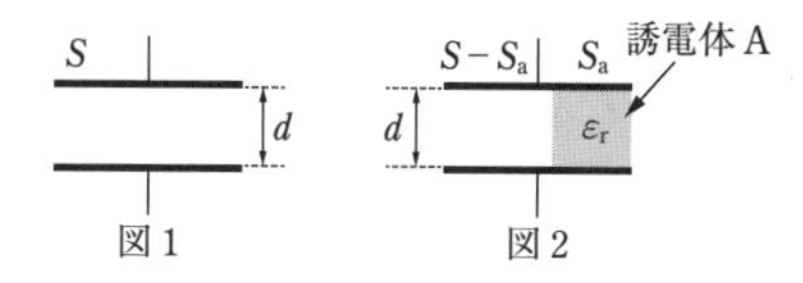

次に，このコンデンサーに誘電体や導体板を入れたときの合成容量の変化を調べてみよう。図1のコンデンサーに，面積が S_a〔m^2〕，厚さが d〔m〕，比誘電率が ε_r〔F/m〕である誘電体Aを部分的に入れると，図2に示すコンデンサーとなった。このコンデンサーの全体の電気容量 C_a は [(2)]〔F〕と表すことができ，C_a は C の [(3)]〔倍〕となる。

問2 図1のコンデンサーに，厚さが l〔m〕($l<d$) で面積が極板の面積と等しい，比誘電率が ε_r の誘電体Bを極板に平行に入れると，図3に示すコンデンサーとなった。このコンデンサーの全体の電気容量 C_b は [(4)]〔F〕と表すことができ，C_b は C の [(5)]〔倍〕となる。

図1のコンデンサーに，厚さが h〔m〕($d>h$) である極板と等しい面積の導体板を極板に平行に入れたとき，図4に示すコンデンサーとなった。この場合，コンデンサーの全体の電気容量 C_c は [(6)]〔F〕と表すことができ，C_c は C の [(7)]〔倍〕となる。

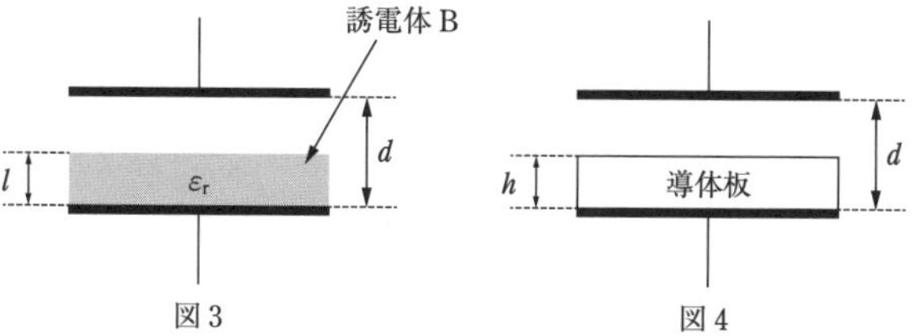

〈龍谷大〉

48 オームの法則と抵抗の接続

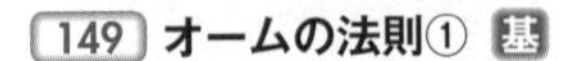

149 オームの法則① 基

次の問いに答えなさい。

(1) 抵抗の両端に 15 V の電圧を加えると 0.60 A の電流が流れた。この抵抗は何Ωか。

(2) 8.0 Ω の抵抗の両端に 12 V の電圧を加えると，何Aの電流が流れるか。

(3) 3.0 Ω の抵抗に 0.50 A の電流が流れている。この抵抗の両端に加えた電圧は何V か。

150 抵抗の接続① 基

右の図のように抵抗を接続した。次の問いに答えよ。

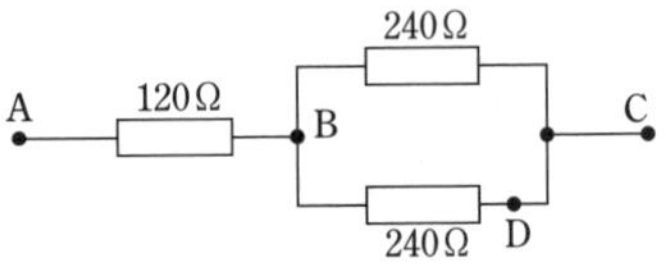

(1) 端子 BC 間の合成抵抗を求めよ。

(2) 端子 AC 間の合成抵抗を求めよ。

(3) 端子 AC 間にある電圧をかけたところ，点Cを流れる電流は 0.25 A であった。このとき，端子 AC 間にかけた電圧を求めよ。

〈東京工科大〉

151 抵抗の接続② 基

次の文中の空欄に適する値を求めよ。

抵抗値が R_1〔Ω〕，R_2〔Ω〕，R_3〔Ω〕の抵抗と電源を接続した図のような回路がある。3つの抵抗の合成抵抗値は何 [(1)]〔Ω〕である。

電源電圧が 100 V，$R_2=60$ Ω，$R_3=10$ Ω のとき，$I=2.0$ A の電流が流れた。このとき，$R_1=$ [(2)] Ω である。

〈東京都市大〉

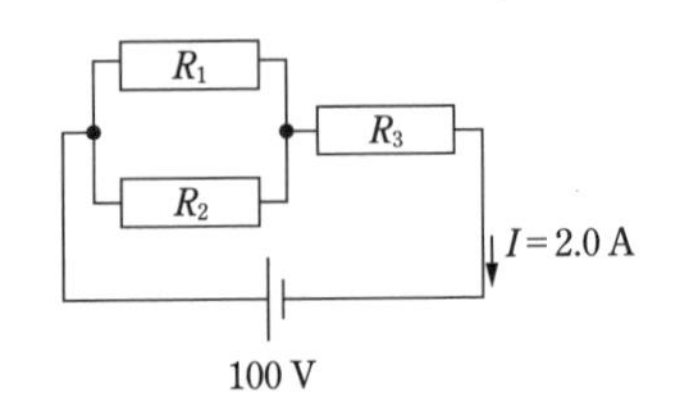

49 電気抵抗

152 電流 基

一定の電流が流れる金属線の断面を30秒間に7.2Cの電気量が通過するとき，金属線を流れる電流は何Aか。

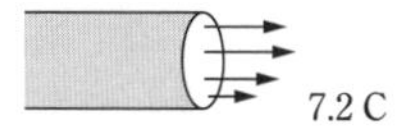

153 電気抵抗① 基

文中の空欄に適する値を求めよ。

断面が円形の同じ材質の導線A，Bがある。導線Bの断面の半径は導線Aの$\frac{1}{2}$倍であり，導線Bの長さは導線Aの2倍である。導線Bの電気抵抗は導線Aの［　　］倍である。

〈工学院大〉

154 電気抵抗② 基

次の文中の空欄に入れるのに最も適した答えを求めよ。

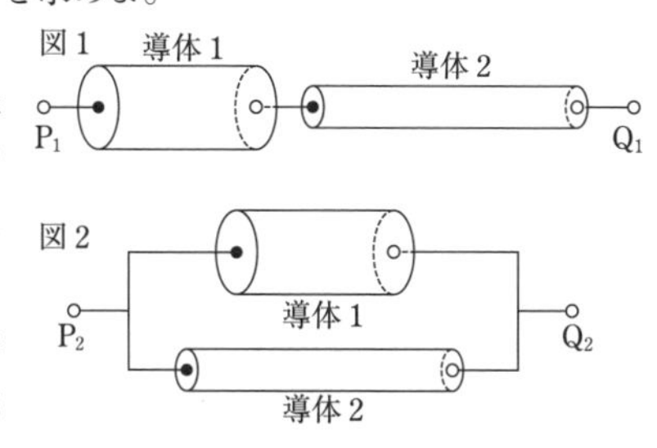

断面積がS_1〔m^2〕で長さがl_1〔m〕の導体1と，断面積がS_2〔m^2〕で長さがl_2〔m〕の導体2がある。ただし，導体1と導体2は同じ材質でできており，導体1と導体2の抵抗率の値は等しくρ〔Ω·m〕である。

図1のように，導体1と導体2を，抵抗の無視できる導線で直列に接続すると，その合成抵抗の値R_Aは，R_A＝［(1)］となる。

また，図2のように，導体1と導体2を，抵抗の無視できる導線で並列に接続すると，その合成抵抗の値R_Bは，R_B＝［(2)］となる。

〈中部大〉

155 抵抗率 基

次の文中の空欄に適する語句，値を求めよ。

一様な導線の抵抗は，導線の［(1)］に比例し，［(2)］に反比例する。いま，半径2.0×10^{-3} mの円形の断面をもつ，長さ3.1 mの一様な導線がある。この導線の両端に2.0 Vの電位差を与えたところ，4.0 Aの電流が流れた。この導線の抵抗率は［(3)］$\times10^{-6}$ Ω·mである。また，このとき電流を10 s間流すと，この間に電流がする仕事は［(4)］×10 Jであり，仕事率は［(5)］〔W〕である。ただし，$\pi=3.1$とする。

〈千葉工業大〉

50 直流回路

156 直流回路① 基

図の回路で，抵抗 R_1 は 20 Ω，R_2 は 30 Ω で抵抗Rの抵抗値は未知である。これに起電力 12 V の電池を接続したところ，抵抗 R_2 に 0.20 A の電流が流れた。以下の各問いに答えよ。

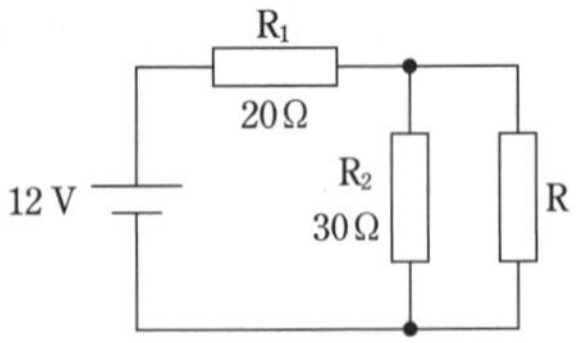

R₁ 20Ω, 12 V, R₂ 30Ω, R

(1) 未知抵抗Rの抵抗値を X〔Ω〕としたとき，抵抗 R_2 と未知抵抗Rとの合成抵抗を表す式を求めよ。

(2) 抵抗 R_2 の両端の電圧はいくらか。

(3) 抵抗 R_1 を流れる電流はいくらか。

(4) 未知抵抗Rの抵抗値はいくらか。

(5) 抵抗 R_2 で消費される電力はいくらか。

〈東北工業大〉

157 直流回路②

次の文中の空欄に適する数字を入れ，[(6)]，[(8)] には下の解答群から正しい答を選んでその記号を入れよ。図の回路で，Eは直流電源，Rは可変抵抗である。2つの直流電源の内部抵抗は無視できるものとする。

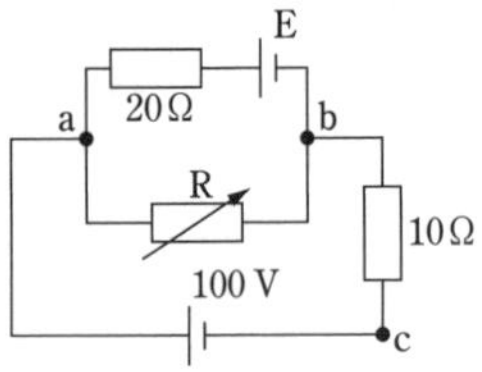

E, 20Ω, a, b, R, 10Ω, 100 V, c

EとRを調節したところ，20 Ω の抵抗には電流が流れなかったが，10 Ω の抵抗には 3.0 A の電流が流れた。

問1 このとき，Eの起電力は [(1)]〔V〕，Rの抵抗は [(2)]〔Ω〕である。

問2 10 Ω の抵抗が消費する電力は [(3)]〔W〕である。

次に，Eの起電力を 80 V，Rの抵抗を 12 Ω にしたところ，10 Ω の抵抗には 4.0 A の大きさの電流が b → c の向きに流れた。

問3 a，b 間の電圧は [(4)]〔V〕である。20 Ω の抵抗に流れた電流の大きさは [(5)]〔A〕で，その向きは [(6)] である。

問4 12 Ω の抵抗Rに流れた電流の大きさは [(7)]〔A〕で，その向きは [(8)] である。

[(6)]，[(8)] の解答群　(ア)　a → b　　(イ)　b → a

〈金沢工業大〉

158 直流回路③

内部抵抗を無視できる起電力 E_1〔V〕, E_2〔V〕の電池, 抵抗値 R_1〔Ω〕, R_2〔Ω〕の抵抗, およびダイオードD, スイッチSを図のように接続した。Dは順方向に電圧をかけるといつも電流が流れ, 逆には流れないものとする。このとき, 次の問いに答えよ。

問1 スイッチSが開いているとき,

(1) 回路に流れる電流の大きさを E_1, E_2, R_1, R_2 を用いて表せ。

(2) AとBの間の電位差を E_1, E_2, R_1, R_2 を用いて表せ。

問2 スイッチSが閉じているとき,

(3) ダイオードDに電流が流れるのは, A, Bのどちらの電位が高いときか。

(4) ダイオードDに電流が流れていないとき, E_1, E_2, R_1, R_2 が満たす不等式を求めよ。

〈神奈川大〉

159 直流回路④

次の文中の空欄に適する語句, 数値を求めよ。

図のような回路がある。R_1, R_2, R_3, R_5 は, 抵抗値がそれぞれ5.0〔Ω〕, 10〔Ω〕, 20〔Ω〕, 30〔Ω〕の抵抗, R_4 は可変抵抗（すべり抵抗）である。E_1, E_2 は起電力がそれぞれ5.0〔V〕, 10〔V〕の内部抵抗を無視できる電池である。

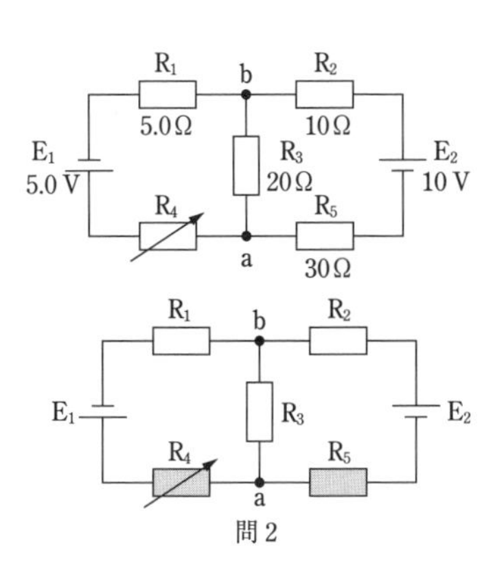

問2

問1 R_4 の値を25〔Ω〕としたとき, [(1)] の法則を適用すると, R_1, R_2, R_3 を流れる電流の大きさは, それぞれ [(2)]〔A〕, [(3)]〔A〕, [(4)]〔A〕である。

問2 問1の場合, R_1, R_2, R_3 を流れる電流の向きは [(5)] である（解答は右図中の3つの枠の中に [→] のように矢印で示せ）。

問3 問1の場合, R_1, R_2, R_3 の両端の電位差はそれぞれ [(6)]〔V〕, [(7)]〔V〕, [(8)]〔V〕である。

問4 R_4 の値を調節したところ, R_3 を流れる電流が0になった。この状態では, R_3 の両端abの [(9)] が等しいことを考慮すると, R_4 の値は [(10)]〔Ω〕となる。

〈千葉工業大〉

51 コンデンサーを含む直流回路

160 コンデンサーの充電①

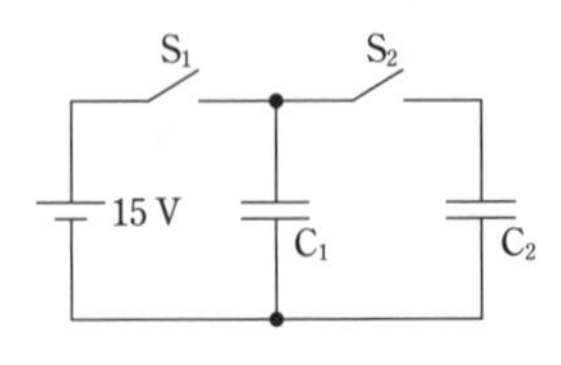

右の図のように，電気容量が3.0μFのコンデンサーC_1，電気容量4.5μFのコンデンサーC_2，15 Vの電池，スイッチS_1，S_2が接続されている。次の問いに答えよ。はじめS_1，S_2は開いており，C_1，C_2には電荷はないものとする。

(1) スイッチS_1を閉じて十分に時間が経ったとき，コンデンサーC_1に蓄えられた電気量を求めよ。

(2) (1)でコンデンサーC_1に蓄えられた静電エネルギーを求めよ。

(3) (1)の後に，スイッチS_1を開いて，スイッチS_2を閉じた。十分に時間が経ったとき，コンデンサーC_1の両端の電圧を求めよ。

(4) (3)でコンデンサーC_2に蓄えられた電気量を求めよ。

161 コンデンサーの充電②

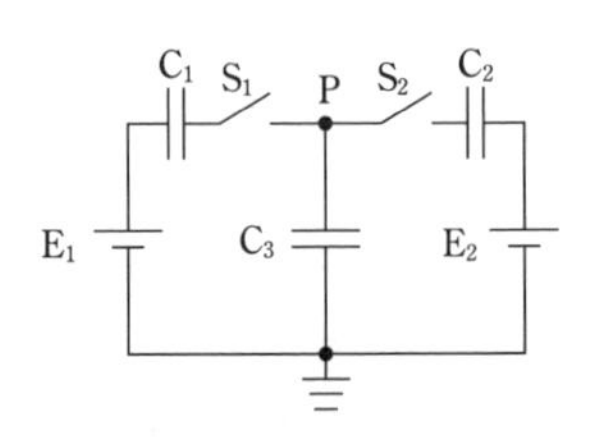

右の図のような電気容量がすべてCの3つのコンデンサーC_1，C_2，C_3，起電力がともにVの2つの電池E_1，E_2および2つのスイッチS_1，S_2からなる回路がある。はじめ，2つのスイッチは開いた状態で，各コンデンサーには電気量は蓄えられていなかった。このとき次の問いに答えよ。

(1) S_1を閉じて十分に時間が経ったとき，C_3に蓄えられる電気量を求めよ。

(2) (1)の状態から，S_1を開きS_2を閉じた。十分に時間が経ったとき，図中の点Pの電位を求めよ。

〈愛知工業大〉

162 コンデンサーを含む直流回路

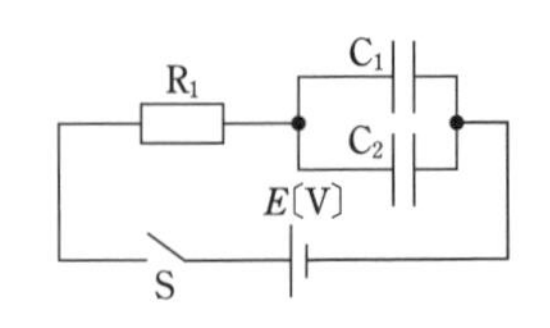

電気容量がC〔F〕のコンデンサーC_1，電気容量が$2C$〔F〕のコンデンサーC_2，抵抗値R〔Ω〕の抵抗R_1，電圧E〔V〕の電池，スイッチSで図のような回路を組んだ。スイッチを閉じる前，2つのコンデンサーに蓄えられている電気量はゼロとする。次の各問いに答えよ。

(1) スイッチを閉じた直後に抵抗R_1を流れる電流の大きさを求めよ。

(2) スイッチを閉じるとコンデンサーに充電が始まる。充電途中でコンデンサーC_1に電気量q〔C〕が蓄えられているとき，抵抗R_1を流れる電流の大きさを求めよ。

(3) スイッチを閉じてから十分な時間が経ったときに，2つのコンデンサーC_1とC_2に蓄えられた静電エネルギーの合計を求めよ。

次に，コンデンサーを放電させて最初の状態に戻し，C_2のかわりに抵抗値$2R$〔Ω〕の抵抗R_2をつないだ。

(4) スイッチを閉じた直後，および十分な時間が経ったときに抵抗R_2を流れる電流の大きさを，それぞれ求めよ。

(5) 十分に時間が経ったときに，コンデンサーC_1に蓄えられた電気量を求めよ。

〈東海大〉

52 電流による磁場

163 電流による磁場

次の問いに答えよ。円周率をπとする。

(1) 3.0 A の直流電流から 0.20 m 離れた点の磁場の強さはいくらか。

(2) 半径 0.15 m の 5 回巻きの円形コイルに，1.5 A の電流を流すときの円の中心の磁場の強さはいくらか。

(3) 長さ 0.20 m で巻数 300 のソレノイドに，0.60 A の電流を流したときのソレノイド内部の磁場の強さはいくらか。

164 平行電流による磁場①

十分長い 2 本の導線が，真空中に距離dだけ隔てて平行に置かれている。この 2 本の導線に同じ向きにIと$3I$の電流を流した。2 本の導線からともに距離$\frac{d}{2}$にある中間点における磁場の強さはいくらか。〈愛知工業大〉

165 平行電流による磁場②

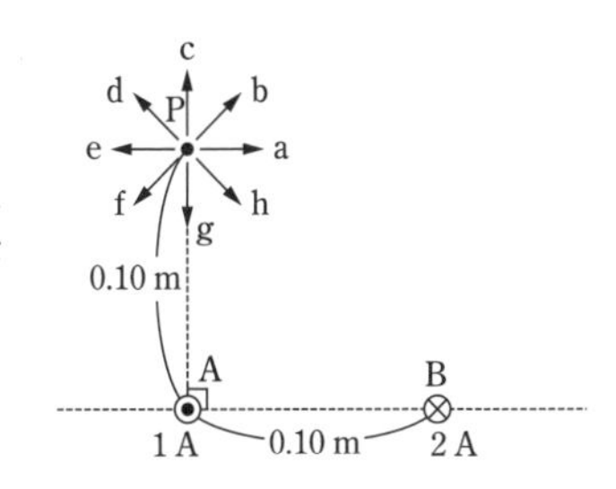

右の図のように，0.10 m 離れたところに紙面に垂直な導線 A，B があり，導線 A に紙面の裏から表に 1 A の電流が，導線 B には紙面の表から裏に 2 A の電流が流れている。紙面上の点 P を，A からの距離が 0.10 m で直線 AB と AP が垂直であるような点とする。次の問いに答えよ。円周率をπとする。

(1) 導線 A に流れる電流が，点 P に作る磁場の強さを求めよ。

(2) 導線 B に流れる電流が，点 P に作る磁場の向きは a ～ h のうちどれか。

(3) 導線 A と導線 B に流れる電流が，点 P に作る合成磁場の向きは a ～ h のうちどれか。

(4) 導線 A と導線 B に流れる電流が，点 P に作る合成磁場の強さを求めよ。

53 磁場が電流に及ぼす力

166 平行電流にはたらく力①

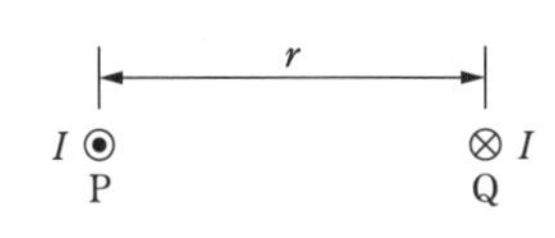

右の図のように，2 本の平行な長い直線状の導線 P，Q が，真空中で紙面に垂直に並べられている。それぞれの導線には互いに逆向きに大きさI〔A〕の電流が流れており，(⊙：紙面の裏から表，⊗：紙面の表から裏)，導線 P，Q 間の距離はr〔m〕である。次の問いに答えよ。ただし，真空の透磁率をμ_0〔N/A^2〕とする。

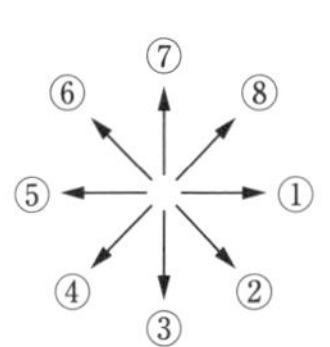

(1) 導線 P を流れる電流によって，導線 Q の位置にできる磁束密度の向きを，右の①～⑧から 1 つ選べ。

(2) 導線 Q にはたらく力の向きを，右の①～⑧から 1 つ選べ。

(3) 導線 P の 1 m 当たりにはたらく力の大きさを求めよ。〈千葉工業大〉

167 平行電流にはたらく力②

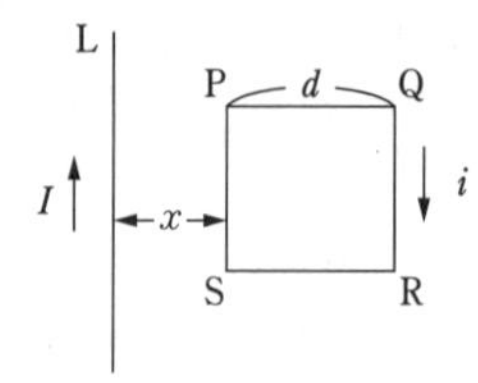

真空中で，十分に長い直線導線Lに電流 I が流れている。Lと同一平面内に一辺 d の正方形コイル PQRS が置かれている。辺 PS はLと平行でLから x だけ離れている。いま，コイルに電流 i を図の向きに流す。真空の透磁率を μ_0 として，次の文の［　　］の中に当てはまる答を解答群の中から記号で選べ。同じ答を複数回選んでよい。

問1　電流 I が辺 PS の位置に作る磁場の向きは紙面に垂直で［(1)］へ向かい，強さは［(2)］である。

問2　この磁場によって，辺 PS が受ける力は，紙面に向かって［(3)］向きで，大きさは，［(4)］である。

問3　同様にして，辺 QR が受ける力は，辺 PS の受ける力と向きが反対で，大きさは［(5)］である。

問4　Lから同じ距離離れた PQ 上の点と SR 上の点に働く力は［(6)］。

問5　したがって，コイル PQRS の受ける力の合力は，紙面に向かって［(7)］向きで，大きさは［(8)］である。

解答群　(ア) 表から裏　(イ) 裏から表　(ウ) $2\pi Ix$　(エ) $\dfrac{I}{2\pi x}$　(オ) $\dfrac{x}{2\pi I}$

(カ) 右　(キ) 左　(ク) $\dfrac{\mu_0 Iid}{2\pi x}$　(ケ) $\dfrac{2\pi\mu_0 Ix}{id}$　(コ) $\dfrac{\mu_0 ix}{2\pi Id}$

(サ) $\dfrac{2\pi\mu_0 I(x+d)}{id}$　(シ) $\dfrac{\mu_0 i(x+d)}{2\pi Id}$　(ス) $\dfrac{\mu_0 Iid}{2\pi(x+d)}$　(セ) 同じである

(ソ) 互いに打ち消しあう　(タ) $\dfrac{\mu_0 Iid^2}{2\pi(d-x)}$　(チ) $\dfrac{\mu_0 Iidx}{2\pi(x+d)}$

(ツ) $\dfrac{\mu_0 Iid^2}{2\pi x(x+d)}$

〈九州産業大〉

168 磁場が電流に及ぼす力

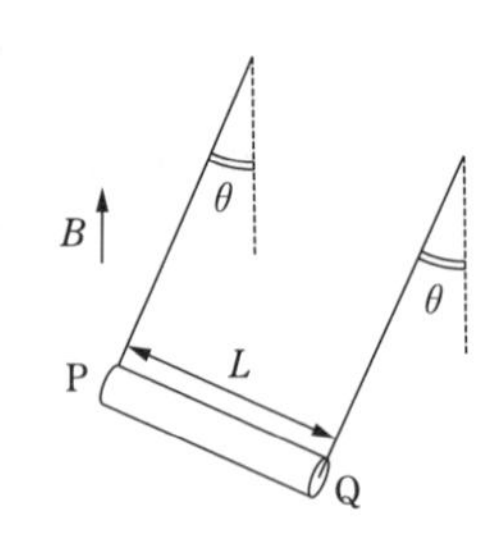

鉛直上向きで磁束密度 B の一様な磁場中で，重さ W，長さ L の導体棒の両端に軽い導線を接続し，ブランコのような振り子を作った。導体棒に電流を流したところ，図のように鉛直下向きと導線のなす角が θ の位置で振り子が静止した。流れる電流の向きはP→Q，Q→Pのどちらか。また電流の大きさはいくらか。

〈名城大〉

54 ローレンツ力

169 荷電粒子が磁場から受ける力①

電子が磁束密度 4.0×10^{-4} T の一様な磁場中に，速さ 1.0×10^{6} m/s で磁場に垂直に入射した。電子が磁場から受ける力の大きさはいくらか。ただし，電子の電荷を -1.6×10^{-19} C とする。 〈九州産業大〉

170 荷電粒子が磁場から受ける力②

一様な磁場中に導線の直線部分を水平に配置し，図1のように大きさ I〔A〕の電流を流した。磁場の向きは鉛直下向き，磁束密度の大きさは B〔T〕とする。次の問いに答えよ。

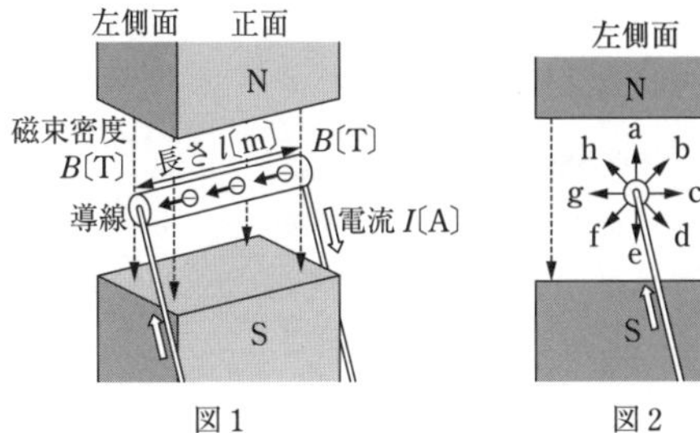

図1　図2

(1) 磁場中にある長さ l〔m〕の直線導線が受ける力の大きさはいくらか。

(2) 図2は図1を左側面から見た図である。(1)で直線導線が受ける力の向きは図2のどの向きか。

(3) 導線内部では電気量 $-e$〔C〕$(e>0)$ の自由電子が速さ v〔m/s〕で移動しているとすると，自由電子1個が受けるローレンツ力の大きさはいくらか。

(4) 「導線が受ける力」が「導線内の自由電子が受けるローレンツ力」の総和であると考えると，磁場中にある長さ l〔m〕の直線導線内に含まれる自由電子数はいくらか。

(5) 直線導線の断面が半径 r〔m〕の円とすると，導線内部 1 m^3 当たりの平均の自由電子数はいくらか。導線の断面積は一定とし，円周率を π とする。 〈神奈川工科大〉

171 荷電粒子が磁場から受ける力③

図に実験で比電荷の値を求める装置の概略を示す。この実験では真空中で正電荷 q をもつ質量 m の粒子を電場 E の平行平板電極によって加速する。加速された粒子は電極に開けられた小穴から磁束密度 B の一様な磁場中（紙面の裏から表に向かう）に打ち出される。ただし，重力の影響は考えないとする。

次の問いに答えよ。

(1) 粒子が速度 v で磁場中を通過するときに粒子が受けるローレンツ力の大きさはいくらか。

(2) 粒子が受けるローレンツ力は磁場 B の向きに垂直で，しかも粒子の速さ v の向きとも垂直である。よって，粒子は円軌道を描くようになるがその円軌道の半径 r を q, m, v, B を用いて表せ。

(3) はじめ静止していた粒子が平行平板電極間を電場に沿って加速されて距離 d だけ進み，電極に開けられた小穴から飛び出た。そのときの粒子の速度を q, d, m, E を用いて表せ。

(4) 粒子の比電荷 $\dfrac{q}{m}$ を r, d, E, B を用いて表せ。 〈東京電機大〉

55 電磁誘導

172 誘導電流

次のそれぞれの場合について，誘導電流は**ア**と**イ**どちらの向きに流れるか答えよ。

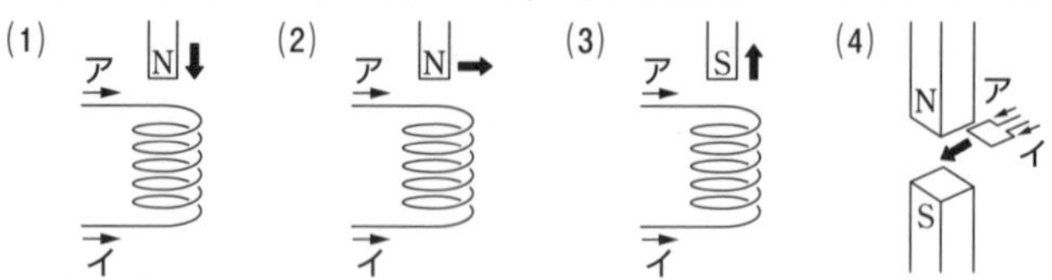

173 誘導起電力①

断面積 $2.0\times10^{-3}\,\mathrm{m}^2$，巻数100回のコイルおよび抵抗値10Ωからなる回路がある。図1のように，コイルの断面に垂直な方向へ一様な磁場をかけ，図2のように，磁束密度を時間に対して一定の割合で変化させた。

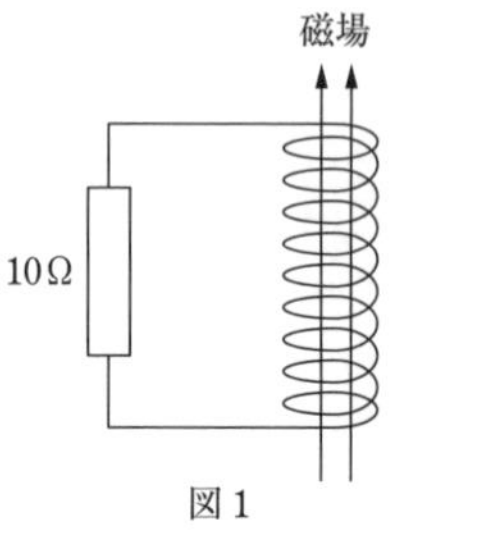

図1

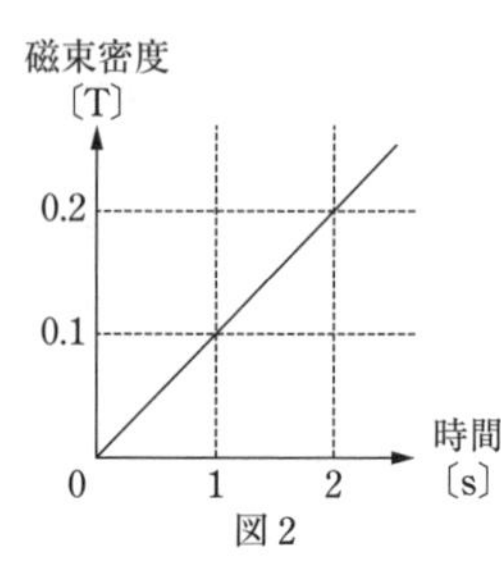

図2

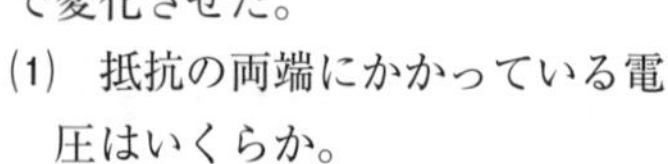

(1) 抵抗の両端にかかっている電圧はいくらか。

(2) 抵抗で消費される電力はいくらか。 〈東京電機大〉

174 誘導起電力②

鉛直上向きの一様な磁束密度 B〔T〕の磁場に，水平に置かれた図のような回路がある。Rは R〔Ω〕の抵抗，mは質量 m〔kg〕のおもり，PQはコの字形の導線上を長方形を描きながらなめらかに動く長さ l〔m〕の軽い導線である。鉛直につるされたおもりmは，なめらかに動く軽い滑車を通してPQに軽いひもでつながれている。重力加速度の大きさを g〔m/s²〕として，次の問いに答えよ。

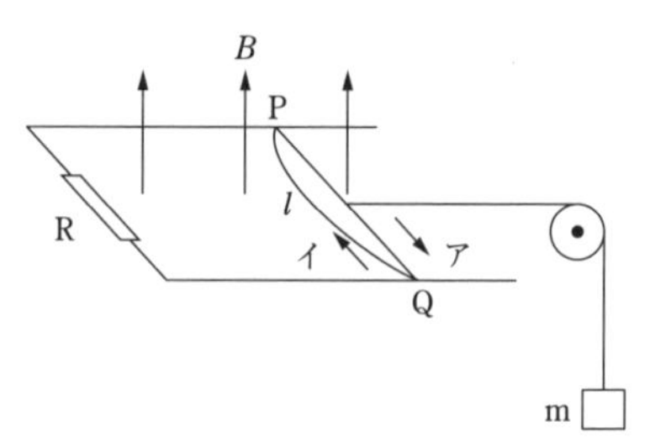

(1) おもりの速度が v〔m/s〕のとき，回路に生じる誘導起電力は何〔V〕か。

(2) 導線PQを流れる電流の向きは，図のアとイのどちらか。

(3) 導線PQを流れる電流の大きさは何〔A〕か。

(4) 導線PQが磁場から受ける力は何〔N〕か。

(5) このときのおもりの加速度は何〔m/s²〕か。

(6) やがておもりは一定の速さで落下する。このときの速さは何〔m/s〕か。

(7) このとき，おもりに作用する重力が1s間にする仕事は何〔J〕か。

(8) このとき，抵抗Rで1s間に発生する熱エネルギーは何〔J〕か。 〈九州産業大〉

第5章 原　子

56 電場中の荷電粒子の運動

175 ミリカンの実験

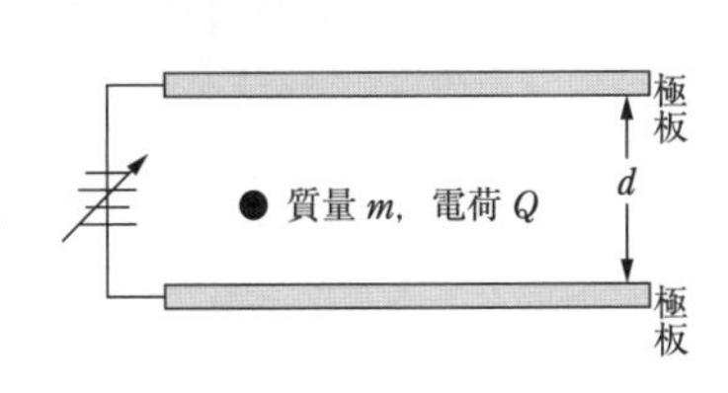

図のように2枚の大きな極板が d〔m〕の間隔で水平に置かれており，その極板には電圧可変の直流電源がつながれている。極板間の電位差 V〔V〕がゼロのとき，正電荷 Q〔C〕を持った質量 m〔kg〕の小球が空気の抵抗を受けながら，極板の間を速さ v_f〔m/s〕の終端速度で落下している。小球の速さが v〔m/s〕の時，空気による抵抗力の大きさ R〔N〕は $R=kv$（k〔kg/s〕は定数）で与えられるものとし，また，重力加速度の大きさを g〔m/s^2〕として以下の問いに答えよ。

(1) 小球にはたらく重力の大きさ F_g〔N〕を，m と g を用いて表せ。

(2) 極板間の電位差がゼロのとき，小球には重力と空気の抵抗力だけがはたらいている。小球の終端速度の大きさ v_f を，m，k，g を用いて表せ。

(3) 極板間の電位差が V のとき，極板の間に生じる電場の大きさ E〔V/m〕を V と d を用いて表せ。

(4) 極板の間に大きさ E〔V/m〕の電場が生じているとき，小球にはたらく静電気力の大きさ F_S を Q と E を用いて表せ。

(5) 極板間の電位差を V_0〔V〕にしたとき，小球は極板の間で浮かんだまま静止した。V_0 を，m，g，d，Q を用いて表せ。

(6) 極板間の電位差を V_1〔V〕にすると小球は上昇し始め，しばらくすると上昇速度が一定になった。その速さは，電位差ゼロのときの終端速度の大きさ v_f と同じであった。このときの電位差 V_1 を，m，g，d，Q を用いて表せ。〈静岡理工科大〉

176 電場中の荷電粒子の運動

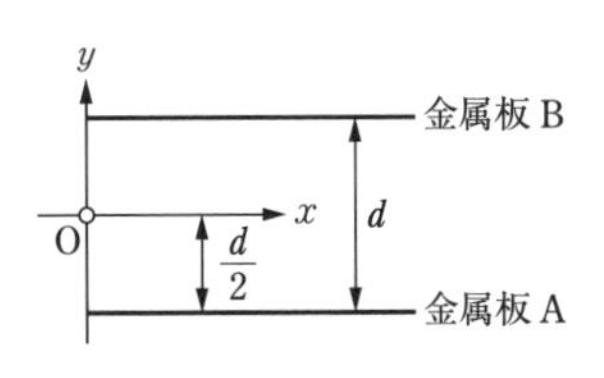

真空中に置かれた2枚の広い金属板A，Bの間で荷電粒子が運動する。金属板の間隔は d〔m〕，金属板A，Bの電位はそれぞれ V_A〔V〕，V_B〔V〕である。原点Oおよび座標軸の向きを図に示すように定める。ただし，原点Oは金属板A，Bと等距離の位置にあり，金属板AB間のいたるところで電場は一様であるものとする。電場の向きが y 軸の正の向きであるとき，つまり，$V_A>V_B$ のとき，正電荷 q〔C〕をもつ質量 m〔kg〕の荷電粒子を原点Oから x 軸の正の向きに速さ v_0〔m/s〕で打ち込んだ。このとき，荷電粒子が受ける静電気力の大きさ F〔N〕と，荷電粒子が打ち込まれてから金属板Bに衝突するまでの時間 t〔s〕を求めよ。〈北里大〉

57 光電効果

177 光電効果 ①

次の文中の欄 [(1)] ～ [(3)] については語句で埋め，[(4)] ～ [(6)] は数式で埋め，[(7)] ～ [(9)] は数値で埋めよ。

問1 金属の表面に波長が短い光を当てると，その金属から電子が外部に飛び出してくる。この現象を [(1)] という。また，このとき飛び出す電子を [(2)] という。

金属内の自由電子が，陽イオンからの引力の束縛をたち切って外部に飛び出すために必要なエネルギー W〔J〕を [(3)] といい，金属表面に光を当てたとき，光子のエネルギーが W〔J〕より大きい場合に，金属内から電子が飛び出してくる。振動数 ν〔Hz〕の光子のエネルギーは，プランク定数を h〔J･s〕とすると，[(4)]〔J〕で与えられる。したがって，この光をある金属の表面に当てたときに，飛び出してくる最も速い電子の運動エネルギー K_0〔J〕は，[(5)]〔J〕で与えられる。さらに，その電子の速さは，電子の質量を m とすると，[(6)]〔m/s〕で与えられる。

問2 図は，さまざまな振動数の光をある金属に当てたとき，飛び出してくる光電子の運動エネルギーの最大値 K_0〔J〕と光の振動数 ν〔Hz〕との関係を表している。この図より，限界振動数は [(7)]〔Hz〕と求まり，有効数字2桁で表すと，仕事関数は [(8)]〔J〕，プランク定数は [(9)]〔J･s〕と求まる。

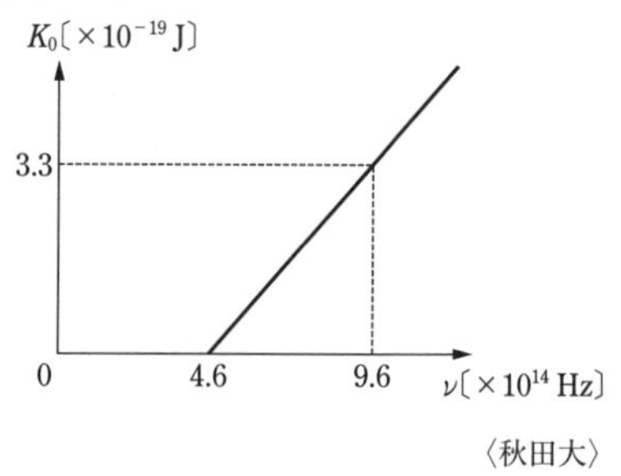

〈秋田大〉

178 光電効果 ②

次の文中の空欄に最も適した数値を求めよ。

図のような，陽極P，陰極Kの光電管を，電流計A，電圧計V，および電源Sに接続した装置を考える。以下，電子の電荷を $-e=-1.6\times10^{-19}$ C，プランク定数を $h=6.6\times10^{-34}$ J･s，真空中の光の速さを $c=3.0\times10^{8}$ m/s とする。

問1 陰極Kに対する陽極Pの電位を正の一定値に保ったまま，陰極Kにさまざまな波長の光を照射したところ，波長が $\lambda_0=4.0\times10^{-7}$ m より長い場合，光の強さにかかわらず電流計Aの針は振れなかった。電子が陰極Kから飛び出すには $W=$ [　　] $\times10^{-19}$ J 以上のエネルギーが必要である。

問2 陰極Kに，波長が 1.4×10^{-7} m の光を一定の強さで照射したまま，陰極Kに対する陽極Pの電位を下げていったところ，途中から電流計の針の振れが減りはじめ，[　　]〔V〕で，まったく振れなくなった。

〈中部大〉

58 X線の発生，物質波

179 X線の発生

図は，X線を発生させるX線管である。陰極から飛び出した，質量 m，電気量 $-e$ の電子が，電圧 V により加速されて陽極に衝突する。プランク定数を h とする。

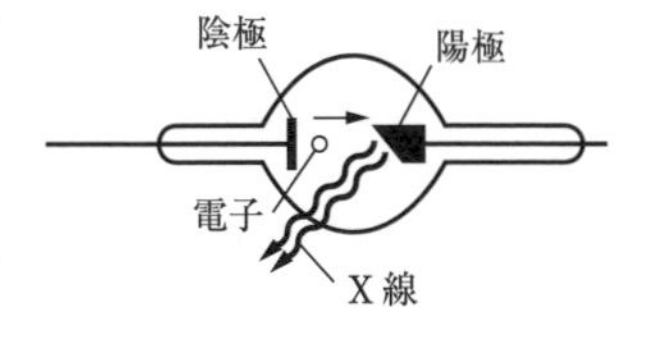

(1) 陽極に衝突する直前の電子の運動エネルギーを求めよ。

(2) 陽極に衝突する直前の電子の速さを求めよ。

(3) X線の最短波長を求めよ。

(4) X線管の電子の加速電圧を 30.0 kV にしたときに得られるX線の最短波長は何mか。ただし，電気素量は 1.60×10^{-19} C，プランク定数は 6.63×10^{-34} J·s，真空中の光の速さは 3.00×10^{8} m/s とし，有効数字3桁で答えよ。

180 粒子の波動性

次の文中の［(1)］～［(4)］に適当な語句あるいは数式を入れよ。

アインシュタインは，光は波の性質を持つだけでなく，粒子の性質を持つとして，光電効果を説明した。

ド・ブロイは，この考えを発展させ，光が粒子の性質を持つのであれば，電子のような粒子も波の性質を示すと考えた。この波を［(1)］といい，質量 m〔kg〕の粒子が速さ v〔m/s〕で動くとき，その波長は［(2)］〔m〕で表される。

静止した電子を電位差 V〔V〕で加速したとき，電子の質量を m〔kg〕，電荷を $-e$〔C〕とすると，電子は運動量［(3)］〔kg·m/s〕を持ち，その波長は［(4)］〔m〕となる。

〈三重大〉

59 放射性崩壊，半減期

181 放射性崩壊 基

次の文中の空欄を埋めよ。

ウラニウム $^{238}_{92}$U は α 崩壊すると原子番号［(1)］と質量数［(2)］のトリウム Th になる。

〈神奈川大〉

182 放射性崩壊 基 と半減期①

次の文中の［(1)］から［(5)］に当てはまる数値や語句を記入せよ。

物質を構成する原子は原子核とその周りの電子でできている。原子番号 Z，質量数 A の原子核は Z 個の［(1)］と $A-Z$ 個の［(2)］で構成されている。

$^{14}_{6}$C は半減期が約5700年の β 崩壊をする原子核で，考古学で遺跡などの年代測定に利

第5章 原子

用されている。この原子核中の [(1)] の数は [(3)] で，[(2)] の数は [(4)] である。この原子核が，始めの数の $\frac{1}{8}$ になるまでの時間はおよそ [(5)] 年である。

〈足利工業大〉

183 放射性崩壊 基 と半減期②

次の文中の空欄に当てはまる数値を求めよ。

放射性同位元素の $^{210}_{82}\mathrm{Pb}$ は [(1)] 回の α 崩壊と [(2)] 回の β 崩壊をして安定な $^{206}_{82}\mathrm{Pb}$ になる。$^{210}_{82}\mathrm{Pb}$ の半減期は 22 年なので，$^{210}_{82}\mathrm{Pb}$ が最初の量の $\frac{1}{16}$ になるには [(3)] 年かかる。

〈千葉工業大〉

別冊　解答

大学入試

全レベル問題集

物　　理

［物理基礎・物理］

基礎レベル

第1章 力学

1 平均の速さ

Point
速さ，移動距離，経過時間の関係…速さ＝$\dfrac{移動距離}{経過時間}$

速さ v〔m/s〕，距離 x〔m〕，時間 t〔s〕で表すと，$v=\dfrac{x}{t}$

1 (1) 10 m/s　(2) 72 km/h

解説 (1) 1 km＝1000 m，1 h＝60×60 s＝3600 s より，

$$36\ \text{km/h}=\frac{36\times1000\ \text{m}}{3600\ \text{s}}=10\ \text{m/s}$$

(2) $1\,\text{m}=\dfrac{1}{1000}\,\text{km}$，$1\,\text{s}=\dfrac{1}{3600}\,\text{h}$ より，$20\,\text{m/s}=\dfrac{20\times\dfrac{1}{1000}\,\text{km}}{\dfrac{1}{3600}\,\text{h}}=\dfrac{20\times3600}{1000}\,\text{km/h}=72\,\text{km/h}$

2 72 km/h

解説 20 分＝$\dfrac{20}{60}$ 時間＝$\dfrac{1}{3}$ h より，$v=\dfrac{x}{t}=\dfrac{24\ \text{km}}{\dfrac{1}{3}\ \text{h}}=72\ \text{km/h}$

3 4.8 km/h

解説 歩いた距離は，4.0×2＝8.0 km

歩いた時間は，$\dfrac{60+40}{60}=\dfrac{5}{3}$ h

よって，平均の速さは，$v=\dfrac{x}{t}=\dfrac{8.0}{\dfrac{5}{3}}=4.8$ km/h

◀行きと帰りそれぞれの速さは 4.0 km/h，6.0 km/h だが，この 2 つの数値の平均 5.0 km/h は平均の速さではないことに注意。

2 相対速度

Point
Aに対するBの速度 $\overrightarrow{v_{AB}}$ は
Aから見たBの速度であり，
地面に対するAの速度を $\overrightarrow{v_A}$，
地面に対するBの速度を $\overrightarrow{v_B}$
とすると，

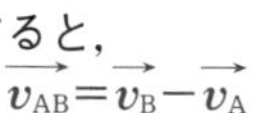

$$\overrightarrow{v_{AB}}=\overrightarrow{v_B}-\overrightarrow{v_A}$$

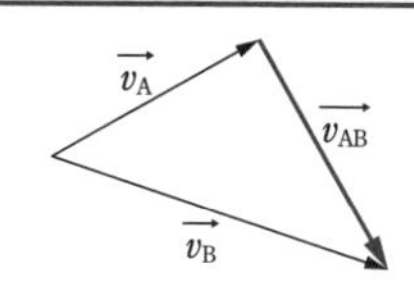

（$\overrightarrow{v_B}$ と $-\overrightarrow{v_A}$ の和としても図示できる）

4 (1)　西向きに 25 m/s　(2)　西向きに 20 m/s　(3)　東向きに 30 m/s

解説 西向きを正にとり，電車の速度を v とする。

(1)　電車は西向きに 5 m/s で進むように見えることから，

$5=v-20$　より　$v=25$ m/s

◀ $\overrightarrow{v_{AB}}=\overrightarrow{v_B}-\overrightarrow{v_A}$

(2)　電車は速度 0 に見えることから，

$0=v-20$　より　$v=20$ m/s

(3)　電車は東向きに 50 m/s で進むように見えることから，

$-50=v-20$　より　$v=-30$ m/s

注意 マイナスは逆向きの意味。

Point 速度は正の向きを自分で決めてから，＋，－で表現する。

5 10 m/s

解説 電車の速度を $\overrightarrow{v_A}$，雨の速度を $\overrightarrow{v_B}$ として，電車から見た雨の速度 $\overrightarrow{v_{AB}}$ は始点をそろえると，右図で表せる。

◀方向が異なる速度なので，$\overrightarrow{v_A}$，$\overrightarrow{v_B}$，$\overrightarrow{v_{AB}}$ とベクトルで表す。

直角三角形 OAB で，OA：OB$=\sqrt{3}：1$ より，速度の大きさも辺の長さの比に等しく，$v_A：v_B=\sqrt{3}：1$ より

$$v_B=\frac{1}{\sqrt{3}}v_A=\frac{1}{1.7}\times17=10 \text{ m/s}$$

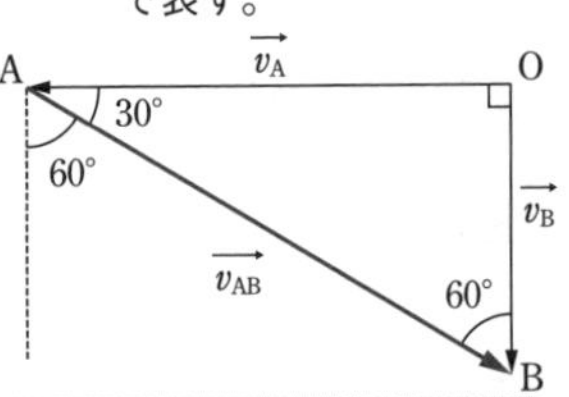

6 北西方向に 3.9 m/s

解説 右の図より，△OAB は直角二等辺三角形であるから，速度の大きさも辺の長さの比に等しく，$v_{AB}：v_A=\sqrt{2}：1$ より，

$$v_{AB}=\sqrt{2}\,v_A=1.4\times2.8$$
$$=3.92\fallingdotseq3.9 \text{ m/s}$$

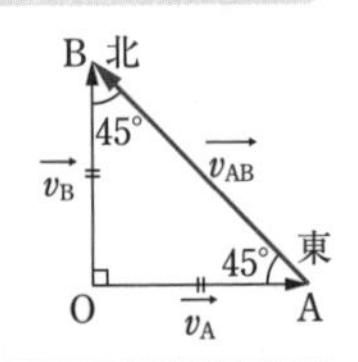

3 等加速度直線運動

Point 等加速度直線運動

加速度 a〔m/s²〕，初速度 v_0〔m/s〕とすると，t〔s〕後の速さ v〔m/s〕は，$\boldsymbol{v=v_0+at}$

t〔s〕後の変位 x〔m〕は，$\boldsymbol{x=v_0t+\frac{1}{2}at^2}$

上の 2 式より t を消去すると，$\boldsymbol{v^2-v_0^2=2ax}$ が導かれる。

7 (1)　3.0 m/s　(2)　15 m/s

解説 公式 $v=v_0+at$ で，$v_0=0$ の場合だから，$v=at$ に t の値を代入すればよい。

(1)　$v=3.0\times1.0=3.0\,\mathrm{m/s}$

(2)　$v=3.0\times5.0=15\,\mathrm{m/s}$

8　$-1.5\,\mathrm{m/s^2}$　(負の向きに $1.5\,\mathrm{m/s^2}$)

解説 5.0秒後に物体が止まったので，$v=v_0+at$ の式に $v_0=7.5$，$t=5.0$，$v=0$ を代入する。

$0=7.5+a\times5.0$　より　$a=-1.5\,\mathrm{m/s^2}$

◀負になったので，初速度と逆向きの加速度。

9 (1)　45秒後から50秒後　(2)　40秒間　(3)　450 m　(4)　7.5秒後

解説 (1)　負の加速度で走るとき，速さ v は時間 t が増加すると減少する。つまり，グラフは傾きが負の直線になる。よって，45秒後から50秒後の間である。

◀縦軸に v(速度)，横軸に t(時間) をとったグラフを v-t グラフという。

(2)　加速度が0のとき等速運動となり，グラフは t 軸と平行になるので，$45-5=40$ 秒間

(3)　走った距離は，グラフと t 軸で囲まれた部分の面積に等しいから，

$$\frac{1}{2}\times5\times10+40\times10+\frac{1}{2}\times5\times10=450\,\mathrm{m}$$

◀v-t グラフでは，($v\geqq0$ の範囲において) 変位はグラフと t 軸に囲まれた部分の面積と等しく，移動距離もこの面積に等しい。

(4)　5.0秒後までに進んだ距離は，$\dfrac{1}{2}\times5.0\times10=25\,\mathrm{m}$

あと $50-25=25\,\mathrm{m}$ を進むのに，$25\,\mathrm{m}\div10\,\mathrm{m/s}=2.5\,\mathrm{s}$

よって，$5.0+2.5=7.5$ 秒後

4　自由落下・鉛直投げ下ろし

Point 重力加速度の大きさを g〔$\mathrm{m/s^2}$〕として，鉛直下向きに y 軸をとったとき，物体をはなしてから t〔s〕後の速度 v〔m/s〕と変位 y〔m〕は，

自由落下の場合：$v=gt$，　$y=\dfrac{1}{2}gt^2$

初速度 v_0 の鉛直投げ下ろしの場合：$v=v_0+gt$，　$y=v_0t+\dfrac{1}{2}gt^2$

10 (1)　20 m/s　(2)　20 m

解説 (1)　鉛直下向きを正とする。$v=gt$ に $g=9.8$，$t=2.0$ を代入して，

$v=9.8\times2.0=19.6\fallingdotseq20\,\mathrm{m/s}$

(2)　$y=\dfrac{1}{2}gt^2$ に $g=9.8$，$t=2.0$ を代入して，

$$y=\frac{1}{2}\times9.8\times2.0^2=19.6\fallingdotseq20\,\mathrm{m}$$

◀地面に達するまでの変位が6階の高さ。

11 ①

解説 自由落下では，$v=gt$ という関係があるから，v は t に比例している。よって，v-t グラフは原点を通る直線になる。

12 (1)　22 m/s　　(2)　25 m

解説 (1)　鉛直下向きを正とし $v=v_0+gt$ に $v_0=2.5$，$g=9.8$，$t=2.0$ を代入して，

$$v=2.5+9.8\times2.0=22.1\fallingdotseq22\ \mathrm{m/s}$$

(2)　$y=v_0t+\frac{1}{2}gt^2$ に $v_0=2.5$，$g=9.8$，$t=2.0$ を代入して，

$$y=2.5\times2.0+\frac{1}{2}\times9.8\times2.0^2=24.6\fallingdotseq25\ \mathrm{m}$$

5　鉛直投げ上げ

Point 鉛直投げ上げでは，一般に鉛直上向きに y 軸をとる。重力加速度の大きさを g〔m/s²〕とし，初速度 v_0〔m/s〕で投げ上げたときの，投げてから t〔s〕後の速度 v〔m/s〕と変位 y〔m〕は，

$$\boldsymbol{v=v_0-gt,\qquad y=v_0t-\frac{1}{2}gt^2}$$

13 (1)　2.0 秒後　　(2)　58.8 m

解説 (1)　鉛直上向きを正とする。最高点に達したときは，速度が 0 になる。したがって，$v=v_0-gt$ に $v=0$，$v_0=19.6$，$g=9.8$ を代入して t を求める。

$0=19.6-9.8\times t$　より　$t=2.0\ \mathrm{s}$

(2)　$y=v_0t-\frac{1}{2}gt^2$ に $v_0=19.6$，$t=6.0$，$g=9.8$ を代入して y を求める。

$$y=19.6\times6.0-\frac{1}{2}\times9.8\times6.0^2=-58.8\ \mathrm{m}$$

よって，屋上は地上 58.8 m のところである。

◀ y は屋上が基準（$=0$）になっているので，地面は屋上より 58.8 m 低い。

Point 最高点では鉛直方向の速度は 0 になる。

14 (1)　②　　(2)　①

解説 (1)　鉛直上向きを正として $v=v_0-gt$ の式は，v が t の 1 次関数であることを表している。したがって，グラフは直線になるので②である。

(2)　グラフが t 軸と交わる点は $v=0$ のときだから，最高点に達したときである。

15 (1)　4.0 秒後　　(2)　19.6 m/s

解説 (1)　鉛直下向きを正として，自由落下させた小球について考える。$y=\frac{1}{2}gt^2$ に

$y=78.4$, $g=9.8$ を代入すると，$78.4=\dfrac{1}{2}\times9.8\times t^2$ より，$t^2=16$

$t>0$ より $t=4$ であるから，4.0 秒後。

(2) 次に，鉛直上向きを正とすると，地面から投げ上げた小球は 4.0 秒後に地面 ($y=0$) に達するから，$y=v_0t-\dfrac{1}{2}gt^2$ に $y=0$, $g=9.8$, $t=4.0$ を代入すると，

$$0=v_0\times4.0-\frac{1}{2}\times9.8\times4.0^2 \quad よって \quad v_0=19.6\ \mathrm{m/s}$$

別解 地上まで 4.0 秒かかるので，最高点 ($v=0$) に達するのに半分の 2.0 秒かかる。これを用いて $0=v_0-gt$ より，$v_0=gt=9.8\times2.0=19.6\ \mathrm{m/s}$

6 水平投射・斜方投射

Point 水平方向と鉛直方向の運動に分けて考える。水平方向には，いずれも等速直線運動。鉛直方向には，自由落下または投げ上げ。

〔水平投射〕鉛直下向きに y 軸をとると，

$$\begin{cases} v_x=v_0 \\ v_y=gt \end{cases} \qquad \begin{cases} x=v_0t \\ y=\dfrac{1}{2}gt^2 \end{cases}$$

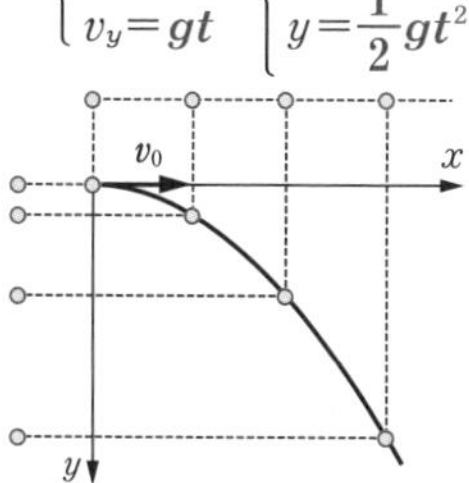

〔斜方投射〕鉛直上向きに y 軸をとると，

$$\begin{cases} v_x=v_0\cos\theta \\ v_y=v_0\sin\theta-gt \end{cases} \qquad \begin{cases} x=v_0\cos\theta\cdot t \\ y=v_0\sin\theta\cdot t-\dfrac{1}{2}gt^2 \end{cases}$$

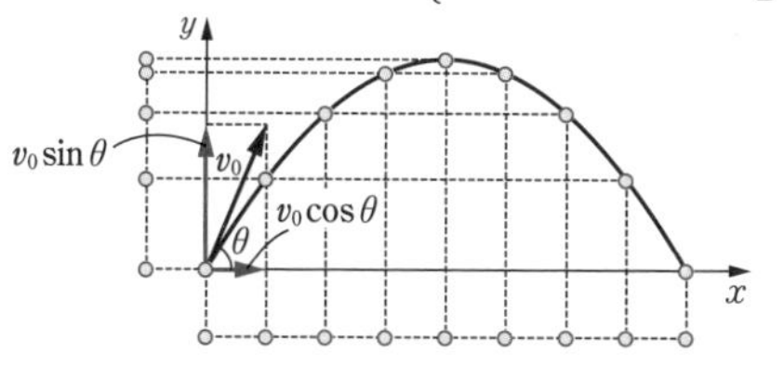

16 320 m

解説 鉛直下向きを正で考えて，物体が 78.4 m だけ自由落下する時間 t〔s〕は，

$y=\dfrac{1}{2}gt^2$ に $y=78.4$, $g=9.8$ を代入して，$t^2=16$ より，$t=4.0\ \mathrm{s}$

次に水平方向では，物体の初速度は，$288\ \mathrm{km/h}=\dfrac{288\times1000\ \mathrm{m}}{3600\ \mathrm{s}}=80\ \mathrm{m/s}$

よって，$x=v_0t$ に $v_0=80$, $t=4.0$ を代入して，$x=80\times4.0=320\ \mathrm{m}$

17 (1) $\dfrac{3{v_0}^2}{8g}$〔m〕 (2) $\dfrac{\sqrt{3}\,{v_0}^2}{2g}$〔m〕

解説 (1) 鉛直上向きを正として，$v_y=v_0\sin\theta-gt$ に $\theta=60°$ を代入して，

$$v_y=\frac{\sqrt{3}}{2}v_0-gt$$

◀ $\sin60°=\dfrac{\sqrt{3}}{2}$

最高点 M では $v_y=0$ であるから到達時刻 t〔s〕は，$0=\dfrac{\sqrt{3}}{2}v_0-gt$ より，$t=\dfrac{\sqrt{3}\,v_0}{2g}$

M の高さは，$y=v_0\sin\theta\cdot t-\frac{1}{2}gt^2$ に $\theta=60°$，$t=\frac{\sqrt{3}v_0}{2g}$ を代入して，

$$y=\frac{\sqrt{3}v_0}{2}\times\frac{\sqrt{3}v_0}{2g}-\frac{1}{2}g\times\left(\frac{\sqrt{3}v_0}{2g}\right)^2=\frac{3v_0^2}{8g}\ \text{〔m〕}$$

(2) 放物線の対称性から，M は AB の中点の真上の点である。(1)より，M に達するまでの時間が $\frac{\sqrt{3}v_0}{2g}$〔s〕であるから，B に達するまでの時間は 2 倍の，$\frac{\sqrt{3}v_0}{2g}\times 2=\frac{\sqrt{3}v_0}{g}$〔s〕

したがって，$x=v_0\cos\theta\cdot t$ に $\theta=60°$，$t=\frac{\sqrt{3}v_0}{g}$ を代入して，

$$x=\frac{v_0}{2}\times\frac{\sqrt{3}v_0}{g}=\frac{\sqrt{3}v_0^2}{2g}\ \text{〔m〕}$$

◀ $\cos 60°=\frac{1}{2}$

Point もとの位置から最高点までの，上りにかかった時間と，最高点からもとの位置までの下りにかかった時間は等しい。

18 (1) 0.50 秒後　(2) 3.0 秒後　(3) 25 m

解説 (1) 鉛直上向きを正として $v_y=v_0\sin\theta-gt$ に $v_y=0$，$v_0=9.8$，$\theta=30°$，$g=9.8$ を代入して，

$$0=9.8\times\frac{1}{2}-9.8t \quad \text{より} \quad t=\frac{1}{2}$$

◀ $\sin 30°=\frac{1}{2}$

よって，0.50 秒後。

(2) $y=v_0\sin\theta\cdot t-\frac{1}{2}gt^2$ に，$y=-29.4$，$v_0=9.8$，$\theta=30°$，$g=9.8$ を代入して，

◀地面の高さは，発射地点を基準にすると -29.4 m。

$$-29.4=9.8\times\frac{1}{2}\times t-\frac{1}{2}\times 9.8\times t^2 \quad \text{より} \quad (t+2)(t-3)=0$$

$t>0$ であるから，3.0 秒後。

(3) $x=v_0\cos\theta\cdot t$ に，$v_0=9.8$，$\theta=30°$，$t=3.0$ を代入して，

$$x=9.8\times\frac{\sqrt{3}}{2}\times 3.0=25.431\fallingdotseq 25\ \text{m}$$

◀ $\cos 30°=\frac{\sqrt{3}}{2}$

7 いろいろな力

Point
重力…地表では質量 m〔kg〕の物体にはつねに鉛直下向きに重力がはたらき，重力加速度の大きさを g〔m/s²〕として，mg〔N〕で表される力。
垂直抗力…物体が他の物体と接しているとき，接触面において垂直に，物体の内側へ向けてはたらく力。
摩擦力…物体が他の物体とあらい面で接しているとき，接触面において面と平行に運動をさまたげる向きにはたらく力。
張力…ぴんと張った糸やひもなどが物体を引く力。
弾性力…伸び縮みしたばねが，もとの状態に戻ろうとする力。

19 (1) 鉛直下向きに 98 N　　(2) 鉛直下向きに 98 N

解説 物体の運動にかかわらず，地表付近では，重力加速度の大きさはほぼ一定であり，この物体にはたらく重力の大きさは，

$$mg = 10 \times 9.8 = 98\ \mathrm{N}$$

重力の向きは，地球の中心へ向かう向きで，鉛直下向きである。

◀地球の自転の影響，緯度により多少の変動がある。

20

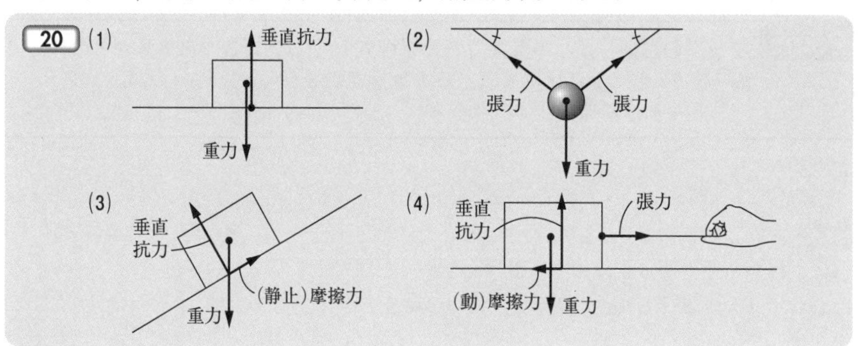

解説 重力の作用点は物体の重心なので，図では物体の中心を始点として描くとよい。また(1)〜(3)では，物体が静止しているので，物体にはたらく力の合力が $\vec{0}$ になるように，力の大きさを図示するとよい。

8 力のつりあい

Point

質点にはたらく 2 力のつりあい…大きさが等しく，互いに逆向き

$\vec{F_1}$　$\vec{F_2}$

質点にはたらく 3 力 (以上) のつりあい…合力が $\vec{0}$

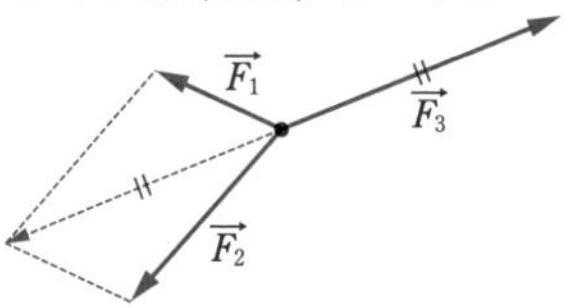

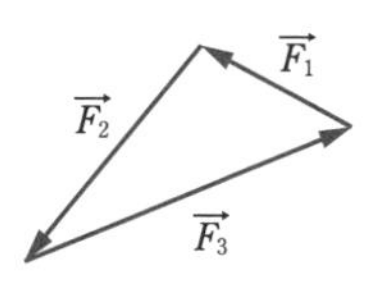

質点にはたらく力のつりあいの場合， 2 力では同一作用線上にあること，3 力以上では作用線が 1 点で交わることも必要である。

21 0.98 N

解説 物体にはたらく重力を mg，糸の張力を T として，右図の力のつりあいより，

$$T = mg = 0.10 \times 9.8 = 0.98\ \mathrm{N}$$

22 ③

解説 物体Bにはたらく力は，重力と接触面から受ける力である。よって，

重力，床からの垂直抗力に加えて，上に積んだ物体Aからの垂直抗力もある。したがって③が正しい。①の図で，AとBの接触面で表されている「Bからの垂直抗力」は，AがBから受ける垂直抗力であり，Bにはたらく力ではない。②の図で，「Aの重力」は結果として「Aからの垂直抗力」と等しいが，これはAにはたらく力で，Bにはたらく力ではない。④の図は，AとBを一体と見なした場合にはたらく力である。

9 フックの法則

Point フックの法則…ばねの弾性力の大きさ F〔N〕は，ばねの自然長からの伸び(縮み) x〔m〕に比例する。この比例定数 k〔N/m〕を，ばね定数といい，$\boldsymbol{F=kx}$ で表される。

23 20 N/m

解説 手がばねから3.0 Nの大きさの力を受けたということは，ばねは手から3.0 Nの力を受けたということである。

◀作用・反作用の法則

ばねは0.15 m伸びるので，$F=kx$ に $F=3.0$，$x=0.15$ を代入して，

$$3.0=k\times0.15 \quad より \quad k=20\ \mathrm{N/m}$$

24 4.9 N

解説 まず，ばね定数 k を求める。100 gのおもりをつるすことでかかる重力は，

$$0.10\times9.8=0.98\ \mathrm{N} \quad より \quad k=\frac{F}{x}=\frac{0.98}{0.020}=49\ \mathrm{N/m}$$

これより，水平にして0.10 m縮めるためには，$F=49\times0.10=4.9$ N

25 (1) 4.0×10^2 N/m　(2) 4.9 cm

解説 (1) ばねを引く力は，おもりにはたらく重力と等しく，

$$mg=2.0\times9.8=19.6\ \mathrm{N}$$

ばねの伸びは $\frac{4.9}{100}$ m であるから，$F=kx$ に $F=19.6$，$x=0.049$ を代入して，

$$19.6=k\times0.049 \quad より \quad k=4.0\times10^2\ \mathrm{N/m}$$

(2) (1)で，ばねの右端を引く力は，質量2.0 kgのおもりにはたらく重力と等しいが，一方で，ばねの左端で壁が引く力もこの重力に等しい。つまり，問題文の図と(2)の図は表現を変えただけで，まったく同じ図であり，(2)のばねの伸びは(1)と等しく4.9 cmである。

10 圧力と浮力

圧力…力 F〔N〕，面積 S〔m^2〕のとき，圧力 p〔Pa〕は，$\boldsymbol{p=\frac{F}{S}}$

水圧…水の密度 ρ〔kg/m^3〕，重力加速度の大きさ g〔m/s^2〕，深さ h〔m〕のとき，水圧 p〔Pa〕は，$\boldsymbol{p=\rho gh}$

浮力…流体の密度 ρ〔kg/m^3〕，物体の体積 V〔m^3〕，重力加速度の大きさ g〔m/s^2〕のとき，浮力 F〔N〕は，$\boldsymbol{F=\rho Vg}$

アルキメデスの原理…流体中の物体は，物体が排除している流体の重さに等しい大きさの浮力を受ける。

26 $p_1=1.5\times10^5$ Pa，$p_2=1.0\times10^9$ Pa

解説 $p_1=\dfrac{18}{1.2\times10^{-4}}=1.5\times10^5$ Pa

$p_2=\dfrac{18}{1.8\times10^{-8}}=1.0\times10^9$ Pa

27 2.0×10^5 Pa

解説 水中の圧力 p は大気圧も考慮して，

$p=$(大気圧)$+$(水圧)$=1.0\times10^5+1.0\times10^3\times9.8\times10=1.98\times10^5\fallingdotseq2.0\times10^5$ Pa

28 2.9 N

解説 この物体の受ける浮力 F と重力がつりあうことを用いて，浮力を求める。液体中のこの物体の体積 V は，

$V=5.0\times10^{-2}\times10\times10^{-2}\times(6.0-1.0)\times10^{-2}=2.5\times10^{-4}$ m^3

よって，$F=\rho Vg=1.2\times10^3\times2.5\times10^{-4}\times9.8=2.94\fallingdotseq2.9$ N

注意 (重さ)=(重力の大きさ) のことで，質量ではないことに注意。

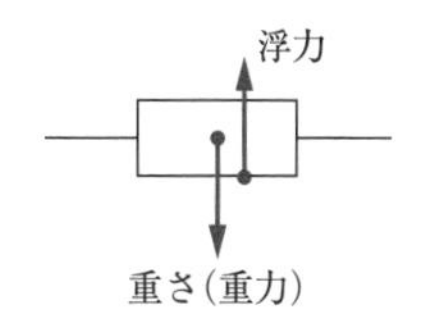

11 水平・鉛直方向の運動方程式

運動方程式…質量 m〔kg〕の物体に F〔N〕の力がはたらき，加速度 a〔m/s^2〕が生じたとき，$\boldsymbol{ma=F}$ が成り立つ。

29 (1) 5.2 m/s^2　(2) 20 N

解説 鉛直上向きを正として，物体の質量を m〔kg〕，糸の張力を T〔N〕，加速度を a〔m/s^2〕として運動方程式を立てると，

$ma=T-mg$ ……①

(1) ①に $m=2.0$，$T=30$，$g=9.8$ を代入して，

$2.0\times a=30-2.0\times9.8$ より $a=5.2$ m/s^2

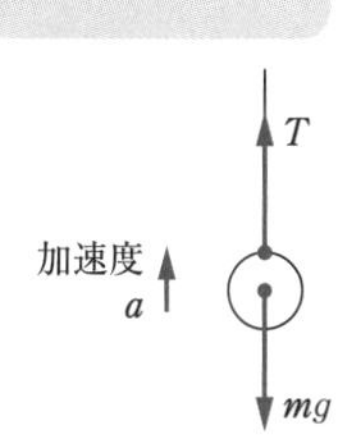

(2) 一定の速さで上昇する場合，加速度は0である。よって，①に $a=0$ を代入することで，力はつりあいの状態にあり，

$$T=mg=2.0\times9.8=19.6\fallingdotseq20\ \mathrm{N}$$

Point 速さが一定 ⟺ 加速度が0（力はつりあっている）

30 (1) 5.6 N (2) 0.80 kg

解説 (1) おもりBについて運動方程式を立てる。鉛直下向きを正として，図のように質量，張力，加速度を定めると，

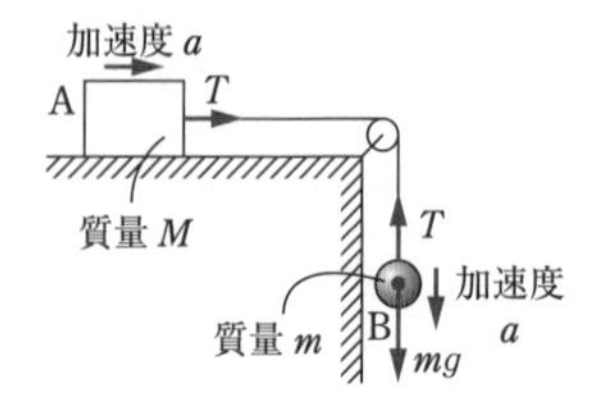

$$ma=mg-T \quad より \quad T=2.0\times(9.8-7.0)=5.6\ \mathrm{N}$$

(2) 物体Aにはたらく水平方向の力と加速度は図のようになる。水平右向きを正として運動方程式を立てると，

$$Ma=T \quad より \quad M=\frac{5.6}{7.0}=0.80\ \mathrm{kg}$$

Point 糸でつながれた2物体の加速度，張力の大きさは等しい。

31 (1) $8.0\ \mathrm{m/s^2}$ (2) 16 N (3) 0.50 秒 (4) 4.0 m/s

解説 Aの質量を m〔kg〕，Bの質量を M〔kg〕，2つのおもりの加速度を a〔$\mathrm{m/s^2}$〕，糸の張力を T〔N〕とすると，はたらく力は右図のとおり。

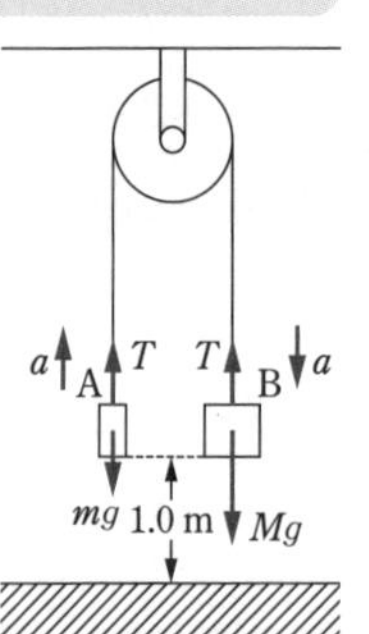

おもりAについて，鉛直上向きを正として運動方程式を立てると，

$$ma=T-mg \quad \cdots\cdots①$$

同様におもりBについて，鉛直下向きを正として，

$$Ma=Mg-T \quad \cdots\cdots②$$

(1) ①+② より，$a=\dfrac{M-m}{m+M}g=\dfrac{8.9-0.90}{0.90+8.9}\times9.8=8.0\ \mathrm{m/s^2}$

(2) (1)の結果を①に代入して，

$$T=m(a+g)=0.9\times(8.0+9.8)=16.02\fallingdotseq16\ \mathrm{N}$$

(3) おもりBは，初速度 0 m/s，加速度 $a=8.0\ \mathrm{m/s^2}$ で運動し，1.0 m 進む。着地するまでの時間を t〔s〕とすると，

$$\frac{1}{2}\times8.0\times t^2=1.0 \quad より \quad t=\frac{1}{2}=0.50\ \mathrm{s}$$

(4) 求める速さを v〔m/s〕とすると，$v=at=8.0\times0.50=4.0\ \mathrm{m/s}$

12 摩擦のある面上の運動

Point 静止摩擦力…あらい面上の物体を面に平行に動かそうとするとき，張力 T が小さいうちは，この力とつりあう静止摩擦力 f が面から逆向きに物体にはたらき，物体は動かない。$f=T$ が成り立つ。
最大摩擦力…図1で T を大きくしたとき，物体が動き出す直前の f の最大値 f_0 が最大摩擦力。垂直抗力を N，静止摩擦係数を μ として，$f_0=\mu N$ が成り立つ。
動摩擦力…運動中の物体にも，あらい面からは運動と逆向きに動摩擦力がはたらく。動摩擦力を f'，動摩擦係数を μ' として，
$f'=\mu' N$ が成り立つ。

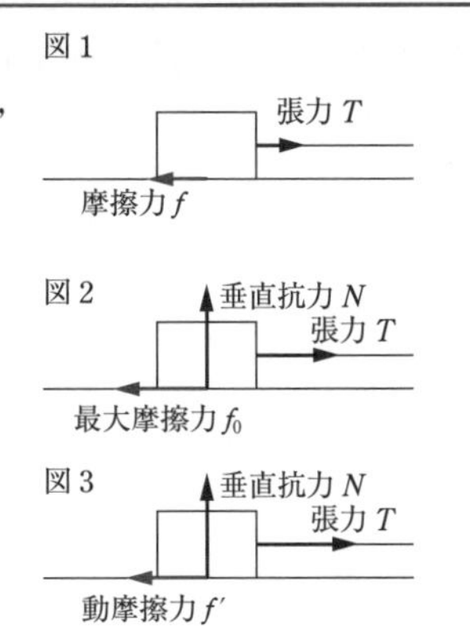

32 (1) 8.0 N　(2) 9.8 N　(3) 4.9 N

解説 (1) 物体が動かない場合，摩擦力は水平方向に加えた力とつりあっている。よって，この場合の摩擦力の大きさは $f=T=8.0\,\mathrm{N}$ である。

(2) 張力 T は最大摩擦力 f_0 と等しいので，

$$T=f_0=\mu N=0.40\times2.5\times9.8=9.8\,\mathrm{N}$$

(3) 張力が 12 N の場合，物体はあらい面上を滑って運動をしているので，物体にはたらく摩擦力は動摩擦力である。よって，

$$f'=\mu' N=0.20\times2.5\times9.8=4.9\,\mathrm{N}$$

33 (1) 斜面方向上向きに 3.8 N　(2) 斜面方向下向きに 2.2 N
(3) 9.8 N

解説 (1) 重力の斜面方向下向きの成分は，

$$mg\sin30°=2.0\times9.8\times\frac{1}{2}=9.8\,\mathrm{N}$$

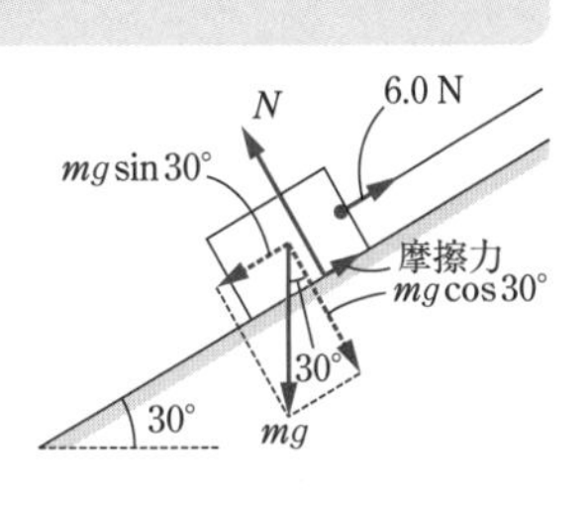

この力を支えるには，力のつりあいより，斜面方向上向きの張力と静止摩擦力が必要となる。よって求める静止摩擦力の大きさは，

$$9.8-6.0=3.8\,\mathrm{N}$$

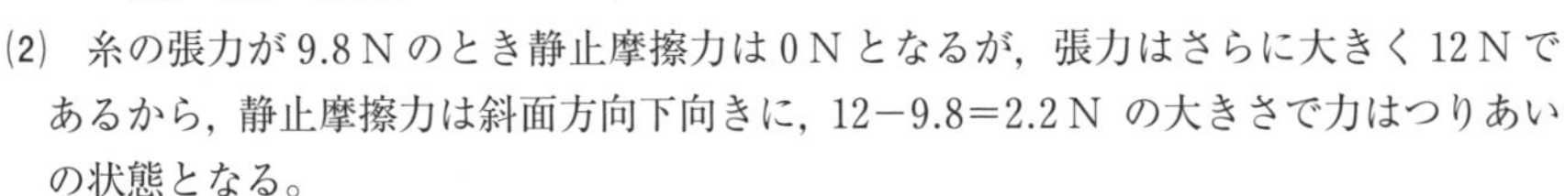

(2) 糸の張力が 9.8 N のとき静止摩擦力は 0 N となるが，張力はさらに大きく 12 N であるから，静止摩擦力は斜面方向下向きに，$12-9.8=2.2\,\mathrm{N}$ の大きさで力はつりあいの状態となる。

(3) (2)の考察より，9.8 N である。

Point 静止摩擦力は，つねに最大摩擦力とは限らない。

34 (1) $\dfrac{F\cos\theta - f}{m}$　(2) $mg - F\sin\theta$　(3) $\mu'(mg - F\sin\theta)$

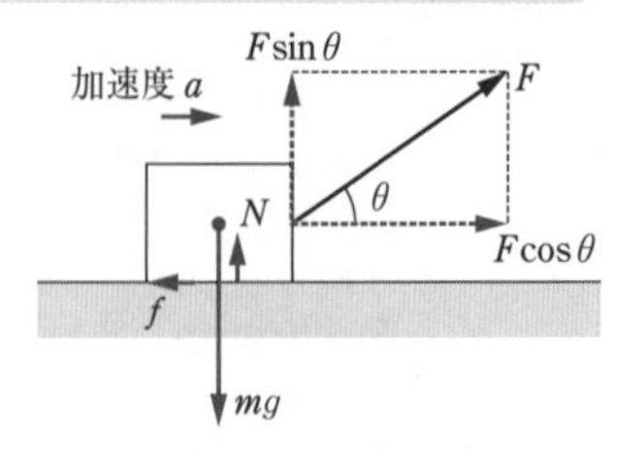

解説 Fを水平方向と鉛直方向に分解し，運動方程式やつりあいの条件を考える。

(1) 物体にはたらく力は図のように表せる。水平方向右向きを正として，運動方程式を立てると，

$$ma = F\cos\theta - f \quad よって \quad a = \frac{F\cos\theta - f}{m}$$

(2) 鉛直方向の力のつりあいを考えて，

$$N + F\sin\theta = mg \quad より \quad N = mg - F\sin\theta$$

(3) $f = \mu' N = \mu'(mg - F\sin\theta)$

Point 垂直抗力Nは，つねに $N = mg$ とは限らない。

13 斜面上の運動方程式

Point 斜面上の運動方程式を立てるときは，力を「斜面方向」と「斜面に垂直な方向」に分解して考える。

35 (1) 50 N　(2) 5.0 kg　(3) 60 N　(4) $25\sqrt{3}$ N　(5) $\dfrac{\sqrt{3}}{5}$

解説 (1) 物体とおもりにはたらく力を，図1のように表す。おもりの運動方程式を立てると，鉛直下向きを正として，

$$Ma = Mg - T$$

より，$T = 10\times(10 - 5.0) = 50$ N

図1

(2) 図1で，物体Aについて，斜面方向上向きを正として運動方程式を立てると，

$$ma = T - mg\sin 30° \quad より \quad m = \frac{T}{a + g\sin 30°} = \frac{50}{5.0 + 10\times\frac{1}{2}} = 5.0\ \text{kg}$$

(3) 張力をT'，加速度をa'として，(1)と同様に，

$$Ma' = Mg - T' \quad より \quad T' = M(g - a') = 10\times(10 - 4.0) = 60\ \text{N}$$

(4) Nを垂直抗力，f'を動摩擦力として，物体にはたらく力は図2のように表せる。斜面に垂直な方向の力のつりあいより，

$$N = mg\cos 30° = 5.0\times 10\times\frac{\sqrt{3}}{2} = 25\sqrt{3}\ \text{N}$$

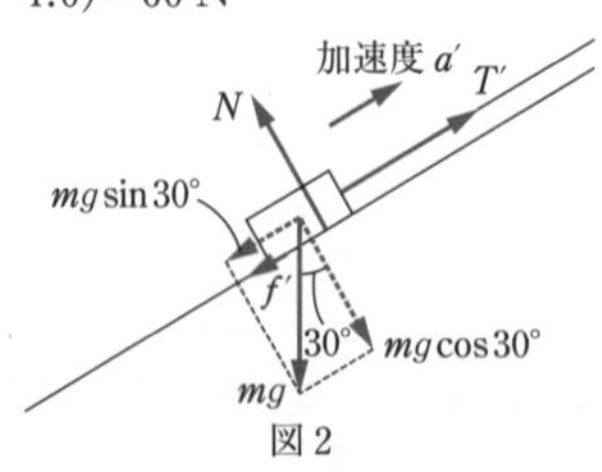

図2

(5) 図2で，斜面方向の運動方程式を立てると，

$$ma'=T'-mg\sin 30°-f'$$

であるから，

$$f'=T'-m(g\sin 30°+a')=60-5.0\times\left(10\times\frac{1}{2}+4.0\right)=15\text{ N}$$

動摩擦係数を μ' とおくと $f'=\mu'N$ より，$\mu'=\dfrac{f'}{N}=\dfrac{15}{25\sqrt{3}}=\dfrac{\sqrt{3}}{5}$

36 (1) 斜面に平行な成分：$mg\sin\theta$，斜面に垂直な成分：$mg\cos\theta$

(2) $\mu=\tan\theta_0$　(3) $mg(\sin\theta-\mu'\cos\theta)$　(4) $\dfrac{v_0^2}{2g(\mu'\cos\theta-\sin\theta)}$

解説 (1) 重力の分力は，図1のようになる。

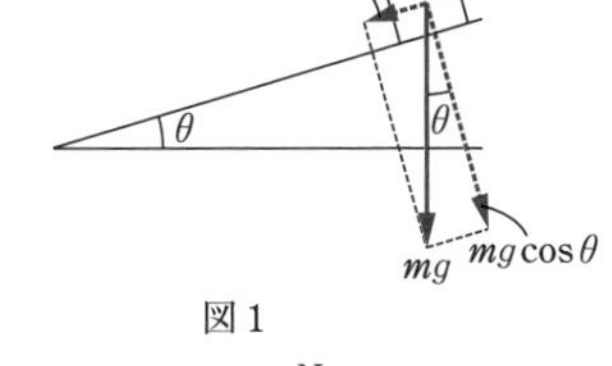

図1

(2) 図2で，斜面方向，斜面に垂直な方向の力のつりあいより，

$$f_0=mg\sin\theta_0,\qquad N=mg\cos\theta_0$$

これと $f_0=\mu N$ より，$mg\sin\theta_0=\mu mg\cos\theta_0$

したがって，$\mu=\dfrac{mg\sin\theta_0}{mg\cos\theta_0}=\tan\theta_0$

(3) 物体は斜面に沿って下向きに運動しているので，動摩擦力 f' は斜面方向上向きにはたらいている。よって，図2で θ_0 を θ，f_0 を f' と見なして，斜面下向きにはたらく力は，

$$mg\sin\theta-f'=mg\sin\theta-\mu'N$$
$$=mg(\sin\theta-\mu'\cos\theta)$$

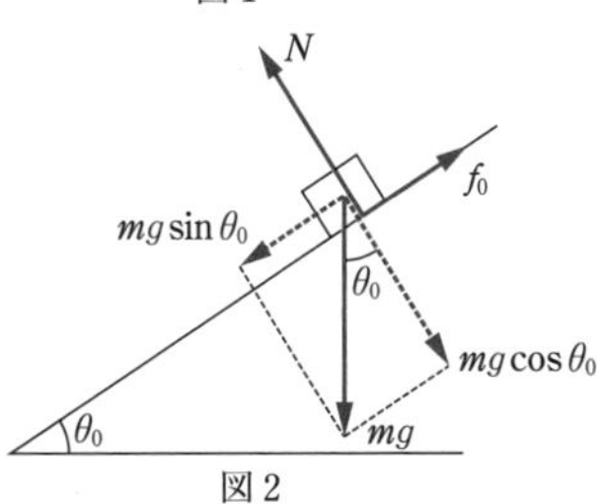

図2

(4) 物体の加速度を a とすると，(3)の結果より運動方程式は

$$ma=mg(\sin\theta-\mu'\cos\theta)\quad より\quad a=g(\sin\theta-\mu'\cos\theta)\quad\cdots\cdots①$$

等加速度運動の公式 $v^2-v_0^2=2as$ で $v=0$ とすれば

$$s=-\frac{v_0^2}{2a}=\frac{v_0^2}{2g(\mu'\cos\theta-\sin\theta)}$$

参考 下向きの初速度を与えられた物体が，やがて静止したことから，実際の加速度は上向きで，①の値は負である。

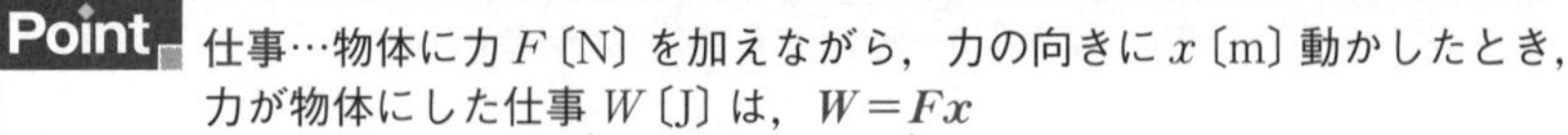

14 仕事と仕事率

Point 仕事…物体に力 F〔N〕を加えながら，力の向きに x〔m〕動かしたとき，力が物体にした仕事 W〔J〕は，$\boldsymbol{W=Fx}$

図のように，力 $\vec{F}$ と移動の向き $\vec{x}$ とが θ の角をなすとき，$F_x=F\cos\theta$ であるから，

$$\boldsymbol{W=F_x\cdot x=F\cos\theta\cdot x=Fx\cos\theta}$$

仕事率…W〔J〕の仕事に t〔s〕の時間を要したときの仕事率 P〔W〕は，$\boldsymbol{P=\frac{W}{t}}$

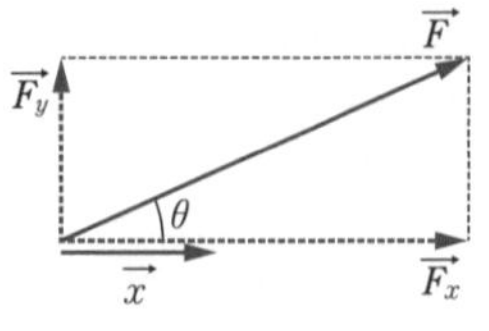

37 (1)　10 J　　(2)　17 J　　(3)　98 J

解説 (1)　$W=Fx=2.0\times5.0=10$ J

(2)　$W=Fx\cos\theta=5.0\times4.0\times\cos30°=20\times\frac{\sqrt{3}}{2}=10\sqrt{3}=17$ J

(3)　物体を持ち上げる力は，$mg=10\times9.8=98$ N

この力で，力の向きに 1.0 m 持ち上げるので，そのときの仕事は，

$W=Fx=98\times1.0=98$ J

38 (1)　60 J　　(2)　0 J　　(3)　−49 J　　(4)　0 J　　(5)　11 J

解説 (1)　12 N の力で 5.0 m 引いたので，$W=Fx=12\times5.0=60$ J

(2)　垂直抗力の向きと，移動の向きは 90° の角をなすので，$W=Fx\cos90°=0$ J

(3)　動摩擦力 f' の大きさは，$f'=\mu'N=\mu'mg=0.2\times5.0\times9.8=9.8$ N

移動した距離と反対向きに f' がはたらくので，

$W=Fx\cos180°=9.8\times5.0\times(-1)=-49$ J

(4)　(2)と同様に，鉛直方向に物体は移動しないので，$W=0$ J

(5)　(1)から(4)までの仕事をすべて加えると，$60+0+(-49)+0=11$ J

39 (1)　2.0×10^5 J　　(2)　4.0×10^3 W

解説 (1)　持ち上げる力 F は，$F=mg=500\times9.8=4.9\times10^3$ N

したがって，クレーンがした仕事は，$W=Fx=4.9\times10^3\times40=1.96\times10^5$ J$\fallingdotseq2.0\times10^5$ J

(2)　$P=\frac{W}{t}=\frac{1.96\times10^5}{49}=4.0\times10^3$ W

15 力学的エネルギー保存の法則

Point 落体の運動では，重力による位置エネルギーを $\boldsymbol{mgh}$，運動エネルギーを $\boldsymbol{\frac{1}{2}mv^2}$ として，

$$\boldsymbol{mgh+\frac{1}{2}mv^2=}\text{一定}$$

40 0.90 m

解説 水平面を基準にとり，小球の質量を m〔kg〕，水平面上の速さを v〔m/s〕，水平面からの最高点の高さを h〔m〕とおくと，重力による位置エネルギーと運動エネルギーの和は，

水平面：$0+\dfrac{1}{2}mv^2$，　最高点：$mgh+0$

よって，力学的エネルギー保存の法則より，

$\dfrac{1}{2}mv^2=mgh$　したがって，$h=\dfrac{v^2}{2g}=\dfrac{4.2^2}{2\times9.8}=0.90$ m

41 (1) 20 m/s　(2) 14 m/s

解説 (1) 点Bの高さを基準とすると，小球の力学的エネルギーは，点Aでは重力による位置エネルギーのみであり，点Bでは運動エネルギーのみであるから，

◀点Aでの位置エネルギーが，点Bではすべて運動エネルギーに変化する。

$mgh_A=\dfrac{1}{2}mv_B{}^2$ より　$v_B{}^2=2gh_A$

よって，$v_B=\sqrt{2gh_A}=\sqrt{2\times9.8\times20}=19.6\fallingdotseq20$ m/s

◀$\sqrt{2\times9.8\times20}=\sqrt{2^2\times7^2\times2}=14\sqrt{2}$

(2) 点Cの高さを基準とすると，Aの高さ h'_A は 10 m であるから，(1)と同様に

$mgh'_A=\dfrac{1}{2}mv_0{}^2$ より　$v_0=\sqrt{2gh'_A}=\sqrt{2\times9.8\times10}=14$ m/s

42 (1) $\sqrt{(2-\sqrt{2})gl}$〔m/s〕　(2) $\sqrt{(\sqrt{3}-\sqrt{2})gl}$〔m/s〕

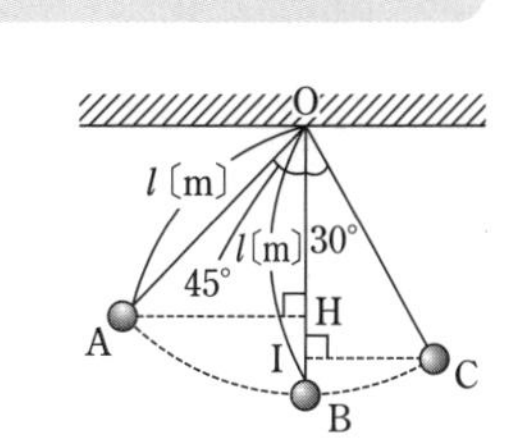

解説 (1) 図で，$OH=OA\cos45°=\dfrac{\sqrt{2}}{2}OA=\dfrac{\sqrt{2}}{2}l$〔m〕

より，$BH=\left(1-\dfrac{\sqrt{2}}{2}\right)l$〔m〕

おもりの質量を m〔kg〕として，点Bを高さの基準としたときの点Aでの重力による位置エネルギーは，

$mg\times BH$〔J〕

点Aでは静止していたので，点Bでの速さを v_B とすると，力学的エネルギー保存の法則より，$mg\times BH=\dfrac{1}{2}mv_B{}^2$ よって，$v_B{}^2=2g\times BH$

したがって，$v_B=\sqrt{2g\times BH}=\sqrt{2g\left(1-\dfrac{\sqrt{2}}{2}\right)l}=\sqrt{(2-\sqrt{2})gl}$〔m/s〕

(2) $OI=\dfrac{\sqrt{3}}{2}OC=\dfrac{\sqrt{3}}{2}l$〔m〕より，$IH=OI-OH=\left(\dfrac{\sqrt{3}}{2}-\dfrac{\sqrt{2}}{2}\right)l$〔m〕

Cでの速さを v_C として，点Cを高さの基準とすると，(1)と同様に，

$v_C=\sqrt{2g\times IH}=\sqrt{2g\left(\dfrac{\sqrt{3}}{2}-\dfrac{\sqrt{2}}{2}\right)l}=\sqrt{(\sqrt{3}-\sqrt{2})gl}$〔m/s〕

16 運動エネルギーと仕事

Point 物体に仕事をすると，その分だけ運動エネルギーが変化する。
(運動エネルギーの変化)＝(物体にした仕事)

43 2.0 m/s

解説 動摩擦力 f' の大きさは，$f'=\mu' N=\mu' mg$〔N〕
動摩擦力が物体にした仕事は，

$$W=f' x\cos 180°=-\mu' mgx \quad \cdots\cdots ①$$

◀力の向きと移動の向きは逆(180° の角をなす)。

一方，初速度を v_0 として，物体の運動エネルギーの変化は，

$$0-\frac{1}{2}mv_0{}^2=-\frac{1}{2}mv_0{}^2 \quad \cdots\cdots ②$$

◀静止したとき，運動エネルギーは 0。②のマイナスは減少を表す。

①と②が等しいことから，

$$-\frac{1}{2}mv_0{}^2=-\mu' mgx \quad より \quad v_0{}^2=2\mu' gx$$

したがって，

$$v_0=\sqrt{2\mu' gx}=\sqrt{2\times0.50\times10\times\frac{40}{100}}=2.0\ \mathrm{m/s}$$

◀物体の質量 m は相殺され影響しない。

44 (1) 24 J (2) 9.8 m/s (3) 24 J (4) 9.8 m

解説 (1) $mgh=0.50\times9.8\times4.9=24.01\fallingdotseq24$ J

(2) (1)の位置エネルギーが，すべて運動エネルギーに変化しているので，

$$mgh=\frac{1}{2}mv^2 \quad より \quad v=\sqrt{2gh}=\sqrt{2\times9.8\times4.9}=9.8\ \mathrm{m/s}$$

(3) CD 間はなめらかな水平面であり，通過による運動エネルギーの減少はない。よって，(1)の値と等しく 24 J である。

(4) 動摩擦力の大きさは，$\mu' mg=0.50\times0.50\times9.8=2.45$ N
DE＝x〔m〕とすると，動摩擦力による仕事が運動エネルギーの減少に等しいので，

$$0-24.01=2.45\times x\times\cos 180° \quad より \quad x=\frac{24.01}{2.45}=9.8\ \mathrm{m}$$

45 (1) $K=\frac{1}{2}mv^2$〔J〕 (2) $L_1=\frac{v^2}{2\mu' g}$〔m〕

(3) $L_2=\frac{v^2}{2g(\mu'\cos\theta-\sin\theta)}$〔m〕

解説 (1) 速さ v〔m/s〕で運動する質量 m〔kg〕の物体がもつ運動エネルギーなので，

$$K=\frac{1}{2}mv^2〔\mathrm{J}〕$$

(2) 動摩擦力による仕事が運動エネルギーの減少に等しいので，

$$0-\frac{1}{2}mv^2=-\mu' mgL_1 \quad よって \quad L_1=\frac{v^2}{2\mu' g}〔\mathrm{m}〕$$

(3) 斜面からの垂直抗力を N〔N〕とすると，

$$N=mg\cos\theta$$

であるから，動摩擦力 f'〔N〕は，

$$f'=\mu' N=\mu' mg\cos\theta$$

であり，この力が L_2 の移動でした仕事は，力と移動は反対向きなので，

$$-\mu' mg\cos\theta\cdot L_2〔\mathrm{J}〕$$

一方，重力の斜面方向の分力 $mg\sin\theta$ が L_2 の移動でした仕事は

$$mg\sin\theta\cdot L_2〔\mathrm{J}〕$$

運動エネルギーと仕事の関係より，

$$0-\frac{1}{2}mv^2=-\mu' mg\cos\theta\cdot L_2+mg\sin\theta\cdot L_2$$

よって，

$$g(\mu'\cos\theta-\sin\theta)L_2=\frac{1}{2}v^2 \quad より \quad L_2=\frac{v^2}{2g(\mu'\cos\theta-\sin\theta)}〔\mathrm{m}〕$$

17 力のモーメント

Point 物体を回転させるはたらきを力のモーメントという。反時計回りを正として，図の点Oのまわりの力 $\vec{F}$ のモーメント M〔N·m〕は，

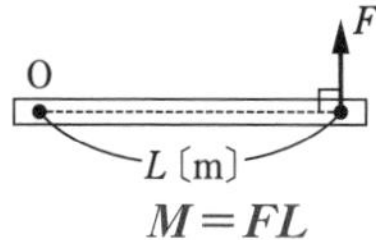

$M=FL$

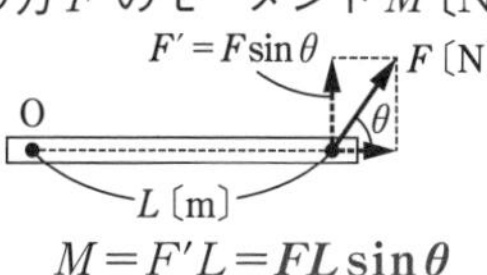

$M=F'L=FL\sin\theta$

46 (1) -0.20 N·m (2) -0.14 N·m (3) 0 N·m (4) 0.20 N·m

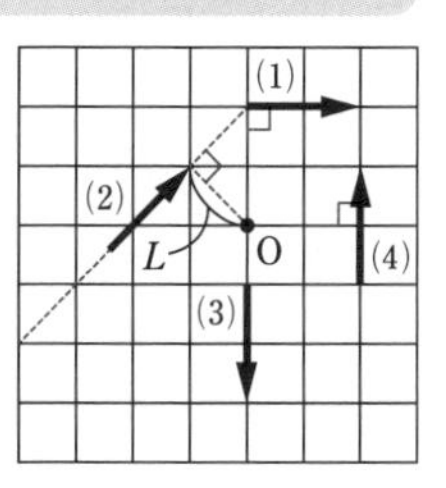

解説 (1) 時計回りの回転になるのでマイナスがつき，

$-1.0\times0.20=-0.20$ N·m

(2) うでの長さは，点Oと作用線の距離（図の L）で，

$-1.0\times(0.10\times\sqrt{2})=-0.14$ N·m

(3) 作用線が点Oを通るので，うでの長さは0であるから，

$1.0\times0=0$ N·m

(4) $1.0\times0.20=0.20$ N·m

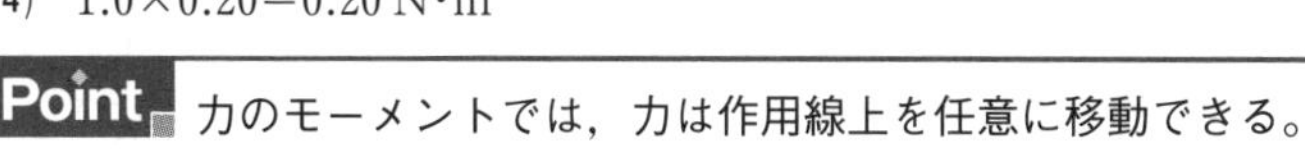
Point 力のモーメントでは，力は作用線上を任意に移動できる。

47 (1) 26 N·m　(2) −7.2 N·m

解説 (1) 反時計回りであるから，$M=FL=8.0\times3.2=25.6\fallingdotseq26$ N·m

(2) 時計回りであるから，$M=-FL=-8.0\times0.90=-7.2$ N·m

48 $\dfrac{1}{2}Fl$〔N·m〕

解説 $M=Fl\sin30^\circ=\dfrac{1}{2}Fl$〔N·m〕

18 剛体のつりあい

Point

大きさの無視できない物体（剛体）に力 $\vec{F_1}$，$\vec{F_2}$，$\vec{F_3}$，… がはたらいているとき，剛体のつりあいの条件は，

①力のベクトルの和が $\vec{0}$

$$\vec{F_1}+\vec{F_2}+\vec{F_3}+\cdots=0$$

（x 方向の成分の和 $F_{1x}+F_{2x}+F_{3x}+\cdots=0$）

（y 方向の成分の和 $F_{1y}+F_{2y}+F_{3y}+\cdots=0$）

②任意の点Oのまわりの力のモーメントの和が 0

$$M_1+M_2+M_3+\cdots=0$$

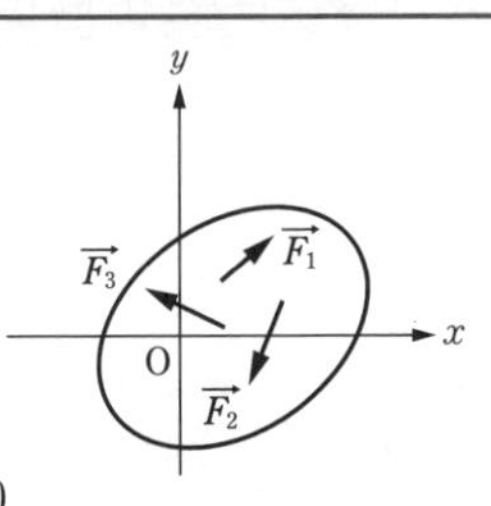

49 (1) 2.4 kg　(2) 63 N

解説 (1) おもりA，Bの質量をそれぞれ m_A〔kg〕，m_B〔kg〕とすると，点Oのまわりの力のモーメントの和が 0 であるから，

$$m_Ag\times0.30-m_Bg\times0.50=0 \quad より \quad m_B=\frac{m_A\times0.30}{0.50}=\frac{4.0\times0.30}{0.50}=2.4\ \text{kg}$$

(2) 糸の張力を T〔N〕として，鉛直方向の力のつりあいより，

$$T=(m_A+m_B)g=(4.0+2.4)\times9.8=62.72\fallingdotseq63\ \text{N}$$

50 (1) $\sqrt{3}$ N　(2) 6.0 N

解説 (1) 点Bで棒が床から受ける静止摩擦力を f とすると，棒にはたらく力は右図のように表せる。点Bのまわりの力のモーメントの和が 0 であることから，

$$6.0\times0.4\times\sin30^\circ-N_1\times0.8\times\sin60^\circ=0$$

したがって，$N_1=\dfrac{6.0\times0.4\times\sin30^\circ}{0.8\times\sin60^\circ}=\sqrt{3}$ N

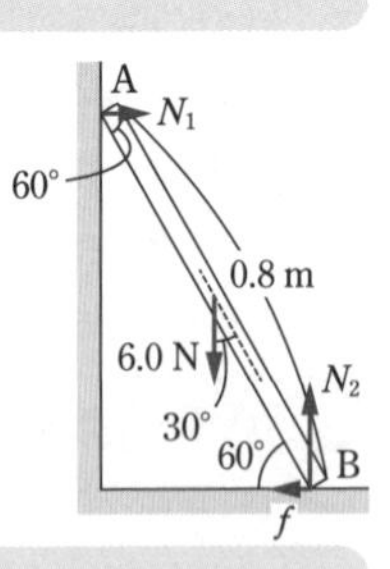

(2) 鉛直方向の力のつりあいから，$N_2=6.0$ N

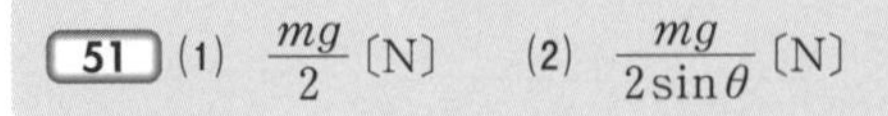

51 (1) $\dfrac{mg}{2}$〔N〕　(2) $\dfrac{mg}{2\sin\theta}$〔N〕

解説 (1)　棒の端Aが壁から受ける垂直抗力をN〔N〕とすると，棒にはたらく力は右図のように表せる。
鉛直方向の力のつりあいから，$f+T\sin\theta=mg$　……①
点Aのまわりの力のモーメントのつりあいから，

$$T\sin\theta\times l-mg\times\frac{l}{2}=0$$

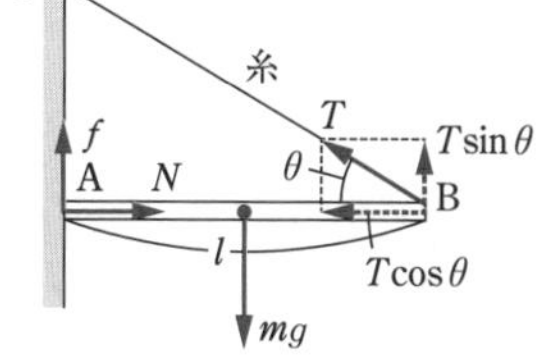

よって，$T\sin\theta=\dfrac{mg}{2}$ を①に代入して，$f+\dfrac{mg}{2}=mg$ より，$f=\dfrac{mg}{2}$〔N〕

(2)　(1)の結果を①に代入して，$\dfrac{mg}{2}+T\sin\theta=mg$ より，$T=\dfrac{mg}{2\sin\theta}$〔N〕

19　運動量保存の法則

Point　外力がはたらかないとき，物体系の運動量の和は保存され，
$$m\vec{v}+M\vec{V}=m\vec{v'}+M\vec{V'}$$

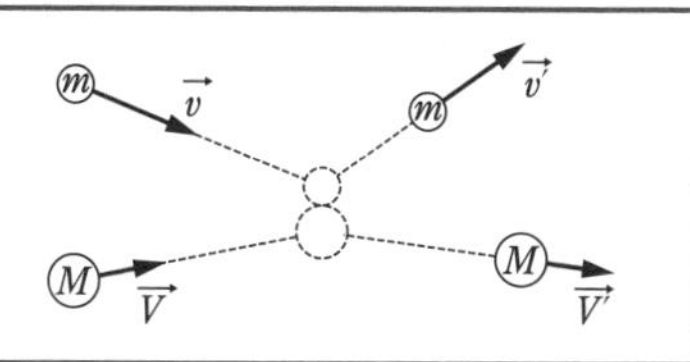

52　正の向きに2.0 m/s

解説 小球Bが衝突後，正の向きに速さv〔m/s〕で進むと仮定すると，運動量保存の法則より，

$$2.0\times3.0+3.0\times0.50=2.0\times0.75+3.0\times v\quad\text{より}\quad v=\frac{6.0+1.5-1.5}{3.0}=2.0\text{ m/s}$$

符号が正であるから，正の向きに進む。

Point　衝突後の速度の向きがわからない場合は，とりあえず正の向きと仮定して式を立てる。

53　(1)　1.0 m/s　　(2)　$\dfrac{10\sqrt{3}}{69}$ m/s

解説 ベクトルで考える。
衝突前のPの速度を$\vec{v_0}$，衝突後のP，Qの速度をそれぞれ$\vec{v}$，$\vec{V}$とする。x軸方向，y軸方向を正の向きとし，成分で表すと，

$$\vec{v_0}=(2.0,\ 0),\ \vec{v}=\left(\frac{1}{2}v,\ \frac{\sqrt{3}}{2}v\right),$$

$$\vec{V}=\left(\frac{\sqrt{3}}{2}V,\ -\frac{1}{2}V\right)$$

であるから，運動量保存の法則

$$1.0\vec{v_0}=1.0\vec{v}+6.9\vec{V}$$

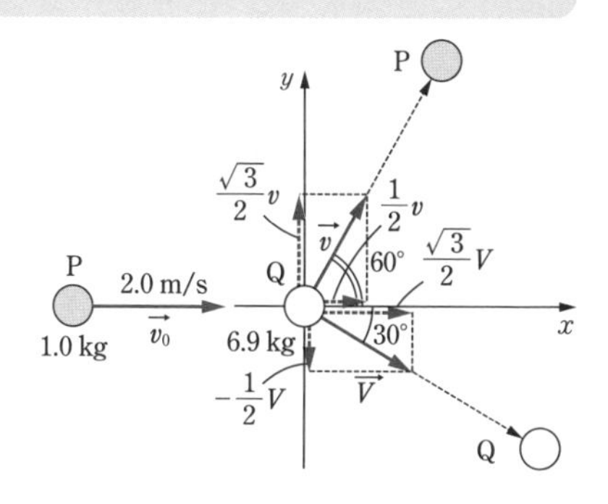

より，x，y 軸方向の成分について，次の関係式が得られ，

$$\begin{cases} 1.0\times2.0=1.0\times\frac{1}{2}v+6.9\times\frac{\sqrt{3}}{2}V \\ 1.0\times0=1.0\times\frac{\sqrt{3}}{2}v-6.9\times\frac{1}{2}V \end{cases}$$ 整理して $$\begin{cases} v+6.9\sqrt{3}\,V=4 & \cdots\cdots① \\ \sqrt{3}\,v-6.9V=0 & \cdots\cdots② \end{cases}$$

(1) ①+②×$\sqrt{3}$ より，$4v=4$ よって，$v=1.0\,\text{m/s}$

(2) ①×$\sqrt{3}$−② より，$6.9\times4V=4\sqrt{3}$ よって，$V=\frac{10\sqrt{3}}{69}\,\text{m/s}$

54 (1) $\sqrt{gl}$ (2) $\frac{m\sqrt{gl}}{m+M}$ (3) $\frac{mMgl}{2(m+M)}$

解説 (1) はじめのBの位置を高さの基準にとると，A，Bの高さの差は

$l-l\cos60°=\frac{l}{2}$ で，力学的エネルギー保存の法則より，

$$\frac{1}{2}mv^2=mg\times\frac{l}{2} \quad より \quad v=\sqrt{gl}$$

(2) 運動量の保存の法則より，

$$mv=(m+M)V \quad よって(1)の結果より \quad V=\frac{m\sqrt{gl}}{m+M}$$

注意 ここで，力学的エネルギー保存の法則は使えない。(3)で求めるように，衝突によって力学的エネルギーが熱などに変わるからである。

(3) 衝突の前後で，A，Bの位置エネルギーは変わらないので，運動エネルギーの減少分を考えると，

$$\frac{1}{2}mv^2-\frac{1}{2}(m+M)V^2=\frac{1}{2}m(\sqrt{gl})^2-\frac{1}{2}(m+M)\left(\frac{m\sqrt{gl}}{m+M}\right)^2=\frac{mMgl}{2(m+M)}$$

20 はね返り係数

Point

壁に垂直に速度 v で衝突した物体の，はね返った直後の速度を v' とするとき，

$$e=-\frac{v'}{v} \quad (0\leqq e\leqq1)$$

を，はね返り係数という。

直線上を運動する2物体A，Bの衝突では，Bから見たAの相対速度の変化から，

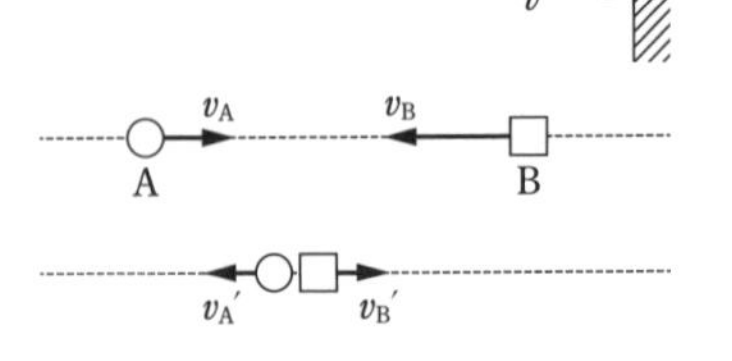

$$e=-\frac{v_A'-v_B'}{v_A-v_B}$$

55 1.6 m/s

解説 $0.50=-\dfrac{0-1.8}{2.0-(-v)}$ よって $v=1.6\ \mathrm{m/s}$

56 (1) $x\sqrt{\dfrac{k}{m}}$ (2) $\dfrac{(1+e)mx}{m+M}\sqrt{\dfrac{k}{m}}$

解説 (1) ばねが自然長に戻ったとき，蓄えられていた弾性エネルギーがすべてAの運動エネルギーに変化したと考える。よって，

$$\frac{1}{2}mv^2=\frac{1}{2}kx^2 \quad したがって \quad v=x\sqrt{\frac{k}{m}}$$

◀このばねを自然長からxだけ縮めた(伸ばした)ときに蓄えられる弾性エネルギーは，$\dfrac{1}{2}kx^2$ である。

(2) 衝突前のAの進行の向きを正として，衝突直後のA，Bの速度をそれぞれ v'，V' とすると，

$$e=-\frac{v'-V'}{v-0} \quad よって \quad v'-V'=-ev \quad \cdots\cdots①$$

また，運動量保存の法則より，$mv=mv'+MV'$ ……②

①，②から v' を消去すると，$V'=\dfrac{(1+e)m}{m+M}v$

(1)で $v=x\sqrt{\dfrac{k}{m}}$ より，$V'=\dfrac{(1+e)mx}{m+M}\sqrt{\dfrac{k}{m}}$

57 e^2h〔m〕

解説 衝突直前の小球の速さを v〔m/s〕とすると，衝突直後の小球の速さは ev〔m/s〕である。また，はね返った小球が到達する最高点の高さを h'〔m〕とする。

◀$e=-\dfrac{v'}{v}$ より，$v'=-ev$
これは速度の関係なので，速さは左のようになる。

小球の質量を m〔kg〕，重力加速度の大きさを g〔m/s^2〕として，力学的エネルギー保存則より，

$$mgh=\frac{1}{2}mv^2 \quad \cdots\cdots①, \qquad mgh'=\frac{1}{2}m(ev)^2 \quad \cdots\cdots②$$

②÷①より，$\dfrac{h'}{h}=e^2$ したがって，$h'=e^2h$〔m〕

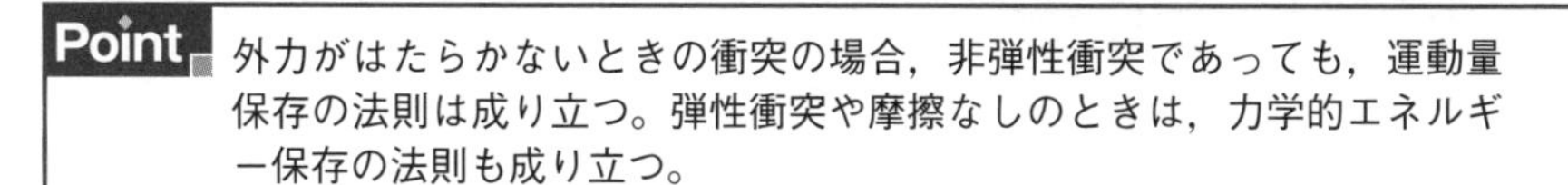

21 運動量と力学的エネルギー

Point 外力がはたらかないときの衝突の場合，非弾性衝突であっても，運動量保存の法則は成り立つ。弾性衝突や摩擦なしのときは，力学的エネルギー保存の法則も成り立つ。

58 (1) $mv_1\cos\theta+mv_2\cos\varphi$　(2) $mv_2\sin\varphi$　(3) $\frac{1}{2}mv_1{}^2+\frac{1}{2}mv_2{}^2$

(4) $v_0\cos\theta$　(5) $v_0\sin\theta$

解説 図のように座標軸をとり，運動量保存の法則を表す。

x 成分は，$mv_0=mv_1\cos\theta+mv_2\cos\varphi$　……(1)

y 成分は，$0=mv_1\sin\theta-mv_2\sin\varphi$

よって，$mv_1\sin\theta=mv_2\sin\varphi$　……(2)

また，力学的エネルギー保存の法則が成り立つので，

$$\frac{1}{2}mv_0{}^2=\frac{1}{2}mv_1{}^2+\frac{1}{2}mv_2{}^2 \quad \cdots\cdots(3)$$

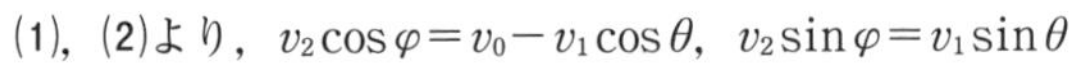

(1)，(2)より，$v_2\cos\varphi=v_0-v_1\cos\theta$，$v_2\sin\varphi=v_1\sin\theta$

$\sin^2\varphi+\cos^2\varphi=1$ であるから，$(v_2\sin\varphi)^2+(v_2\cos\varphi)^2=v_2{}^2$ と変形して，

$$(v_0-v_1\cos\theta)^2+(v_1\sin\theta)^2=v_2{}^2$$

$$v_0{}^2-2v_0v_1\cos\theta+v_1{}^2\cos^2\theta+v_1\sin^2\theta=v_2{}^2$$

$$v_0{}^2-2v_0v_1\cos\theta+v_1{}^2=v_2{}^2$$

◀ここで，$\sin^2\theta+\cos^2\theta=1$ を適用する。

(3)より，$v_0{}^2=v_1{}^2+v_2{}^2$　……(3)′　であるから，v_2 を消去して，

$$v_0{}^2-2v_0v_1\cos\theta+v_1{}^2=v_0{}^2-v_1{}^2 \quad \text{よって} \quad v_1=v_0\cos\theta \quad \cdots\cdots(4)$$

(3)′に代入して，$v_2{}^2=v_0{}^2(1-\cos^2\theta)=v_0{}^2\sin^2\theta$

$0°<\theta<90°$ で，$\sin\theta>0$ より，$v_2=v_0\sin\theta$　……(5)

59 (1) $\frac{1}{2}ka^2$　(2) $a\sqrt{\frac{3k}{10m}}$

解説 ばねの弾性力による位置エネルギーと運動エネルギーの和が一定に保たれる。ばねのエネルギーは自然長のときを基準の0にとる。

(1) 自然長から a だけ縮めたので，$\frac{1}{2}ka^2$

(2) 自然長になったときの，質量 $2m$，$3m$ のおもりの速度をそれぞれ v，V とする。放す前の速度がともに0であることから，運動量保存の法則より，

$$0=2mv+3mV \quad \cdots\cdots①$$

また，力学的エネルギー保存の法則より，

$$\frac{1}{2}ka^2=\frac{1}{2}\times2m\times v^2+\frac{1}{2}\times3m\times V^2$$

すなわち，$2mv^2+3mV^2=ka^2$　……②

①より，$V=-\frac{2}{3}v$ を②に代入して整理すると，

$$v^2=\frac{3ka^2}{10m} \quad \text{より} \quad v=a\sqrt{\frac{3k}{10m}}$$

Point 「重心が静止」の条件は，外力がはたらかないので，運動量保存の法則で表される。

60 (1) $\dfrac{v_0}{5}$　(2) $\dfrac{2{v_0}^2}{5g}$　(3) $\dfrac{3v_0}{5}$　(4) $\dfrac{2v_0}{5}$

解説 (1) 小物体は，最高点に達した瞬間，台に対して静止する。すなわち，小物体と台は水平方向に同じ速度で運動する。この速度を V とすると，運動量保存の法則より，

$$mv_0=(m+4m)V \quad したがって \quad V=\frac{v_0}{5}$$

(2) 最高点の高さを h とすると，力学的エネルギー保存の法則より，

$$\frac{1}{2}m{v_0}^2=mgh+\frac{1}{2}(m+4m)V^2$$

したがって，$h=\dfrac{1}{2g}\left({v_0}^2-\dfrac{{v_0}^2}{5}\right)=\dfrac{2{v_0}^2}{5g}$

(3)(4) 小物体が台と離れた後，小物体の速度を v_1，台の速度を v_2 とする。
運動量保存の法則より，

$$mv_0=mv_1+4mv_2 \quad \cdots\cdots①$$

力学的エネルギー保存の法則より，

$$\frac{1}{2}m{v_0}^2=\frac{1}{2}m{v_1}^2+\frac{1}{2}\times 4m\times {v_2}^2 \quad \cdots\cdots②$$

①より，$v_1=v_0-4v_2$　……③
③を，②から得られる ${v_0}^2={v_1}^2+4{v_2}^2$ に代入して，

$${v_0}^2=(v_0-4v_2)^2+4{v_2}^2 \quad よって \quad v_2=\frac{2}{5}v_0$$

③に代入して，$v_1=-\dfrac{3}{5}v_0$

マイナスは，v_1 の向きが v_0 の向きと逆であることを表し，速さは $\dfrac{3}{5}v_0$ である。

22 水平面上の等速円運動

Point

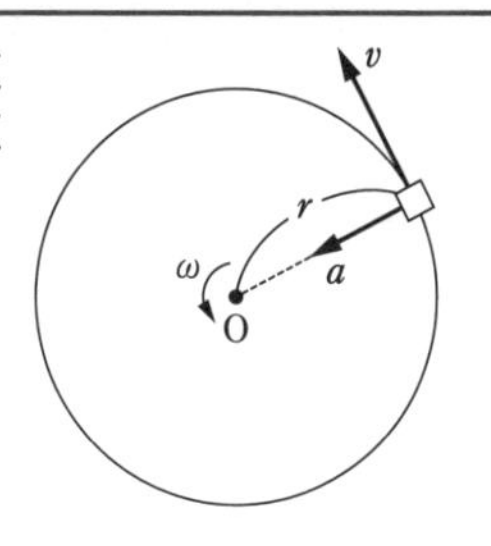

半径 r〔m〕の円周上を角速度 ω〔rad/s〕で等速円運動する物体の速さ v〔m/s〕は，$v=r\omega$ で速度の向きは円の接線方向である。

物体の加速度の大きさ a〔m/s²〕は，

$$a=r\omega^2=\frac{v^2}{r}=v\omega$$

で向きは円の中心方向である。

1周に要する時間，周期 T〔S〕は，

$$T=\frac{2\pi}{\omega}=\frac{2\pi r}{v}$$

61 (1) π〔rad/s〕 (2) π〔m/s〕 (3) 2.0 s (4) 0.50 Hz (5) ③
(6) ②

解説 (1) 1回転の角は 2π〔rad〕であるから，角速度 ω は，

$$\omega=\frac{2\pi\times5}{10}=\pi \text{〔rad/s〕}$$

◀弧度法は，弧の長さと半径の比で角度を表し，$180°=\pi$〔rad〕である。

(2) $v=r\omega=1.0\times\pi=\pi$〔m/s〕

(3) $T=\frac{2\pi}{\omega}=\frac{2\pi}{\pi}=2.0\text{ s}$

(4) 回転数は1s間当たりに回転する数であり，周期 T の逆数であるから，

$$\frac{1}{T}=\frac{1}{2.0}=0.50\text{ Hz}$$

(5) 図から，物体は時計回りに運動しているので，円の接線方向より③となる。

(6) 等速円運動の加速度は中心方向を向くので，②が正解。

62 (1) 1.0 m/s (2) 1.0 m/s^2 (3) 2.0 N

解説 (1) $v=r\omega=1.0\times1.0=1.0\text{ m/s}$

(2) $a=r\omega^2=1.0\times(1.0)^2=1.0\text{ m/s}^2$

(3) 質量 $m=2.0\text{ kg}$ の物体に $a=1.0\text{ m/s}^2$ の加速度を生じさせる張力の大きさ F は，

$$F=ma=2.0\times1.0=2.0\text{ N}$$

63 (1) 中心と反対向きに $mr\omega^2$〔N〕

(2) 摩擦力：μmg〔N〕，角速度：$\sqrt{\frac{\mu g}{r}}$〔rad/s〕

解説 (1) 小物体とともに円板上から小物体を観測すると，物体には静止摩擦力と遠心力がはたらき，それらがつりあって，物体は静止しているように見える。

したがって，遠心力の向きは中心と反対向きであり，その大きさは，

$$ma=mr\omega^2 \text{〔N〕}$$

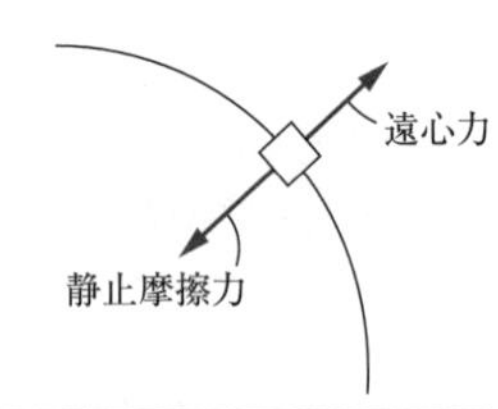

Point 物体とともに加速度運動をしている観測者に観測される見かけの力を慣性力といい，遠心力は慣性力の1つである。

(2) 滑り出す直前の摩擦力は最大摩擦力 f_0 であり，$f_0=\mu mg$〔N〕

このときの角速度を ω_0〔rad/s〕とすると，円板上の観測者から見た見かけの力はつりあっているので，

$$mr{\omega_0}^2=\mu mg \quad \text{したがって} \quad \omega_0=\sqrt{\frac{\mu g}{r}} \text{〔rad/s〕}$$

23 いろいろな円運動

Point 円筒面内での円運動

- 最高点での速さ v_2 は，力学的エネルギー保存の法則を使って求める。
- 最高点では，重力 mg と面からの垂直抗力 N の和が，円運動の向心力。
- $N \geqq 0$ が回り続ける条件。

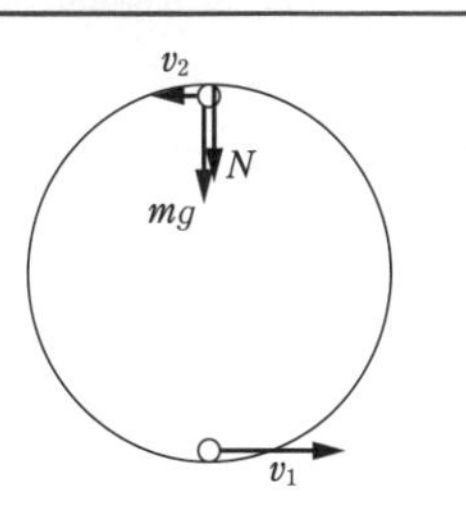

64 (1) $\dfrac{mg}{\cos\theta}$　(2) $g\tan\theta$　(3) $\sin\theta\sqrt{\dfrac{gl}{\cos\theta}}$　(4) $2\pi\sqrt{\dfrac{l\cos\theta}{g}}$

解説 (1) 張力 T の鉛直方向の成分である $T\cos\theta$ が mg とつりあっている。$T\cos\theta = mg$ より，$T = \dfrac{mg}{\cos\theta}$

(2) 水平面内の円運動の向心力は $T\sin\theta$ であるから，加速度 a は

$$a = \frac{T\sin\theta}{m} = \frac{\dfrac{mg}{\cos\theta}\times\sin\theta}{m} = g\tan\theta$$

(3) 円運動の半径 r は，$r = l\sin\theta$

等速円運動の運動方程式より，小物体の速さを v とすると，

$$m\frac{v^2}{r} = ma = mg\tan\theta \quad よって \quad v = \sqrt{gl\sin\theta\cdot\tan\theta} = \sin\theta\sqrt{\frac{gl}{\cos\theta}}$$

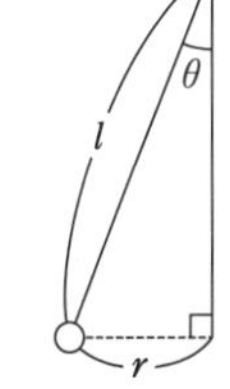

(4) $T = \dfrac{2\pi r}{v} = 2\pi\times l\sin\theta \div \sin\theta\sqrt{\dfrac{gl}{\cos\theta}} = 2\pi\sqrt{\dfrac{l\cos\theta}{g}}$

65 (1) $\sqrt{2g(l-2r)}$　(2) $\dfrac{(2l-5r)mg}{r}$　(3) $\dfrac{2}{5}l$

解説 (1) EとFの高さの差は，OF＝OA－FA＝$l-2r$ であるから，Fでの速さを v とすると，力学的エネルギー保存の法則より，

$$mg(l-2r) = \frac{1}{2}mv^2 \quad よって \quad v = \sqrt{2g(l-2r)}$$

(2) Fを通過した瞬間に小球にはたらく向心力は，重力と糸の張力 T の和であり，加速度は下向きに $\dfrac{v^2}{r}$ であるから，糸にそった方向の運動方程式を立てると，

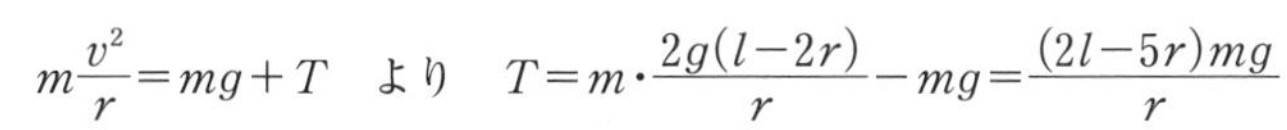

$$m\frac{v^2}{r} = mg + T \quad より \quad T = m\cdot\frac{2g(l-2r)}{r} - mg = \frac{(2l-5r)mg}{r}$$

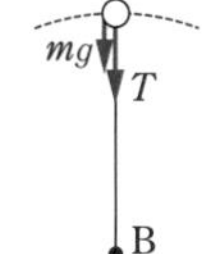

(3) 糸がたるまない条件は $T \geqq 0$ であるから，

$$\frac{(2l-5r)mg}{r} \geqq 0 \quad より \quad r \leqq \frac{2}{5}l$$

66 (1) $\frac{1}{2}mV_0^2=\frac{1}{2}mV^2+mgr$　(2) $m\frac{V^2}{r}=mg+N$　(3) $\sqrt{3gr}$
(4) $\sqrt{2}r$

解説 (1) EとBの高さの差はrより，力学的エネルギー保存の法則は，

$$\frac{1}{2}mV_0^2=\frac{1}{2}mV^2+mgr$$

(2) Eにおける円運動の向心力は，重力とNの和である。よって円筒の中心方向の運動方程式より，

$$m\frac{V^2}{r}=mg+N$$

(3) (1)の結果から，$V^2=V_0^2-2gr$　……①

これを(2)の結果に代入すると，$N=\frac{m}{r}(V^2-gr)=\frac{m(V_0^2-3gr)}{r}$

Eを通過できる条件は $N\geqq0$ であるから，

$V_0^2-3gr\geqq0$　より　$V_0\geqq\sqrt{3gr}$

(4) $V_0=\sqrt{3gr}$ のとき，①より，

$V^2=3gr-2gr=gr$　よって　$V=\sqrt{gr}$

Eからrだけ自由落下するのに要する時間をtとすると，

$\frac{1}{2}gt^2=r$　より　$t=\sqrt{\frac{2r}{g}}$

この時間での水平方向の移動距離は，$\sqrt{gr}\cdot\sqrt{\frac{2r}{g}}=\sqrt{2}r$

24 単振動

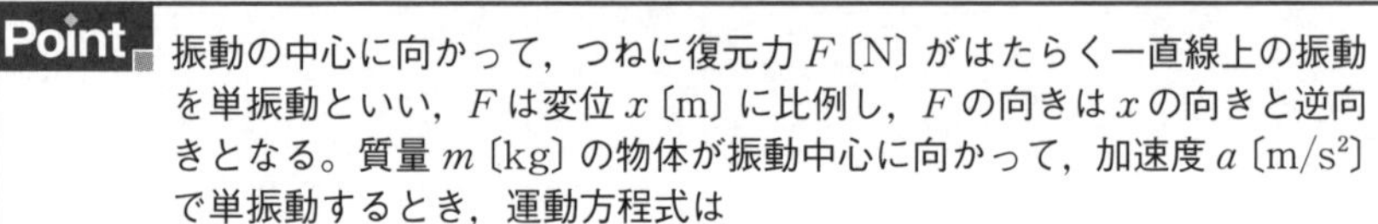

Point 振動の中心に向かって，つねに復元力F〔N〕がはたらく一直線上の振動を単振動といい，Fは変位x〔m〕に比例し，Fの向きはxの向きと逆向きとなる。質量m〔kg〕の物体が振動中心に向かって，加速度a〔m/s²〕で単振動するとき，運動方程式は

$\boldsymbol{ma=-Kx}$　（Kは正の定数）

となる。一方，単振動の角振動数をω〔rad/s〕とすると，$\boldsymbol{a=-\omega^2x}$ とも表され，上式から得られる $a=-\frac{K}{m}x$ と比較すると，

$\omega^2=\frac{K}{m}$　より　$\boldsymbol{\omega=\sqrt{\frac{K}{m}}}$

これより，周期T〔s〕は，$T=\frac{2\pi}{\omega}=2\pi\sqrt{\frac{m}{K}}$ となる。

67 (1) 0.60 m　(2) $\frac{2}{7}\pi$〔s〕　(3) 4.2 m/s

Point 水平ばね振り子は，自然長を中心として，単振動をする。

解説 (1) 最初に自然長から伸ばした長さ 0.60 m が振幅 A〔m〕になる。

(2) $T=2\pi\sqrt{\frac{m}{k}}=2\pi\times\sqrt{\frac{2.0}{98}}=\frac{2}{7}\pi$〔s〕

(3) ばねの長さが自然長のとき，小球の速さは最大となるので，力学的エネルギー保存の法則より，

$\frac{1}{2}kA^2=\frac{1}{2}mv^2_{max}$　よって　$v_{max}=A\sqrt{\frac{k}{m}}=0.60\times\sqrt{\frac{98}{2.0}}=4.2$ m/s

Point 振動の中心では速さが最大（加速度＝0）。

68 (1) $\frac{mg}{x_0}$〔N/m〕　(2) x_0〔m〕　(3) $2\pi\sqrt{\frac{x_0}{g}}$〔s〕　(4) $\sqrt{gx_0}$〔m/s〕

Point 鉛直ばね振り子は，つりあいの位置を中心として単振動をする。

解説 (1) おもりをつるすことにより，mg〔N〕の力が加えられ，ばねが x_0〔m〕伸びたので，力のつりあいより，

$mg=kx_0$　したがって　$k=\frac{mg}{x_0}$〔N/m〕

kx_0

mg

(2) つりあいの位置からさらに x_0〔m〕だけ伸ばした位置で手をはなしたので，振幅 A〔m〕は，

$A=x_0$〔m〕

(3) この振動の復元力 F〔N〕はばねの弾性力に等しく，力の向きはおもりの変位に対してつねに逆向きとなるので，Kを正の定数として，

$F=-Kx=-kx$　より　$K=k$

おもりの質量が m〔kg〕であるから，(1)の結果も利用して

$T=2\pi\sqrt{\frac{m}{K}}=2\pi\sqrt{\frac{m}{k}}=2\pi\sqrt{\frac{x_0}{g}}$〔s〕

(4) つりあいの位置で小球の速さが最大となることから，ばねの自然長の位置とつりあいの位置で力学的エネルギー保存の法則より（つりあいの位置を重力による位置エネルギーの基準にとる），

$mgx_0=\frac{1}{2}mv_{max}{}^2+\frac{1}{2}kx_0{}^2$

$v_{max}{}^2=2gx_0-\frac{k}{m}x_0{}^2=gx_0$　より　$v_{max}=\sqrt{gx_0}$〔m/s〕

69 (1) $-mg\sin\theta$　(2) $-\dfrac{mg}{l}x$　(3) $-\omega^2 x$　(4) $\sqrt{\dfrac{g}{l}}$　(5) $2\pi\sqrt{\dfrac{l}{g}}$

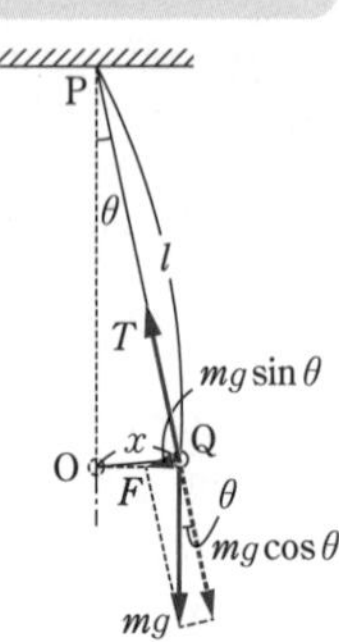

解説 (1) 重力を，糸の方向と糸に垂直な方向に分解したとき，糸に垂直方向の成分がFである。よって，右向き正より

$F=-mg\sin\theta$ ……①

(2) 図のQからOまでの経路は，半径l，中心角θの円弧であり，その長さは$l\theta$である。ここでθが小さい場合，この経路はほぼ直線状であると見なせて，

$x=l\theta$ ……②

同時に，$\sin\theta \fallingdotseq \theta$ であり，①は次の式で近似できる。

$F=-mg\theta$ ……③

②，③よりθを消去して，$F=-\dfrac{mg}{l}x$

小球QはこのFが復元力となって単振動すると考えられるので，運動方程式は，

$ma=-\dfrac{mg}{l}x$ ……④

(3) 単振動において，aをx，ωで表すと，$a=-\omega^2 x$ ……⑤

(4) 一方で④より，$a=-\dfrac{g}{l}x$ ……⑥ となり，⑤，⑥の比例定数を比較して，

$\omega^2=\dfrac{g}{l}$　よって　$\omega=\sqrt{\dfrac{g}{l}}$

(5) $T=\dfrac{2\pi}{\omega}=2\pi\sqrt{\dfrac{l}{g}}$

25 万有引力

Point 万有引力の法則

r〔m〕離れた質量 m〔kg〕, M〔kg〕の 2 つの物体間にはたらく引力 F〔N〕は, Gを定数(万有引力定数)として, $\boldsymbol{F=G\frac{mM}{r^2}}$

万有引力による位置エネルギーは, 無限遠点での位置エネルギーを 0 とすると, $\boldsymbol{U=-G\frac{mM}{r}}$

70 (1) $G\dfrac{mM}{R^2}$〔N〕 (2) $\dfrac{gR^2}{G}$〔kg〕 (3) $\dfrac{R^2}{(R+h)^2}g$〔m/s²〕

(4) $R\sqrt{\dfrac{g}{R+h}}$〔m/s〕

解説 (1) 地球の質量が中心の 1 点に存在すると考えると, R〔m〕離れた質量 m〔kg〕, M〔kg〕の 2 物体間にはたらく万有引力の大きさ F〔N〕を求めることになる。よって,

$$F=G\frac{mM}{R^2}\text{〔N〕}$$

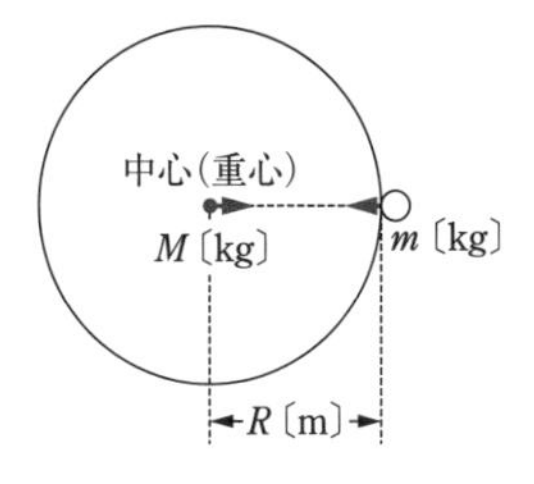

(2) 質量 m の物体について, 万有引力によって地表での重力加速度が生じると考える。運動方程式は,

$$mg=G\frac{mM}{R^2} \quad \text{したがって} \quad M=\frac{gR^2}{G}\text{〔kg〕} \quad \cdots\cdots①$$

(3) 地表から h〔m〕の高さにある質量 m'〔kg〕の物体と地球の間にはたらく万有引力を F'〔N〕とすると,

$$F'=G\frac{m'M}{(R+h)^2} \quad \text{これに①を代入すると} \quad F'=G\frac{m'}{(R+h)^2}\times\frac{gR^2}{G}=\frac{R^2}{(R+h)^2}m'g$$

この場所での重力加速度の大きさを g' として, 運動方程式を立てると,

$$m'g'=\frac{R^2}{(R+h)^2}m'g \quad \text{したがって} \quad g'=\frac{R^2}{(R+h)^2}g\text{〔m/s}^2\text{〕}$$

(4) 人工衛星の速さを v〔m/s〕とする。(3)の F' が向心力となることから, 等速円運動の運動方程式より,

$$m'\frac{v^2}{R+h}=\frac{R^2}{(R+h)^2}m'g \quad \text{よって} \quad v=R\sqrt{\frac{g}{R+h}}\text{〔m/s〕}$$

71 (1) $\dfrac{2\pi R}{T}$　(2) $\dfrac{4\pi^2 mR}{T^2}$　(3) $G\dfrac{mM}{R^2}$　(4) $\dfrac{GM}{4\pi^2}$　(5) $\dfrac{4\pi^2 R^3}{GT^2}$

(6) $\dfrac{v_A R}{2}$　(7) 4　(8) $\dfrac{2\sqrt{10}}{5}$

解説 (1) この宇宙船の角速度を ω，速さを v とすると，$\omega=\dfrac{2\pi}{T}$ より，

$$v=R\omega=\frac{2\pi R}{T}$$

(2) 等速円運動の加速度を a とすると，$a=R\omega^2=\dfrac{4\pi^2 R}{T^2}$

よって向心力の大きさは，$F=ma=\dfrac{4\pi^2 mR}{T^2}$

(3) 万有引力の法則より，$F=G\dfrac{mM}{R^2}$

(4) (2)と(3)の F が等しいことから，

$$\frac{4\pi^2 mR}{T^2}=G\frac{mM}{R^2} \quad よって \quad 4\pi^2R^3=GMT^2 \quad \cdots\cdots①$$

したがって，$\dfrac{R^3}{T^2}=\dfrac{GM}{4\pi^2}$

参考 上式は，ケプラーの第三法則を特殊化した関係式である。

(5) ①を M について解くと，$M=\dfrac{4\pi^2R^3}{GT^2}$

(6) 点A，Bにおける宇宙船の面積速度は，図の色のついた三角形の面積で表される。よって，点Aにおける面積速度の大きさは，$\dfrac{v_A R}{2}$

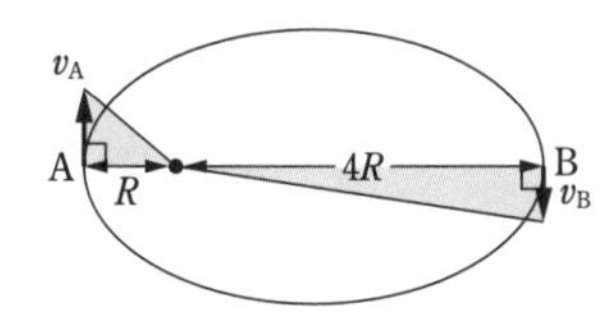

(7) 点Bにおける面積速度は，$\dfrac{v_B\times 4R}{2}=2v_BR$

ケプラーの第二法則より，面積速度は一定であるから

$$\frac{v_AR}{2}=2v_BR \quad したがって \quad \frac{v_A}{v_B}=4$$

(8) 万有引力による位置エネルギーと運動エネルギーの和は保存されて一定なので，点A，Bにおいて

$$-G\frac{mM}{R}+\frac{1}{2}mv_A{}^2=-G\frac{mM}{4R}+\frac{1}{2}mv_B{}^2 \quad \cdots\cdots②$$

ここで(7)より $v_B=\dfrac{1}{4}v_A$ であるから，②を整理して，

$$\left(\frac{1}{2}-\frac{1}{32}\right)v_A{}^2=\frac{3GM}{4R} \quad より \quad v_A=\sqrt{\frac{8}{5}\times\frac{GM}{R}}=\frac{2\sqrt{10}}{5}\times\sqrt{\frac{GM}{R}}$$

第2章 熱

26 熱量と比熱，熱量保存

Point
絶対温度…t〔°C〕と T〔K〕の関係は，$T=273+t$
比熱…比熱 c〔J/(g·K)〕の物質 m〔g〕の温度を ΔT〔K〕上げるのに要する熱量を Q〔J〕とすると，$Q=mc\Delta T$
熱容量…熱容量 C〔J/K〕の物体の温度を ΔT〔K〕上げるのに要する熱量を Q〔J〕とすると，$Q=C\Delta T$

72 (1)　473 K　　(2)　27 °C

解説 (1), (2)　$T=273+t$ より，$273+200=473$ K，$300-273=27$ °C

73 1.2×10^5 J

解説 $Q=mc\Delta T=400\times4.2\times(90-20)=1.176\times10^5\fallingdotseq1.2\times10^5$ J

Point ΔT は絶対温度の差であるが，セ氏温度でも値は同じで ΔT〔K〕$=\Delta T$〔°C〕

74 30 °C

Point
最後に t°C になったとして，次の関係式を立てる。
　　(高温物体の失った熱量)=(低温物体の得た熱量)

解説 金属の失った熱量は，$2000\times0.70\times(75-t)$〔J〕
水の得た熱量は，$1000\times4.2\times(t-15)$〔J〕
したがって，

$$2000\times0.70\times(75-t)=1000\times4.2\times(t-15) \quad より \quad t=30\,°\mathrm{C}$$

75 0.63 J/(g·K)

解説 金属球の比熱を c〔J/(g·K)〕とすると，失った熱量と得た熱量が等しいことから，

$$200\times c\times(100-28)=250\times4.2\times(28-20)+75\times(28-20)$$

したがって，

$$14400c=8400+600 \quad よって \quad c=0.625\fallingdotseq0.63\ \mathrm{J/(g\cdot K)}$$

27 物質の三態

Point
融解熱
　固体に熱を加えていくと，ある温度（融点）で固体と液体が共存し始め，すべてが液体に変わるまでは温度が上昇しない。この間に加えられた熱量を融解熱という。

76 4.1×10^4 J

解説 0°C の氷 100 g を 0°C の水に変化させるのに必要な熱量は,

$100\times10^{-3}\times3.3\times10^5=3.3\times10^4$ J

注意 単位に注意する。$1\text{ g}=10^{-3}\text{ kg}$

0°C の水 100 g を 20°C の水に変化させるのに必要な熱量は,

$100\times10^{-3}\times4.2\times10^3\times(20-0)=8.4\times10^3$ J

したがって,求める熱量は,$3.3\times10^4+8.4\times10^3=4.14\times10^4\fallingdotseq4.1\times10^4$ J

77 (1) 16 g　(2) 60 J/g

解説 (1) 最初の 50 秒間に着目する。質量を m〔g〕とすると,$Q=mc\varDelta T$ より,

$8.0\times50=m\times0.25\times(232-132)$　よって　$m=16$ g

(2) 融解熱を x〔J/g〕とすると,50 秒〜170 秒の 120 秒間に加えられた熱量について,

$8.0\times120=x\times16$　より　$x=60$ J/g

78 (1) 4.0×10^{-1}　(2) 3.8×10^2　(3) 9.1×10　(4) 2.0×10　(5) 4.5×10^2

解説 (1) 容器の比熱を c〔J/(g・K)〕として,t_1〔s〕までに加えられた熱量について関係式を立てると,

$\underbrace{200\times2.0\times15}_{\text{氷に加えられた熱量}}+\underbrace{250\times c\times15}_{\text{容器に加えられた熱量}}=7500$

◀氷も容器も $\varDelta T=0-(-15)=15$ K

したがって,$c=\dfrac{1500}{250\times15}=4.0\times10^{-1}$ J/(g・K)

(2) 20 s 間で 7500 J の熱量が加えられたので,1 s 間当たりの熱量,すなわち消費電力は,

$\dfrac{7500}{20}=375\fallingdotseq3.8\times10^2$ W

(3) t_1〔s〕(=20 s)〜100 s の 80 s 間に加えられる熱量は,(2)の結果より

$375\times80=3.0\times10^4$ J

この熱は,すべて氷の融解に使われる。よって m〔g〕の氷が融解するとして,

$m\times3.3\times10^2=3.0\times10^4$　したがって　$m=\dfrac{3.0\times10^4}{3.3\times10^2}\fallingdotseq9.1\times10$ g

(4) t_2〔s〕より 50 s 後の水と容器の温度を s〔°C〕とすると,

$960\times(s-0)=375\times50$

◀1 s 間に加えられる熱量は,(2)より 375 J

したがって,

$s=\dfrac{375\times50}{960}=19.5\fallingdotseq2.0\times10$ °C

(5) 水の沸点は 100°C であるから,t 秒後に沸騰を始めるとすると,

$960\times(100-0)=375\times(t-196)$　よって　$t=\dfrac{960\times100}{375}+196=452\fallingdotseq4.5\times10^2$ s

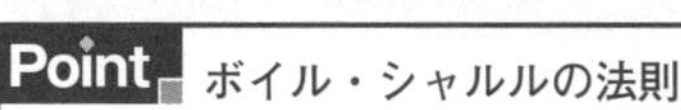

28 ボイル・シャルルの法則

Point ボイル・シャルルの法則

一定量の気体の体積 V〔m³〕は，圧力 p〔Pa〕に反比例し，絶対温度 T〔K〕に比例する。すなわち，$\dfrac{pV}{T}=$(一定)

79 6.8×10^4 Pa

解説 ボイル・シャルルの法則より，2つの状態で $\dfrac{pV}{T}$ が等しい。求める圧力を p〔Pa〕とすると，

$$\frac{1.0\times10^5\times1.0}{300}=\frac{p\times1.6}{325}\quad より\quad p=\frac{1.0\times10^5\times1.0\times325}{300\times1.6}=6.77\times10^4\fallingdotseq6.8\times10^4\ \text{Pa}$$

80 1.1×10^5 Pa

解説 ピストンの断面積を S〔cm²〕とすると，気体の体積は $27S$〔cm³〕から $30S$〔cm³〕に変化したとしてよい。求める圧力を p〔Pa〕とすると，

$$\frac{1.0\times10^5\times27S}{300}=\frac{p\times30S}{350}\quad より\quad p=\frac{1.0\times10^5\times27S\times350}{300\times30S}=1.05\times10^5\fallingdotseq1.1\times10^5\ \text{Pa}$$

Point 左辺と右辺で体積の単位が等しければボイル・シャルルの法則の式は成り立つ。

81 460 K

解説 おもりによる圧力増加は，$\dfrac{10\times9.8}{1.4\times10^{-3}}=7.0\times10^4$ Pa

◀圧力$=\dfrac{面にはたらく力}{断面積}$

断面積を $S=1.4\times10^{-3}\ \text{m}^2=14\ \text{cm}^2$ とおくと，体積変化は $20S$〔cm³〕→ $18S$〔cm³〕

◀$1\ \text{m}^2=10^4\ \text{cm}^2$

求める温度を T〔K〕とすると，

$$\frac{1.0\times10^5\times20S}{300}=\frac{(1.0\times10^5+7.0\times10^4)\times18S}{T}$$

したがって，

$$T=\frac{1.7\times10^5\times18S\times300}{1.0\times10^5\times20S}=459\fallingdotseq460\ \text{K}$$

29 理想気体の状態方程式

Point 理想気体の状態方程式

ボイル・シャルルの法則を，気体の物質量 n〔mol〕まで考慮して表した等式

$\boldsymbol{pV=nRT}$ （R〔J/(mol·K)〕は気体定数）

を理想気体の状態方程式といい，これが成り立つ気体を理想気体という。

82 5.5×10^{-3} m³

解説 $pV=nRT$ に $p=1.66\times10^5$，$n=0.4$，$R=8.3$，$T=273$ を代入して V を求める。

$1.66\times10^5\times V=0.4\times8.3\times273$ より $V=5.46\times10^{-3}\fallingdotseq5.5\times10^{-3}$ m³

83 (1) 125 mol (2) 1.2 倍 (3) 75 mol

解説 (1) $pV=nRT$ に $p=7.0\times10^6$，$V=\dfrac{41.5}{10^3}$，$R=8.31$，$T=273+7$ を代入して n を求める。

◀ $1\text{ L}=\dfrac{1}{10^3}$ m³ で体積の単位を換算し，温度は絶対温度で表す。

$$7.0\times10^6\times\frac{41.5}{10^3}=n\times8.31\times(273+7)$$

したがって，

$$n=\frac{7.0\times10^6\times41.5}{10^3\times8.31\times280}=0.1248\times10^3\fallingdotseq125\text{ mol}$$

(2) 容器の体積を V〔m³〕，加熱後の圧力を p'〔Pa〕とすると，ボイル・シャルルの法則より，

$$\frac{p'V}{273+63}=\frac{7.0\times10^6}{273+7}V \quad よって \quad p'=\frac{336}{280}\times7.0\times10^6\text{〔Pa〕}$$

したがって p' ははじめの圧力の $\dfrac{336}{280}=1.2$ 倍

(3) 残った気体の物質量を n'〔mol〕として，気体の状態方程式を立てると，

$$2.9\times10^6\times\frac{41.5}{10^3}=n'\times8.31\times(273+17)$$

より，$n'=\dfrac{2.9\times10^6\times41.5}{10^3\times8.31\times290}=0.04993\times10^3\fallingdotseq49.9$ mol

したがって，漏れた量は，$125-49.9=75.1\fallingdotseq75$ mol

84 $\dfrac{4nRT}{11V}$〔Pa〕

解説 気体の物質量を，容器A内が n_A〔mol〕，容器B内が n_B〔mol〕とし，等しくなった圧力を p〔Pa〕とする。それぞれの容器内の気体の状態方程式は，

$$A:p\times2V=n_ART \quad \cdots\cdots①, \qquad B:pV=n_BR\times\frac{4}{3}T \quad \cdots\cdots②$$

①，②から pV を消去すると

$$n_A RT = \frac{8}{3} n_B RT \quad より \quad n_A = \frac{8}{3} n_B \quad \cdots\cdots ③$$

容器全体の物質量は一定なので，$n_A + n_B = n$ が成り立ち，③を代入すると，

$$\frac{8}{3} n_B + n_B = n \quad よって \quad n_B = \frac{3}{11} n \quad \cdots\cdots ④$$

②を p について解き，④を代入すると，$p = \frac{4 n_B RT}{3V} = \frac{4nRT}{11V}$〔Pa〕

30 気体の内部エネルギー，熱力学第一法則

Point

気体の内部エネルギー…理想気体の内部エネルギー U〔J〕は絶対温度 T〔K〕に比例し，単原子分子では，物質量 n〔mol〕，気体定数 R〔J/(mol·K)〕として，$\boldsymbol{U = \frac{3}{2} nRT}$

圧力 p〔Pa〕の等圧変化で，体積変化を ΔV〔m^3〕とすると，気体が外部にする仕事 W〔J〕は，$\boldsymbol{W = p\Delta V}$

熱力学第一法則…気体に外部から加えた熱を Q〔J〕，気体が外部へした仕事を W〔J〕，気体の内部エネルギーの増加を ΔU〔J〕とすると，

$$\boldsymbol{Q = \Delta U + W}$$

85 ②

解説 単原子分子なので，$U = \frac{3}{2} nRT$ である。

注意 2原子分子では，$U = \frac{5}{2} nRT$

86 4.0×10^2 J，増加

解説 熱力学第一法則 $Q = \Delta U + W$ では，気体が外部に仕事をした場合 $W > 0$ であることに注意する。

$$\Delta U = Q - W = 1.2 \times 10^3 - 8.0 \times 10^2 = 4.0 \times 10^2 \text{ J}$$

$\Delta U > 0$ であるから，内部エネルギーは増加した。

87 $W = 2RT$，$Q = 5RT$

解説 気体の圧力を p とし，加熱前，加熱後の体積を V，$3V$，加熱後の温度を T'，内部エネルギーの変化を ΔU とする。

気体は1 mol であるから，加熱前の気体の状態方程式は，$pV = RT$ ……①

圧力一定での仕事より，

$$W = p\Delta V = p(3V - V) = 2pV = 2RT$$

また，加熱後の気体の状態方程式より，

$$p \times 3V = RT' \quad よって \quad pV = \frac{1}{3} RT' \quad \cdots\cdots ②$$

①，②より $T' = 3T$ で，内部エネルギーの変化は温度の変化 ΔT によって求まるので，

$$\varDelta U=\frac{3}{2}R\varDelta T=\frac{3}{2}R(3T-T)=3RT$$

気体は外部に仕事 W をしたことから，熱力学第一法則より，

$$Q=\varDelta U+W=3RT+2RT=5RT$$

88 (1) $\dfrac{2RT}{V}$　(2) RT　(3) $\dfrac{2}{3}RT$

解説 (1) 圧力を p として，最初の状態での気体の状態方程式は，

$$pV=2RT \quad \cdots\cdots ① \quad \text{よって} \quad p=\frac{2RT}{V}$$

(2) $\varDelta U=\dfrac{3}{2}nR\varDelta T=\dfrac{3}{2}\times 2R\left(\dfrac{4}{3}T-T\right)=RT$

(3) 加熱による膨張で圧力は変わらないので，加熱後の体積を V' として気体の状態方程式は，

$$pV'=2R\times\frac{4}{3}T \quad \cdots\cdots ②$$

体積の変化を $\varDelta V$ として①，②より，$W=p\varDelta V=p(V'-V)=\dfrac{2}{3}RT$

89 与えた熱量：$\dfrac{3}{4}RT$，圧力：0.50 倍

解説 はじめ容器Aには温度 T，1 mol の理想気体が入っているので，内部エネルギー U は，$U=\dfrac{3}{2}RT$

次に温度を $1.5T$ に上げたことから内部エネルギーの変化 $\varDelta U$ は，

$$\varDelta U=\frac{3}{2}R(1.5T-T)=\frac{3}{4}RT$$

熱力学第一法則より，気体の体積は変化していないことより，$W=0$ であるから，

$$Q=\varDelta U \quad \text{したがって} \quad Q=\frac{3}{4}RT$$

また，コックを開いて気体がBに広がった場合も，真空への膨張で気体は仕事をしないから $W=0$ なので，拡散によって内部エネルギーは変化しない。よって拡散後の気体の温度も同じく $1.5T$ である。加熱前，拡散後の圧力を p，p'，体積を V，$3V$ とすると，気体の状態方程式より，

加熱前：$pV=RT$ ……①，　拡散後：$p'\times 3V=R\times 1.5T$ ……②

②÷①より，

$$\frac{p'\times 3V}{pV}=\frac{R\times 1.5T}{RT} \quad \text{したがって} \quad \frac{p'}{p}=\frac{1.5}{3}=0.50 \text{ 倍}$$

Point 真空中への膨張を自由膨張といい，その前後で気体の温度は一定。

31 p-V グラフ，V-T グラフ

Point
p-V グラフにおいて，V が増加する状態では，グラフと V 軸の間の部分の面積が，気体が外部にした仕事を表す。また，温度 T は状態方程式から求められる。

90 (1) 定積変化…C → A，定圧変化…A → B　(2) $W=2P_0V_0$
(3) $T_B=3T_0$　(4) $P_C=3P_0$

解説 (1) V の値が V_0 で一定となる C → A が定積変化。また，P の値が P_0 で一定となる A → B が定圧変化。

(2) 圧力が P_0 で一定であり，体積が $V_0 \to 3V_0$ と増加したので，

$$W=P_0\varDelta V=P_0(3V_0-V_0)=2P_0V_0$$

参考 直線 AB，V 軸，2 直線 $V=V_0$，$V=3V_0$ で囲まれた長方形の面積が外部にした仕事を表す。

(3) 気体の物質量を n，気体定数を R として，A，B での気体の状態方程式は，それぞれ，

$$\text{A}：P_0V_0=nRT_0 \quad \cdots\cdots①, \qquad \text{B}：P_0\times 3V_0=nRT_B \quad \cdots\cdots②$$

②÷①より，$T_B=3T_0$

(4) B → C が等温変化なので，C での温度は $T_B=3T_0$ である。C での気体の状態方程式は，

$$P_CV_0=nR\times 3T_0 \quad \cdots\cdots③$$

③÷①より，$P_C=3P_0$

91 (1) ②　(2) ⑥　(3) ①　(4) ⑤　(5) ④

解説 (1) 体積 V が絶対温度 T に比例し，$\dfrac{V}{T}=$一定，よりシャルルの法則。

(2) 圧力 p が一定なので，図 b の D → F 間であるが，図 a で，続く B → C では T が一定である。このときボイルの法則 $pV=$一定，より V と p は反比例する。よって，図 b では D → F → E と変化することがわかる。

(3) B での絶対温度を T_B とすると，A → B 間で T と V が比例することから，

$$\frac{V_1}{T_B}=\frac{V_0}{T_0} \quad \text{よって} \quad T_B=\frac{V_1}{V_0}T_0$$

(4) (2)より B → C は等温変化であり，C での絶対温度は，(3)の T_B に等しく $\dfrac{V_1}{V_0}T_0$ である。C での圧力を p_C とすると，ボイル・シャルルの法則で A と C を比較して，

$$\frac{p_0V_0}{T_0}=\frac{p_CV_0}{\dfrac{V_1}{V_0}T_0} \quad \text{したがって} \quad p_C=\frac{p_0}{T_0}\times\frac{V_1}{V_0}T_0=\frac{V_1}{V_0}p_0$$

(5) 一定量の気体の内部エネルギーは，絶対温度にのみ依存するので，温度変化のない場合である。図 a では B → C であり，図 b でこれに対応するのは F → E である。

第3章 波　動

32 波の要素

Point 波の要素…波の波長を λ〔m〕，振動数を f〔Hz〕，周期を T〔s〕，速さを v〔m/s〕として，$T=\dfrac{1}{f}$，$v=f\lambda=\dfrac{\lambda}{T}$

縦波の疎密…縦波を横波として表したグラフにおいて，
山 → 谷の中点…密，谷 → 山の中点…疎

92 (1)　2.0 m　(2)　4.0 m　(3)　2.0 s　(4)　2.0 m/s　(5)　④　(6)　④

解説 (1)　変位の最大値であるから，2.0 m

(2)　1つの山から次の山までの長さであり，4.0 m

(3)　媒質が1往復する時間。図から 0.50 s で1往復の $\dfrac{1}{4}$ であるから，

$$T=0.50\div\frac{1}{4}=2.0\text{ s}$$

(4)　Point の式より，$v=\dfrac{\lambda}{T}=\dfrac{4.0}{2.0}=2.0$ m/s

(5)　波の周期が 2.0 s であることを考えると，$t=5.0\text{ s}=2\times2.0\text{ s}+1.0\text{ s}=2T+1.0\text{ s}$ より，1.0 s 後の波形と同じで④である。

(6)　$x=4.0$ m の位置での変位は，時刻 0 s で 0 m であり，その後負になっていくので④である。

93 (1)　B，D　(2)　A，C，E　(3)　C

解説 (1)　媒質は上下に振動しており，山および谷の点で速度が 0 になる。よって，B，D。

◀変位は，B が正の向きに最大，D が負の向きに最大である。

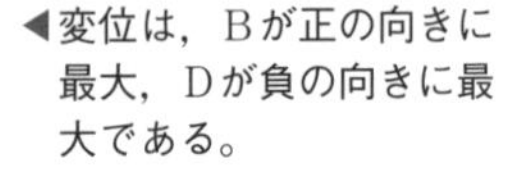

(2)　変位が 0 の点である。よって，A，C，E。

(3)　波形を x 軸正の向きにずらすと，y 軸正の向きに変位する点が，速度も正の向きとなる。よってCのみ。

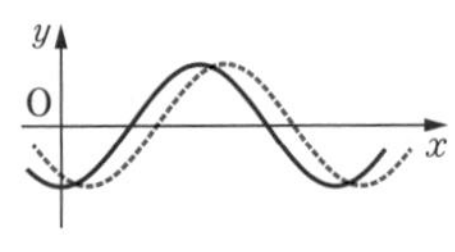

注意 点Dは次に，上向きに変位するが，問題文の波形では速度は 0 である。

94 (1)　D　(2)　B　(3)　A，C，E　(4)　D

解説 (1)，(2)は，右図のように進行方向の変位を矢印で記入してみるとよい。$y<0$ ならば負の向き，$y>0$ ならば正の向きの変位である。

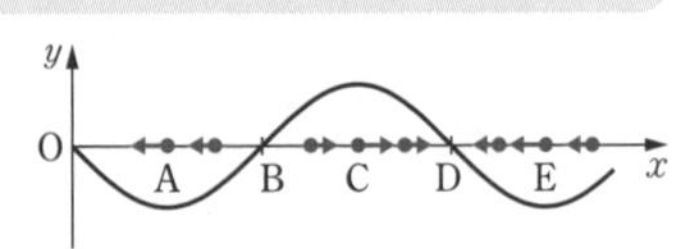

(1)　両側の媒質がともに近づくような変位である点。
これは，グラフを進行の向きに見て山 → 谷の中点。よって D。

(2) 両側の媒質がともに遠ざかるような変位である点。これは，グラフを進行の向きに見て谷→山の中点。よってD。

(3) グラフの山および谷の点。よってA，C，E。

(4) グラフをx軸正の方向に向かって，山を過ぎて谷の手前までの点が速度右向きである。そのうち，グラフの傾きが最も大きな点。よってD。

◀接線の傾きの絶対値が最大。

33 波の重ねあわせの原理，定常波

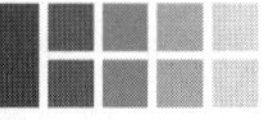

Point 重ねあわせの原理…媒質の変位y_1，y_2の2つの波の合成波の媒質の変位をyとすると，$y=y_1+y_2$

定常波…波長λ，振幅A，振動数（周期）が等しい2つの波が反対向きに進むとき，節間の長さが$\frac{\lambda}{2}$，腹の位置の振幅が$2A$の定常波ができる。

95 ③

解説 2.0s後の各波形を描き，それらを合成すると，下側の図の赤い波形となる。

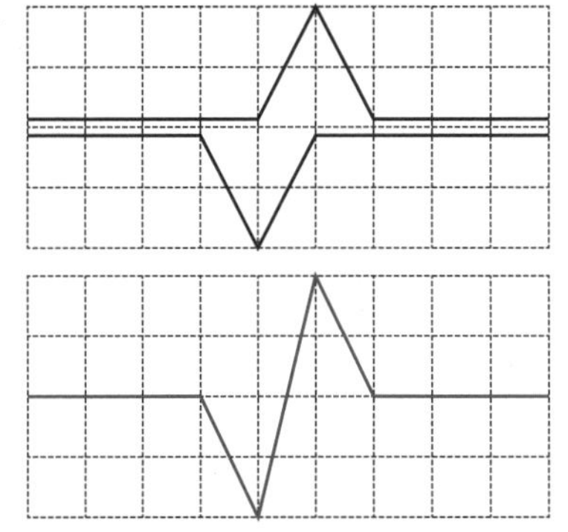

◀左右に毎秒1マス進むので，2.0s後には2マスずつ進んでいる。

◀中央の水平線が変位の基準（変位0）。

96 (1) 2m　(2) 3.0s

解説 (1) 2.0sにおいて，山と山が重なるので，$2\times1=2$m。

(2) 2つの波が出会う$x=5$mの地点で考えると，3.0sで2つの波は逆位相（変位が逆向きで大きさが等しい）となり，合成波の変位は一様に0である。

97 (1) 2.0m　(2) 2.0m　(3) 4.0s

解説 (1) 正弦波の波長が4.0mより，定常波の節間はその波長の半分となるから，$\frac{4.0}{2}=2.0$m

◀1s経過するごとの図をかいて確かめるとよい。

(2) 正弦波の振幅が1.0mであるから，$2\times1.0=2.0$m

(3) 定常波の振動数は，もとの波の振動数fに等しいので，周期Tは

$$f=\frac{v}{\lambda}=\frac{1.0}{4.0}\quad より\quad T=\frac{1}{f}=4.0\,\mathrm{s}$$

34 波の反射

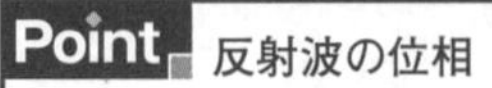

反射波の位相

自由端での反射…位相は変化しない(上下はそのまま)

固定端での反射…位相は逆になる(上下は反転する)

98 (1) ③　(2) ⑥

解説 (1) 自由端の場合，反射面に関して対称に折り返した波形。

(2) 固定端の場合，波形の進む直線上に関して上下に折り返した波形をさらに，反射面に関して対称に折り返した波形。

◀固定端では媒質は振動できず節となり，反射波は逆位相になる。

99 (1) ②　(2) ③

解説 反射面を越えて進行した図を描き，自由端ではそのまま折り返し，固定端では上下逆にして折り返す。これが反射波なので，入射波と重ねあわせる。

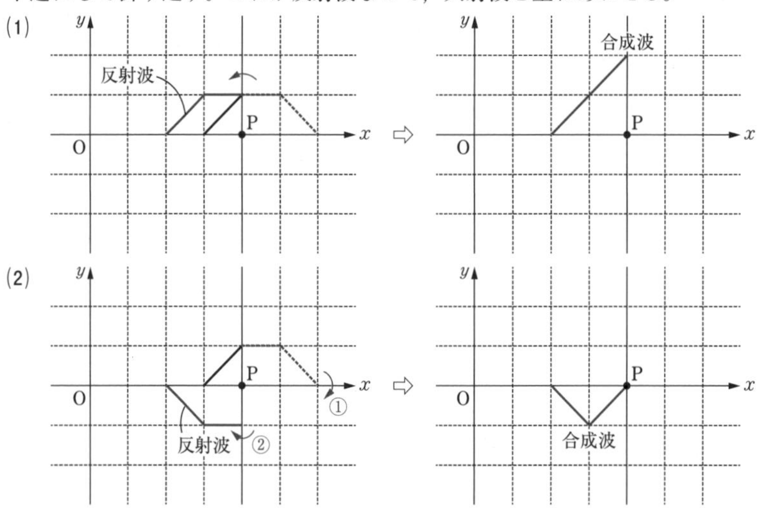

100 (1) 0.4 m　(2) B, D, F, H　(3) 0.4 m　(4) A, C, E, G

解説 (1) 振幅 0.2 m の反対向きの 2 つの正弦波を重ねあわせるので，腹の振幅は，

$2\times0.2=0.4$ m

(2) 下の図のように，Hは定常波の腹になる。ここから，元の正弦波の半波長ずつの間隔をおいて腹が並ぶ。

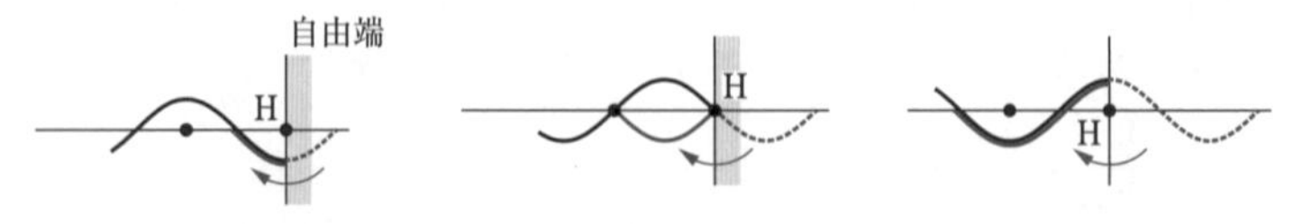

(3)　(1)と同じである。

(4)　下の図のように，Gは定常波の腹で，他は(2)と同様。

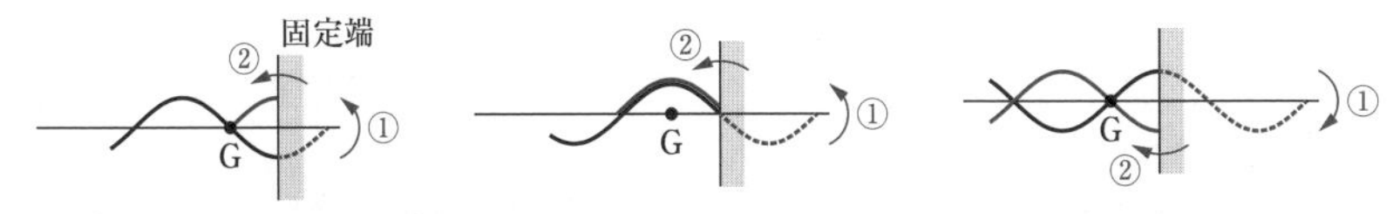

101　**問1**　(1)　2.0 m　　(2)　5.0 m　　(3)　3 個
問2　(4)　4.0 m　　(5)　4 個

解説　**問1**　(1)　$t=0.50$ s のとき，波形は

$vt=2.0\times0.50=1.0$ m

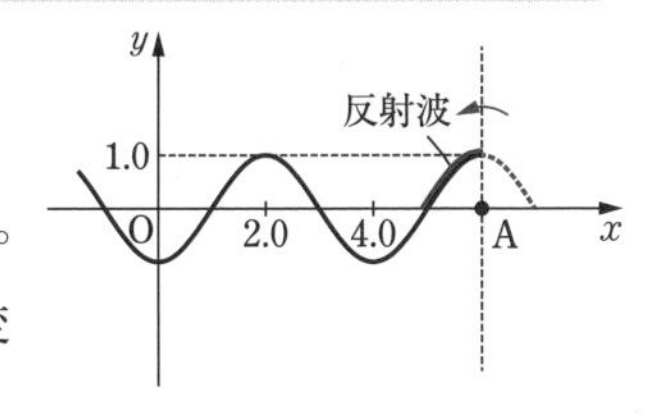

つまり，波長の $\frac{1}{4}$ だけ進んで右の図のようになる。点Aが自由端で反射した場合の合成波を考えて，変位は，$2\times1.0=2.0$ m

(2)　図より，$x=5.0$ m

(3)　$x=5.0$ m の点は節であり，節と節の間隔は正弦波の波長 4.0 m の $\frac{1}{2}$ の 2.0 m である。よって，$x=5.0$ m，3.0 m，1.0 m の 3 個。

問2　(4)　$t=1.0$ s のとき，波形は

$vt=2.0\times1.0=2.0$ m

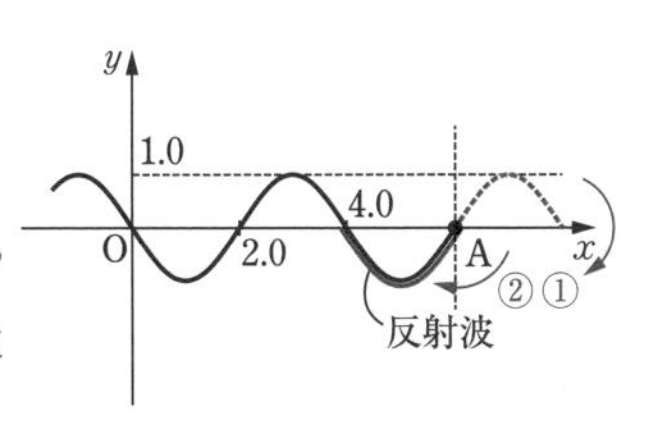

つまり，波長の $\frac{1}{2}$ だけ進んで右の図のようになる。点Aが固定端で反射した場合の合成波を考えて，求める x の値は，$x=4.0$ m

(5)　点Aが節になることから，$x=6.0$ m，4.0 m，2.0 m，0 m の 4 個。

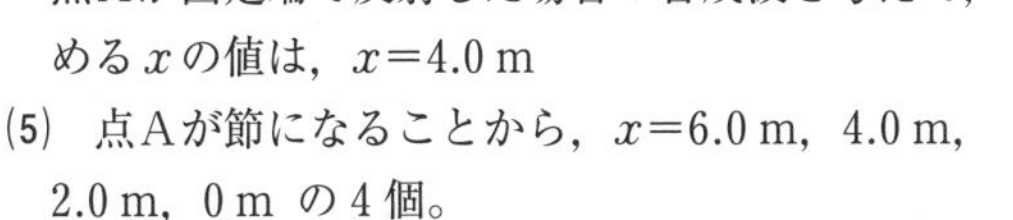

35　波の干渉

Point　波の干渉

2 つの波源 S_1，S_2 から送り出される波長 λ と振幅が等しい同位相の波が，同じ平面上にある点Pにおいて，

強めあう条件は，$|S_1P-S_2P|=m\lambda$

弱めあう条件は，$|S_1P-S_2P|=\left(m+\frac{1}{2}\right)\lambda$　$(m=0,\ 1,\ 2,\ \cdots)$

102 A

解説 問題文の山を表す同心円のうち，隣りあった円の中央を通る同心円が谷を表す（右図の点線）。よって，実線と点線が交わる位置の点を選んでAである。

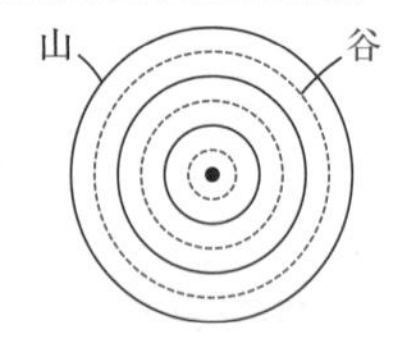

ちなみに強めあう点は山と山，または谷と谷が交わる位置より，B，Cとなる。

103 (1) ② (2) ③

解説 (1) 時刻 $t=0\,\text{s}$ において，点Rでは2つの波の谷どうしが重なっている。$t=0.20\,\text{s}$ では山どうしが重なり，0.40 s では再び谷どうしが重なる。

◀0.20 s は周期の $\frac{1}{2}$。

(2) 図に山と谷が重なる点を丸印で書き込むと右図のようになる。これらの丸印を通る線を考えると，PQ間に6本の節線が生じる。

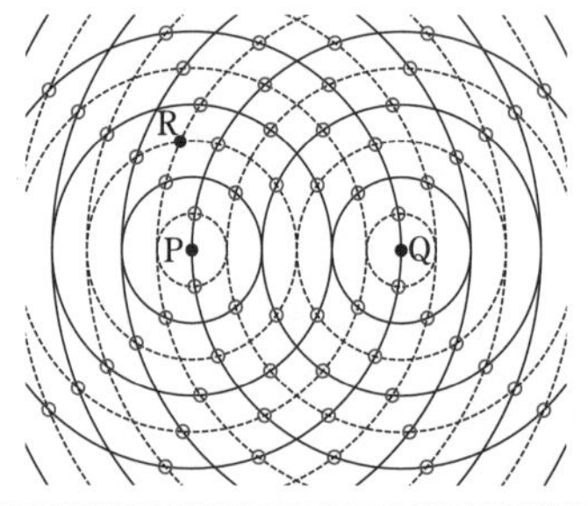

◀線分PQの中点は強めあう点となるので，選択肢①は不適当。

104 10 cm

解説 直線AB上で，大きく振動する場所が3カ所あるので，仮に波源A，Bが山のときは，ある時刻に右の図のように山と山，および谷と谷が重なると考えられる。●の点が，大きく振動する点であり，また○の点が，ほとんど振動しない点である。

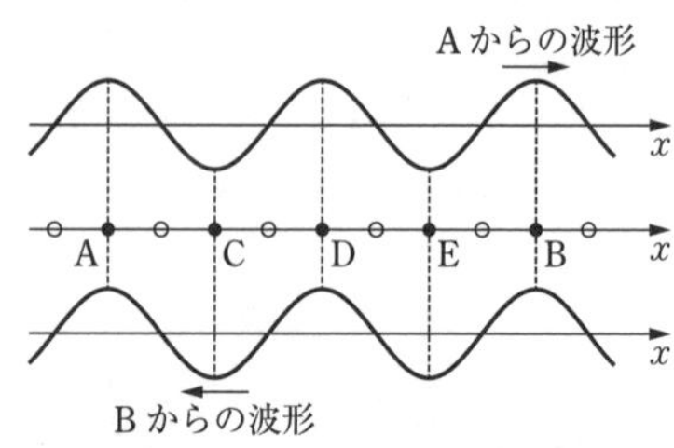

AB＝20 cm より，元の波の波長は，$\frac{20}{2}=10\,\text{cm}$

105 (1) 0 cm (2) 1.0 cm

解説 (1) 波長を $\lambda=2.0\,\text{cm}$ として，

$$|\text{PR}-\text{QR}|=|2.0-5.0|=3.0=\left(1+\frac{1}{2}\right)\times2.0=\left(1+\frac{1}{2}\right)\lambda$$

より，同位相の波が出ているとき，弱めあう条件となるから，振幅は 0 cm

(2) (1)より，逆位相の波が出ているとき，強めあう条件となるから，振幅は，

$2\times0.50=1.0\,\text{cm}$

別解 線分RQ上に点Sを，半波長分の QS＝1.0 cm となるようにとると，PとSから同位相の波が出ることになる。

$|\mathrm{PR}-\mathrm{SR}|=|2.0-4.0|=2.0=\lambda$

より，強めあうので，振幅は，$2\times0.50=1.0$ cm

106 (1) 1.0 cm　(2) 6

解説 (1) 波長を $\lambda=5.0$ cm とおくと，

$|\mathrm{AP}-\mathrm{BP}|=|40-30|=10=2\lambda$

より，強めあう条件となるので，振幅は，

$2\times0.50=1.0$ cm

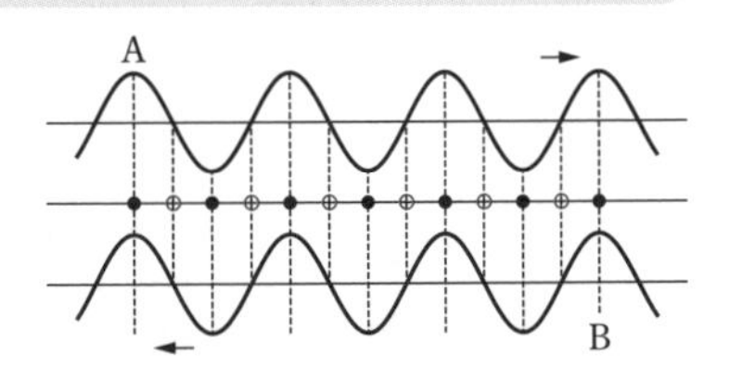

(2) $\mathrm{AB}=15=3\lambda$ より，**104** と同様に考えて，振動しない点は，$2\times3=6$ 個

36 反射・屈折の法則

Point
反射の法則…(入射角)＝(反射角)
屈折の法則…媒質 1 (屈折率 n_1) から媒質 2 (屈折率 n_2) へ進む波の入射角を i，屈折角を r とする。また，この波の媒質 1，2 中での波長を λ_1，λ_2，速さを v_1，v_2，媒質 1 に対する媒質 2 の屈折率を n_{12} とすると，

$$\frac{\sin i}{\sin r}=\frac{\lambda_1}{\lambda_2}=\frac{v_1}{v_2}=\frac{n_2}{n_1}=n_{12}$$

光の全反射…屈折角 $r=90°$ となるときの入射角を臨界角 i_0 といい，

$$\frac{\sin i_0}{\sin 90°}=\sin i_0=\frac{n_2}{n_1}$$

となり，臨界角 i_0 より大きな入射角では光は全反射する。

107 (1) 60°　(2) 30°　(3) 1.7　(4) 0.20 m　(5) 0.40 m/s
(6) 1.0 倍

解説 (1) 屈折面に対して垂直な線(法線)とのなす角より，$90°-30°=60°$

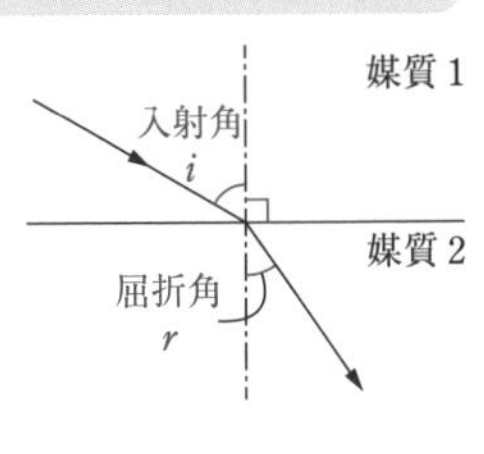

(2) (1)と同様に，$90°-60°=30°$

(3) **Point** の式より，$n_{12}=\dfrac{\sin i}{\sin r}=\dfrac{\sin 60°}{\sin 30°}=\dfrac{\frac{\sqrt{3}}{2}}{\frac{1}{2}}=\sqrt{3}=1.7$

(4) **Point** の式 $\dfrac{\lambda_1}{\lambda_2}=n_{12}=1.7$ より，$\lambda_2=\dfrac{\lambda_1}{1.7}=\dfrac{0.34}{1.7}=0.20$ m

(5) **Point** の式 $\dfrac{v_1}{v_2}=n_{12}=1.7$ より，$v_2=\dfrac{v_1}{1.7}=\dfrac{0.68}{1.7}=0.40$ m/s

(6) 振動数は，媒質によって変わらない。

108 問1 (1) ① 問2 (2) ③ (3) ① (4) ⑥ 問3 (5) ②

解説 問1 (1) 入射角 i，屈折角 r より，$\dfrac{\sin i}{\sin r}=\dfrac{1}{n}$

問2 (2) 法線を延長してコップの底面との交点をDとする。右の図より，$\sin i \fallingdotseq \tan i=\dfrac{\mathrm{OC}}{h}$

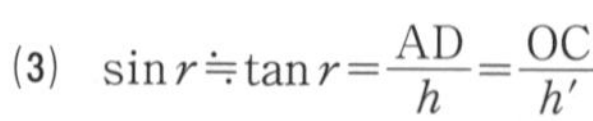

(3) $\sin r \fallingdotseq \tan r=\dfrac{\mathrm{AD}}{h}=\dfrac{\mathrm{OC}}{h'}$

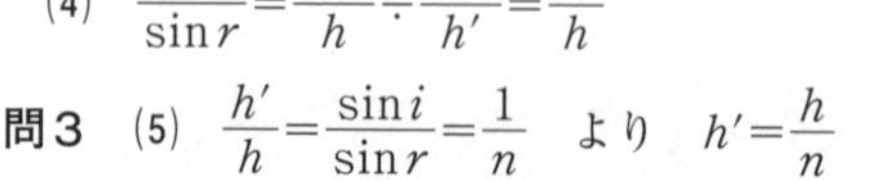

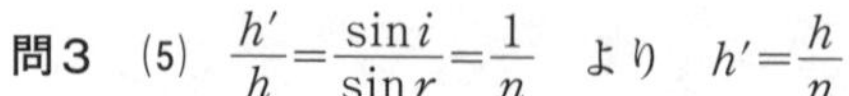

(4) $\dfrac{\sin i}{\sin r}=\dfrac{\mathrm{OC}}{h}\div\dfrac{\mathrm{OC}}{h'}=\dfrac{h'}{h}$

問3 (5) $\dfrac{h'}{h}=\dfrac{\sin i}{\sin r}=\dfrac{1}{n}$ より $h'=\dfrac{h}{n}$

109 (1) 30 (2) 60 (3) 35 (4) 30 (5) 60

解説 (1) **Point** の式より点Pでの屈折角を r として

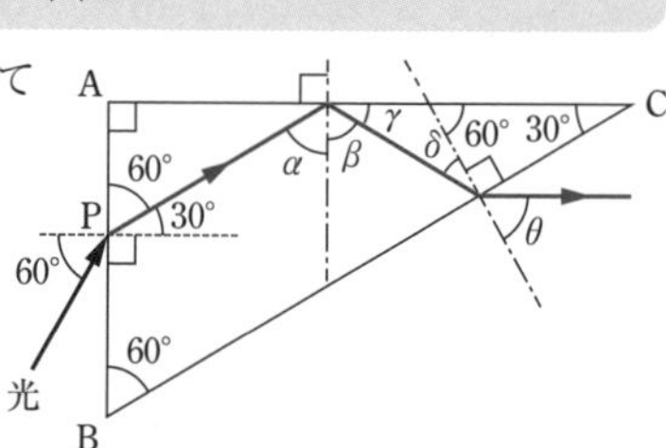

$\dfrac{\sin 60°}{\sin r}=\sqrt{3}$ よって，$\sin r=\dfrac{\frac{\sqrt{3}}{2}}{\sqrt{3}}=\dfrac{1}{2}$

したがって，$r=30°$

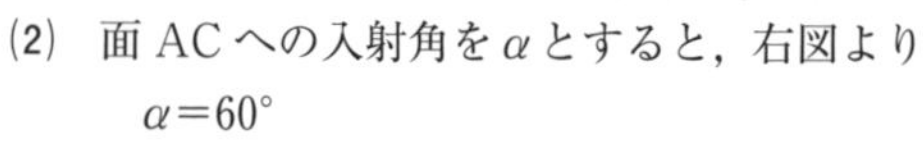

(2) 面ACへの入射角を α とすると，右図より

$\alpha=60°$

(3) **Point** の式より臨界角 i_0 は，$\sin i_0=\dfrac{1}{\sqrt{3}}$ を満たすので，$i_0=35°$

(4) 図のように α, δ を定めると，$\beta=\alpha=60°$ より $\gamma=30°$

であるから，入射角 δ は

$\delta=60°-30°=30°$

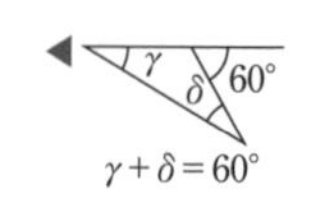

(5) 屈折角を θ として，$\dfrac{\sin 30°}{\sin\theta}=\dfrac{1}{\sqrt{3}}$ より，

$\sin\theta=\sqrt{3}\sin 30°=\dfrac{\sqrt{3}}{2}$ よって $\theta=60°$

37 弦の振動

Point 弦の振動

長さ l〔m〕の弦で，基本振動，2倍振動，3倍振動，…の波長を λ_1〔m〕，λ_2〔m〕，λ_3〔m〕，…とするとき，

$$l=\frac{\lambda_n}{2}\times n \quad より \quad \lambda_n=\frac{2l}{n} \quad (n=1,\ 2,\ 3,\ \cdots)$$

また，弦を伝わる波の速さを v〔m/s〕とすると，n 倍振動の振動数 f_n〔Hz〕は，$f_n=\dfrac{v}{\lambda_n}=\dfrac{nv}{2l}$

110 (1) 0.80 m　(2) 2.0×10^2 Hz

解説 (1) 弦の長さを l〔m〕とすると，3 倍振動のときの波長 λ_3〔m〕は，

$$l=\frac{\lambda_3}{2}\times3 \text{ より，} \lambda_3=\frac{2l}{3}=\frac{2\times1.20}{3}=0.80\text{ m}$$

(2) 弦を伝わる波の速さを v〔m/s〕とすると，4 倍振動のときの振動数 f_4〔Hz〕は，

$$f_4=\frac{4v}{2l}=\frac{2v}{l}=\frac{2\times1.2\times10^2}{1.20}=2.0\times10^2\text{ Hz}$$

111 (1) 1.0×10^2 m/s　(2) 2.0×10^2 Hz　(3) 4.0×10^2 Hz

解説 (1) **Point** の式 $f_n=\dfrac{nv}{2l}$ において，基本振動であるから $n=1$ として，

$$100=\frac{1\times v}{2\times0.50} \quad \text{したがって} \quad v=1.0\times10^2\text{ m/s}$$

(2) $f_2=\dfrac{2v}{2l}=\dfrac{v}{l}=\dfrac{1.0\times10^2}{0.50}=2.0\times10^2$ Hz

(3) $f_4=\dfrac{4v}{2l}=\dfrac{2v}{l}=\dfrac{2\times1.0\times10^2}{0.50}=4.0\times10^2$ Hz

112 100 Hz

解説 **Point** の式 $f_n=\dfrac{nv}{2l}$ において，$f_2=100$ Hz より，$f_2=\dfrac{2v}{2l}=\dfrac{v}{l}=100$

l を $\dfrac{l}{2}$ にしたときの f_1 を求めて，$f_1=\dfrac{1\times v}{2\times\dfrac{l}{2}}=\dfrac{v}{l}=100$ Hz

注意 振動数が最も小さい音が最も低い音となり，基本振動の状態である。

113 (1) l　(2) f_0l　(3) $\dfrac{3}{2}f_0$　(4) $\dfrac{2}{3f_0}$

解説 (1) 2 倍振動であるから，**Point** の式 $\lambda_n=\dfrac{2l}{n}$ で $n=2$ として，$\lambda_2=\dfrac{2l}{2}=l$

(2) 振動数 f_0 については，$f_0=\dfrac{2v}{2l}=\dfrac{v}{l}$ より，$v=f_0l$

別解 $v=f_0\lambda_2=f_0l$

(3) 3 倍振動であり，このときの振動数を f とすると，$f=\dfrac{3v}{2l}=\dfrac{3f_0l}{2l}=\dfrac{3}{2}f_0$

(4) 周期 T は，$T=\dfrac{1}{f}=\dfrac{2}{3f_0}$

38 気柱の振動

Point

閉管の固有振動

基本振動，3倍振動，5倍振動，…と奇数倍となり，それぞれの波長 λ_1〔m〕，λ_3〔m〕，λ_5〔m〕，…は，閉管の長さを l〔m〕として，

$$\lambda_m=\frac{4l}{m}\quad (m=1,\ 3,\ 5,\ \cdots)$$

音速を V〔m/s〕として，各振動の振動数 f_m〔Hz〕は，

$$f_m=\frac{V}{\lambda_m}=\frac{mV}{4l}\quad (m=1,\ 3,\ 5,\ \cdots)$$

開管の固有振動

基本振動，2倍振動，3倍振動，…と正の整数倍となり，

$$\lambda_n=\frac{2l}{n},\quad f_n=\frac{V}{\lambda_n}=\frac{nV}{2l}\quad (n=1,\ 2,\ 3,\ \cdots)$$

114 問1 (1) 4.8 m (2) 1.6 m 問2 (3) 2.4 m (4) 0.80 m

解説 問1 Point より閉管では，$\lambda_m=\dfrac{4l}{m}$ で m は奇数。

◀閉管では，閉口端が節，開口端が腹となる。図の基本振動は波長の $\frac{1}{4}$ に相当する。

(1) $m=1$ として，

$$\lambda_1=\frac{4\times1.2}{1}=4.8\ \text{m}$$

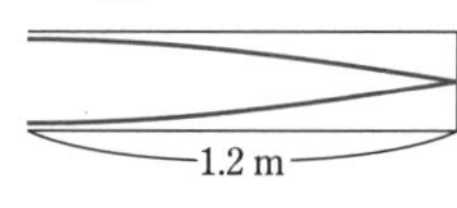

別解 $\frac{1}{4}\lambda_1=1.2$ より $\lambda_1=4.8\ \text{m}$

(2) $m=3$ として，

$$\lambda_3=\frac{4\times1.2}{3}=1.6\ \text{m}$$

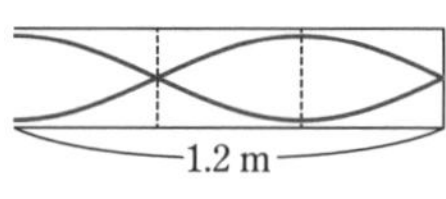

◀図は3倍振動の様子を表し，$\frac{1}{4}$ 波長が3つとなる。

別解 $\frac{1}{4}\lambda_3\times3=1.2$ より $\lambda_3=1.6\ \text{m}$

問2 Point より開管では，$\lambda_n=\dfrac{2l}{n}$ で n は正の整数。

◀開管では，どちらも開口端なので腹となる。図の基本振動は波長の $\frac{1}{2}$ に相当する。

(3) $n=1$ として，

$$\lambda_1=\frac{2\times1.2}{1}=2.4\ \text{m}$$

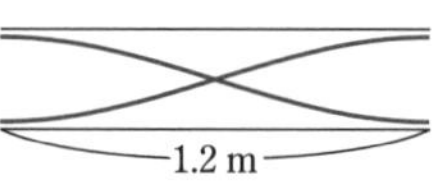

別解 $\frac{1}{2}\lambda_1=1.2$ より $\lambda_1=2.4\ \text{m}$

◀図は3倍振動の様子を表し，$\frac{1}{2}$ 波長が3つとなる。

(4) $n=3$ として，

$$\lambda_3=\frac{2\times1.2}{3}=0.80\ \text{m}$$

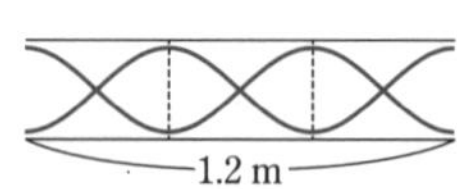

別解 $\frac{1}{2}\lambda_3\times3=1.2$ より $\lambda_3=0.80\ \text{m}$

115 (1) 28 cm (2) 1.0 cm (3) 3.5×10^2 m/s (4) 14 cm

解説 (1)　ピストンが管口から6.0 cmのとき基本振動，20 cmのとき3倍振動が発生したと考えられる。よって右の図から，波長λは，

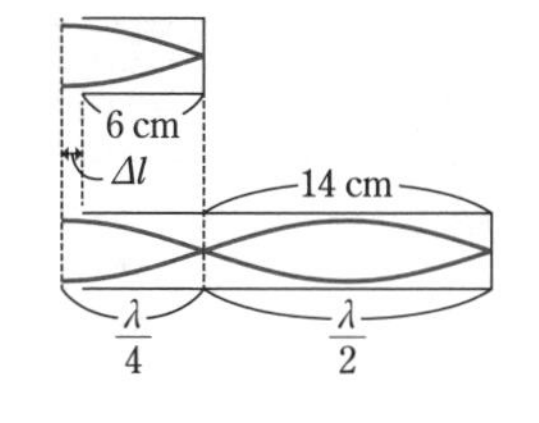

$$\frac{1}{2}\lambda=14 \quad より \quad \lambda=28\ \text{cm}$$

(2)　開口端補正Δlは，右図より $\Delta l=\dfrac{\lambda}{4}-6.0=1.0\ \text{cm}$

(3)　$\lambda=0.28\ \text{m}$ より，音速Vは

$$V=f\lambda=1250\times0.28=3.5\times10^2\ \text{m/s}$$

(4)　次に起こるのは5倍振動だから，さらに半波長分の14 cm引けばよい。

116 (1)　縦波　(2)　$2L$　(3)　L　(4)　$4L$　(5)　$\dfrac{4L}{3}$

(6)　$\lambda_n=\dfrac{2L}{n}$　(7)　$\lambda_m=\dfrac{4L}{2m-1}$　(8)　$\dfrac{L}{6}$　(9)　3回

解説 (1)　進行方向に媒質が振動し，密な状態と疎な状態が伝わっていくので，疎密波とも呼ばれる。

(2)　音波の波長をλ_1とすると，開管の基本振動であるから，$\lambda_1=\dfrac{2L}{1}=2L$

(3)　音波の波長をλ_2とすると，開管の2倍振動であるから，$\lambda_2=\dfrac{2L}{2}=L$

(4)　音波の波長をλ_1'とすると，閉管の基本振動であるから，$\lambda_1'=\dfrac{4L}{1}=4L$

(5)　音波の波長をλ_3とすると，閉管の3倍振動であるから，$\lambda_3=\dfrac{4L}{3}$

(6)　開管の場合，半波長がn個で管の長さLになるので，

$$\frac{\lambda_n}{2}\times n=L \quad より \quad \lambda_n=\frac{2L}{n}$$

(7)　閉管の場合，$\dfrac{1}{4}$波長が奇数個となる$(2m-1)$個で管の長さLになるので，

$$\frac{\lambda_m}{4}\times(2m-1)=L \quad より \quad \lambda_m=\frac{4L}{2m-1}$$

(8)　周波数を3倍にしたので，波長は$\dfrac{1}{3}$になり，右の図の㋐→㋑のように変化した。ピストンを図㋑の右から赤い点線の位置まで押し込むと，最初に大きな音が聞こえる。したがって，求める距離は$\dfrac{L}{6}$である。

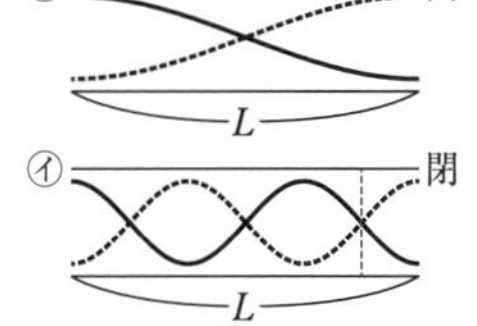

◀音速は一定なので，波長は周波数(振動数)に反比例。

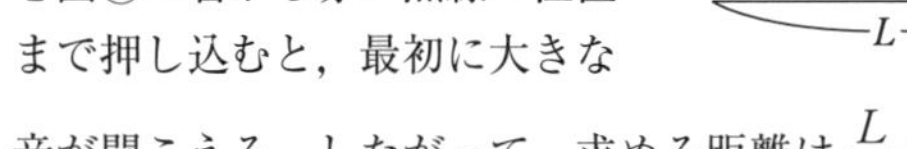

(9)　(8)の図㋑で，節の位置まで押し込むときだから，3回。

第3章 波動

39 ドップラー効果

Point ドップラー効果

振動数 f_0〔Hz〕，速さ V〔m/s〕の音を出す音源が速度 v〔m/s〕で動き，観測者が速度 u〔m/s〕で動くとき，観測される音の振動数 f〔Hz〕は，

$$f=\frac{V-u}{V-v}f_0$$ （速度は（音源）→（観測者）の向きを正とする）

117 450 Hz

解説 Point のドップラー効果の公式 $f=\frac{V-u}{V-v}f_0$ で，$u=0$ の場合であり，$f=510$，$V=340$，$v=40$ を代入して，

$$510=\frac{340}{340-40}f_0 \quad より \quad f_0=450\text{ Hz}$$

◀近づく音源からの音は静止音源よりも高く（振動数が大きく）聞こえる。よって，本問の答えは 510 Hz よりも小さいはずである。

118 (1) $\frac{L}{V}$　(2) $\frac{uL}{V}$　(3) $\frac{f_0L}{V}$　(4) $\frac{V+u}{f_0}$　(5) $\frac{V}{V+u}f_0$

解説 (1) 距離 L〔m〕を速さ V〔m/s〕で進むので，到達までの時間 t〔s〕は，

$$t=\frac{L}{V}\text{〔s〕}$$

(2) 音源の速さは u〔m/s〕より，t〔s〕での移動距離 L'〔m〕は，

$$L'=ut=\frac{uL}{V}\text{〔m〕}$$

(3) 振動数 f_0〔Hz〕で t〔s〕間に出された波なので，個数は，

$$f_0t=\frac{f_0L}{V}\text{〔個〕}$$

(4) 距離 $L+L'$〔m〕の中に $\frac{f_0L}{V}$〔個〕の波があるので，波長 λ は，

$$\lambda=\frac{L+L'}{\frac{f_0L}{V}}=\frac{L+\frac{uL}{V}}{\frac{f_0L}{V}}=\frac{V+u}{f_0}\text{〔m〕}$$

(5) 観測される音は，速さ V，波長 λ より，振動数 f は，

$$f=\frac{V}{\lambda}=\frac{V}{\frac{V+u}{f_0}}=\frac{V}{V+u}f_0\text{〔Hz〕}$$

◀本問で得た f は，Point の公式で $u=0$，$v=-u$ の場合にあたる。

119 (1) $\frac{V}{V-v}f_0$　(2) $\frac{v}{V-v}f_0$　(3) 5.1

解説 (1) **Point** のドップラー効果の公式 $f=\dfrac{V-u}{V-v}f_0$ において，$u=0$ とおくと，

$$f=\frac{V}{V-v}f_0\,〔\mathrm{Hz}〕$$

(2) 振動数 f，f_0 の2つの音のうなりの振動数（1秒間当たりのうなりの回数）は $|f-f_0|$ であるから，$\left|\dfrac{V}{V-v}f_0-f_0\right|=\left|\dfrac{v}{V-v}f_0\right|=\dfrac{v}{V-v}f_0$〔回〕

(3) うなりの振動数は $\dfrac{1}{0.15}=\dfrac{20}{3}$ Hz であるから，(2)の結果より

$$\frac{v}{V-v}f_0=\frac{20}{3} \quad より \quad 3f_0v=20V-20v$$

したがって，$v=\dfrac{20V}{3f_0+20}=\dfrac{20\times340}{3\times440+20}=5.07\fallingdotseq5.1$ m/s

120 2.1×10^3 Hz

解説 $72\,\mathrm{km/h}=\dfrac{72000\,\mathrm{m}}{3600\,\mathrm{s}}=20\,\mathrm{m/s}$ より，**Point** のドップラー効果の公式 $f=\dfrac{V-u}{V-v}f_0$ に $V=340$，$u=-20$，$v=0$，$f_0=2000$ を代入して，

$$f=\frac{340-(-20)}{340}\times2000=2.11\times10^3\fallingdotseq2.1\times10^3\,\mathrm{Hz}$$

注意 観測者が音源に近づくので，(音源)→(観測者)が正の向きより $u<0$

121 問1 4.9×10^4 Hz　問2 (1) $\dfrac{V_0-u}{V_0-v}f_0$　(2) $\dfrac{(V_0-u)(V_0+v)}{(V_0+u)(V_0-v)}f_0$

解説 問1　コウモリを移動する音源と見なし，前方の物体で観測される超音波の振動数を f_1〔Hz〕とすると，ドップラー効果の公式より，$f_1=\dfrac{V_0}{V_0-15}f_0$ となる。

次に，前方の物体を静止した音源と見なし，コウモリが聴く振動数を f_1'〔Hz〕とすると，$f_1'=\dfrac{V_0-(-15)}{V_0}f_1$ となる。よって，

$$f_1'=\frac{V_0+15}{V_0}f_1=\frac{V_0+15}{V_0}\cdot\frac{V_0}{V_0-15}f_0=4.91\times10^4\fallingdotseq4.9\times10^4\,\mathrm{Hz}$$

問2 (1) 観測者（昆虫）の速度は u，音源（コウモリ）の速度は v で，これらはともに正である。したがって，求める振動数 f_2 は，$f_2=\dfrac{V_0-u}{V_0-v}f_0$

(2) 昆虫で反射した超音波は，速さが V_0 で，(1)の振動数をもつ。反射波については，音源（昆虫）の速度が $-u$，観測者（コウモリ）の速度が $-v$ であるから，求める振動数 f_2' は，

◀ $V_0\gg u$ より，動く物体で反射しても，超音波の速さは一定と見なせる。

$$f_2'=\frac{V_0+v}{V_0+u}f_2=\frac{V_0+v}{V_0+u}\times\frac{V_0-u}{V_0-v}f_0=\frac{(V_0-u)(V_0+v)}{(V_0+u)(V_0-v)}f_0$$

122 (1) 0.40　(2) 900　(3) 0.45　(4) 710

解説 (1) 自動車の進む前方では，自動車は1 s 間に 20 m 進むので，340−20=320 m の間に 800 個の波が並ぶから，波長は $\dfrac{320}{800}=0.40$ m

(2) 反射波は，速さ 340 m/s，波長 0.40 m より，振動数は，$\dfrac{340}{0.40}=850$ Hz

よって，ドップラー効果の公式 $f=\dfrac{V-u}{V-v}f_0$ に，$V=340$，$u=-20$，$v=0$，$f_0=850$ を代入して，$f=\dfrac{340+20}{340}\times850=900$ Hz

(3) (1)と同様に考えて，$\dfrac{340+20}{800}=0.45$ m

(4) (2)と同様に考えて，$f=\dfrac{340-20}{340}\times\dfrac{340}{0.45}=711\fallingdotseq710$ Hz

40 レンズ

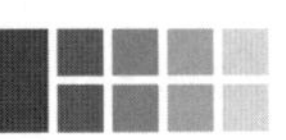

Point レンズの式

$$\frac{1}{a}+\frac{1}{b}=\frac{1}{f},\qquad 像の倍率=\left|\frac{b}{a}\right|$$

a：レンズと物体の距離，b：レンズと像の距離
f：焦点距離（凸レンズでは正，凹レンズでは負）

123 (1)

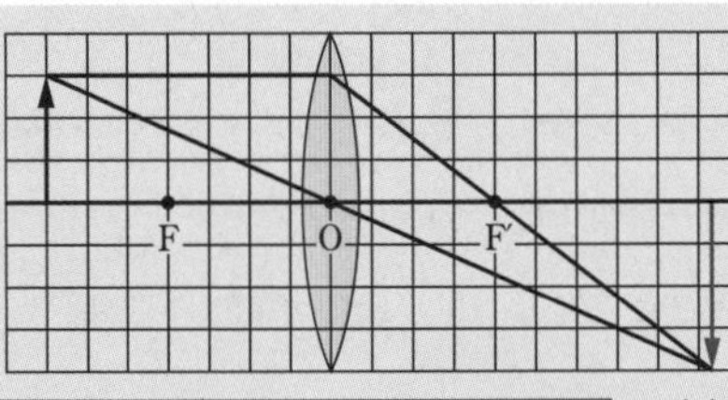

倒立の実像

(2)

正立の虚像

(3)

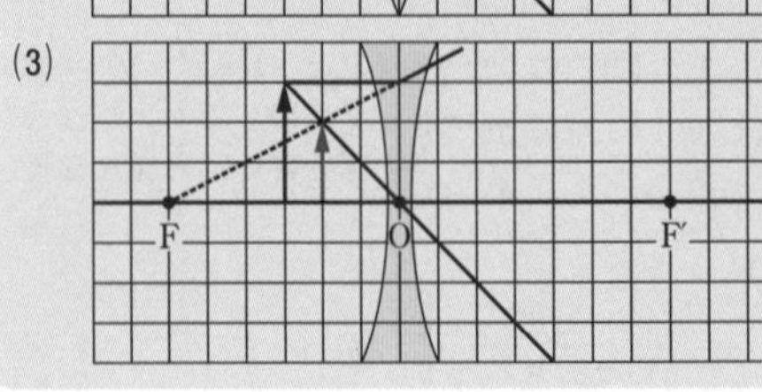

正立の虚像

解説 (1) 光軸と平行に進む光線は，凸レンズを通った後に，レンズの向こう側の焦点を通るように進む。レンズの中心を通る光線は直進する。以上の2本の光線の交点を求めて像を作図する。

◀まず焦点を通った光線は，凸レンズ通過後に光軸と平行に進む。これを使ってもよい。

(2) (1)と同様に作図しようとすると，光線は交わらないので，屈折後の光線を逆向きに延長して交点を求める。この場合の像は虚像である。

(3) 光軸と平行に進む光線は，凹レンズを通った後に，レンズの手前の焦点から出たように広がって進む。レンズの中心を通る光線は直進する。以上2本の光線は交わらないので，(2)のように延長線を使って交点を求める。像は虚像。

参考 像の倍率を求めると，(1)は $\frac{4}{3}$ 倍，(2)は $\frac{3}{2}$ 倍，(3)は $\frac{2}{3}$ 倍である。

124 (1) 60 cm　(2) 3.0 倍　(3) 8.6 cm　(4) 0.43 倍

解説 (1) 凸レンズであるから，Point のレンズの式 $\frac{1}{a}+\frac{1}{b}=\frac{1}{f}$ で $a=20$，$f=15$ を代入して，

$$\frac{1}{20}+\frac{1}{b}=\frac{1}{15} \quad より \quad b=60\text{ cm}$$

注意 $b>0$ は像が物体と反対側のレンズ後方にできることを示している。

(2) $\left|\frac{b}{a}\right|=\left|\frac{60}{20}\right|=3.0$ 倍

(3) 凹レンズであるから，Point のレンズの式 $\frac{1}{a}+\frac{1}{b}=\frac{1}{f}$ に $a=20$，$f=-15$ を代入して，

$$\frac{1}{20}+\frac{1}{b}=-\frac{1}{15} \quad より \quad b=-\frac{60}{7}\fallingdotseq-8.6\text{ cm}$$

注意 $b<0$ は像が物体と同じ側のレンズ手前側にできることを示している。

(4) $\left|\frac{b}{a}\right|=\left|\frac{-\frac{60}{7}}{20}\right|=\frac{3}{7}\fallingdotseq0.43$ 倍

125 (1) 15　(2) $\frac{D^2-d^2}{4D}$

解説 (1) L_1 において，Point のレンズの式 $\frac{1}{a}+\frac{1}{b}=\frac{1}{f}$ に $a=20$，$b=80-20=60$ を代入して，

$$\frac{1}{f}=\frac{1}{20}+\frac{1}{60}=\frac{1}{15} \quad したがって \quad f=15\text{ cm}$$

◀L_2 においては，a と b の値が入れかわる。

(2) (1)で $SL_2=80-60=20\text{ cm}=CL_1$ より，一般に

$$CL_1=SL_2=\frac{D-d}{2}$$

第3章 波動

よって，$a=\frac{D-d}{2}$，$b=D-\frac{D-d}{2}=\frac{D+d}{2}$ として，

$$\frac{1}{f}=\frac{1}{a}+\frac{1}{b}=\frac{2}{D-d}+\frac{2}{D+d}=\frac{4D}{D^2-d^2}$$ したがって $$f=\frac{D^2-d^2}{4D}$$

41 ヤングの実験，回折格子

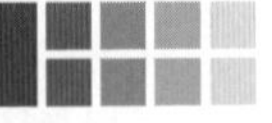

Point ヤングの実験

波長 λ〔m〕の光が，スリット幅 d〔m〕の 2 つのスリット S_1，S_2 を通り，スリットから l〔m〕離れたスクリーン上の点Pに明暗の干渉じまを作るとき，

明線：$|S_1P-S_2P|=m\lambda$　($m=0$，1，2，…)

暗線：$|S_1P-S_2P|=\left(m+\frac{1}{2}\lambda\right)$　($m=0$，1，2，…)

126 問1 (1) ⑤　(2) ②　問2 (3) ⑤　(4) ②　(5) ⑤

解説 問1 (1) 明線が現れるのは，経路差が波長の整数倍であることが条件なので，

◀ S_0 から複スリット S_1，S_2 までの経路差は 0。

$$|S_2P-S_1P|=m\lambda=\frac{2m\lambda}{2}$$

(2) (1)の式に $m=1$ を代入して，$|S_2P-S_1P|=\lambda$ ……②

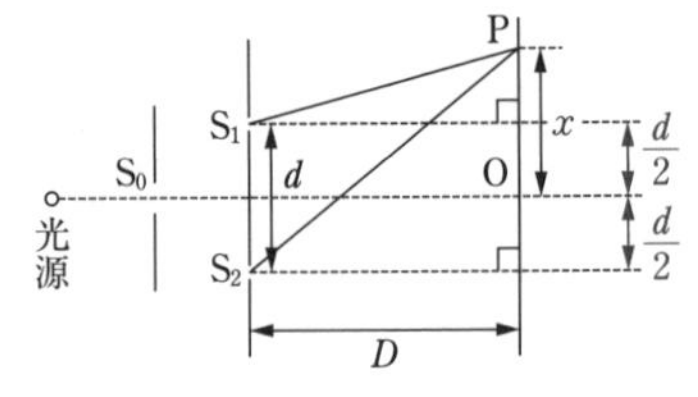

問2 (3) $S_2P^2=D^2+\left(x+\frac{d}{2}\right)^2$

$S_1P^2=D^2+\left(x-\frac{d}{2}\right)^2$

であるから，

$$S_2P^2-S_1P^2=\left(x+\frac{d}{2}\right)^2-\left(x-\frac{d}{2}\right)^2=2dx$$ ……③

(4) ③式を変形して，

$S_2P^2-S_1P^2=(S_2P+S_1P)(S_2P-S_1P)=2dx$

より，$S_2P-S_1P=\frac{2dx}{S_2P+S_1P}$ ……④

(5) $S_2P>S_1P$ と見なすと，②，④より，$\lambda=\frac{2dx}{S_2P+S_1P}$

ここで，d，x は D と比べて十分小さいことから，

$$S_2P=\sqrt{D^2+\left(x+\frac{d}{2}\right)^2}\fallingdotseq D,\quad S_1P=\sqrt{D^2+\left(x-\frac{d}{2}\right)^2}\fallingdotseq D$$

と近似できて，$\lambda=\frac{2dx}{2D}=\frac{dx}{D}$

127 問1 (1) $d\sin\theta$ (2) 波長 (3) $m\lambda$ 問2 6.5×10^{-7} m
問3 ⑤

解説 問1 (1) 右図の直角三角形から,

$l=d\sin\theta$

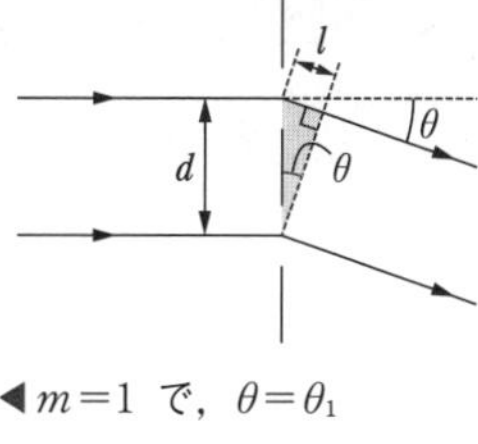

(2) 波長の整数倍の差であれば強めあう。

(3) (2)より $l=m\lambda$ が条件。

問2 $m=1$ に対応する θ を θ_1 とすると,

$$d\sin\theta=m\lambda \quad より \quad \sin\theta_1=\frac{\lambda}{d} \quad \cdots\cdots①$$

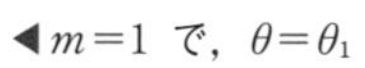

隣りあう明点の距離を x とすると, 右の図で,

$\frac{x}{L}=\tan\theta_1$ であり, $\sin\theta_1\fallingdotseq\tan\theta_1$ より,

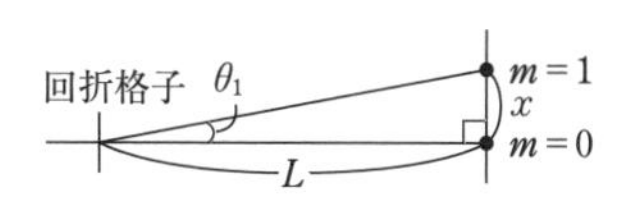

$$\frac{\lambda}{d}=\frac{x}{L}$$

よって, $\lambda=\frac{dx}{L}$ に $d=1.0\times10^{-2}$ mm$=1.0\times10^{-5}$ m,

$x=6.5$ cm$=6.5\times10^{-2}$ m, $L=1.0$ m を代入して,

$$\lambda=\frac{1.0\times10^{-5}\times6.5\times10^{-2}}{1.0}=6.5\times10^{-7}\text{ m}$$

問3 白熱電球の光は, 波長の異なる光でできている。ここで $m=1$ のときを考えると, ①式より, 波長 λ が大きい光ほど, $\sin\theta_1$ の値, つまり θ_1 が大きくなる。よって, $m=1$ 近辺では右図のように光が分散する。

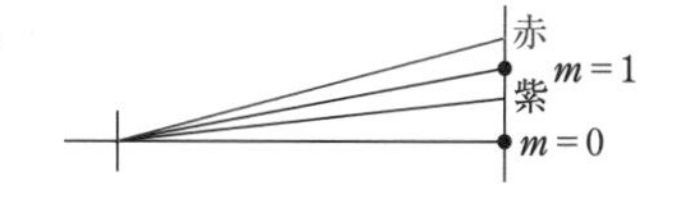

この結果は $m=2, 3, \cdots$ でも同様であるから, スクリーン中央より遠い場所には波長の長い赤色が現れる。

参考 波長は赤・橙(だいだい)・黄・緑・青・紫の順に短くなる。

第4章 電磁気

42 クーロンの法則

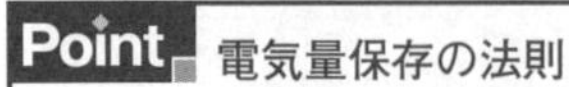

電気量保存の法則
　複数の物体の間で電荷が移動しても，電気量の総和は一定である。
クーロンの法則
　電気量の大きさが q_1〔C〕，q_2〔C〕の点電荷が距離 r〔m〕離れて置かれているとき，それらの間にはたらく静電気力の大きさ F〔N〕は，

$$F=k\frac{q_1q_2}{r^2}\qquad (k\text{ は比例定数})$$

力の向きは，同符号の電荷では斥(せき)力，異符号の電荷では引力になる。

128 (1) 斥力　(2) 2.7×10^{-2} N

解説 (1) ともに正の符号の電荷なので斥力がはたらく。
(2) クーロンの法則より，静電気力の大きさ F〔N〕は，

$$F=9.0\times10^9\times\frac{2.0\times10^{-7}\times6.0\times10^{-7}}{0.20^2}=0.027=2.7\times10^{-2}\text{ N}$$

129 静電気力の大きさ：6.6×10^{-7} N，接触前のBの電気量：6.2×10^{-9} C

解説 小物体A，Bの接触前の電気量を q_A〔C〕，q_B〔C〕，接触後の電気量を q_A'〔C〕，q_B'〔C〕とおく。接触後のA，B間にはたらく静電気力の大きさ F〔N〕は，A，B間の距離を r〔m〕とおくと，クーロンの法則より，

q_AⒶ　Ⓑq_B
ⒶⒷ
F Ⓐq_A'　q_B'Ⓑ F
0.30 m

$$F=k\frac{q_A'q_B'}{r^2}$$
$$=9.0\times10^9\times\frac{2.2\times10^{-9}\times3.0\times10^{-9}}{0.30^2}=6.6\times10^{-7}\text{ N}\quad(\text{斥力})$$

接触前のBの電気量 q_B は，電気量保存の法則より，

$$q_A+q_B=q_A'+q_B'$$

よって，$q_B=2.2\times10^{-9}+3.0\times10^{-9}-(-1.0\times10^{-9})=6.2\times10^{-9}$ C

130 (1) 1.0×10^{-5} N　(2) 1.7×10^{-6} kg

解説 (1) クーロンの法則より，静電気力の大きさ F〔N〕は，

$$F=9.0\times10^9\times\frac{1.0\times10^{-9}\times1.0\times10^{-9}}{0.03^2}=1.0\times10^{-5}\text{ N}$$

(2) 小球の質量を m〔kg〕，重力加速度の大きさを $g=10\,\mathrm{m/s^2}$ とする。小球A，Bの質量，電気量の大きさが等しいことから，糸の張力の大きさ T〔N〕，重力の大きさ mg〔N〕はAとBで等しい。はたらく力は図のようになるから，力のつりあいの式は，

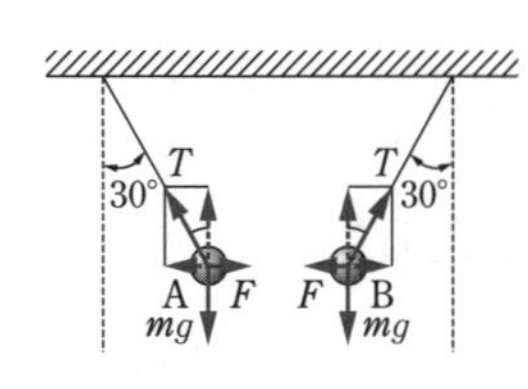

水平方向：$F=\frac{1}{2}T$ ……①

鉛直方向：$\frac{\sqrt{3}}{2}T=mg$ ……②

①式を $T=2F$ として②式に代入すると，$\sqrt{3}F=mg$ となるから，

$$m=\frac{\sqrt{3}F}{g}=\frac{1.73\times1.0\times10^{-5}}{10}\fallingdotseq1.7\times10^{-6}\,\mathrm{kg}$$

◀張力の水平方向の分力の大きさは，

$T\sin30^\circ=T\cdot\frac{1}{2}$

鉛直方向の分力の大きさは，

$T\cos30^\circ=T\cdot\frac{\sqrt{3}}{2}$

131 (1) ① (2) 17 N

解説 (1) 点A，B，Cにある点電荷の電気量と，互いの距離が等しいから，点Cにある点電荷は，右図のように，点A，Bにある点電荷から等しい大きさ F〔N〕の静電気力を，それぞれA→C，B→Cの向きに受ける。この2つの力の合力が点Cにある点電荷にはたらく静電気力となるから，その方向は①である。

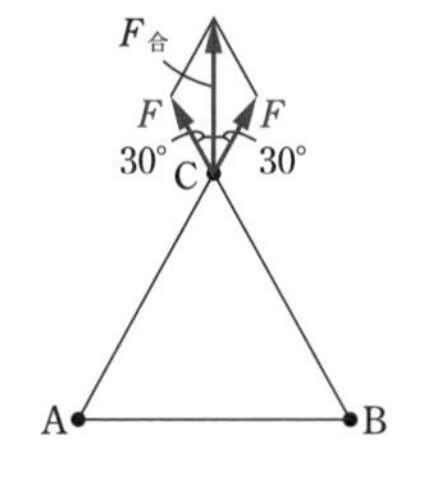

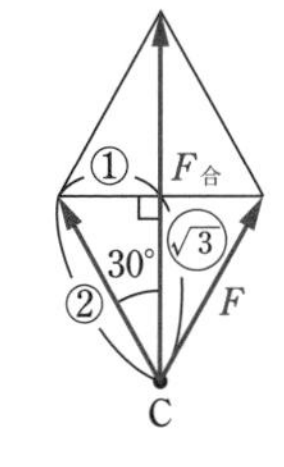

(2) クーロンの法則より，

$$F=9.0\times10^9\times\frac{1.0\times10^{-4}\times1.0\times10^{-4}}{3.0^2}=10\,\mathrm{N}$$

図より，求める静電気力の大きさは，

$$2F\cos30^\circ=\sqrt{3}F=1.73\times10\fallingdotseq17\,\mathrm{N}$$

◀合力の大きさ $F_{合}$ は，上図の $1:2:\sqrt{3}$ の直角三角形を利用すれば，

$\frac{F_{合}}{2}:F=\sqrt{3}:2$ より，

$F_{合}=\sqrt{3}F$ となる。

43 点電荷のまわりの電場

Point

電荷が電場から受ける力

電気量 q〔C〕の電荷が，電場 $\vec{E}$〔N/C〕から受ける力 $\vec{F}$〔N〕は，

$$\vec{F}=q\vec{E}$$

点電荷のまわりの電場

電気量の大きさ Q〔C〕の点電荷が，その位置から距離 r〔m〕の点に作る電場の強さ E〔N/C〕は，

$$E=k\frac{Q}{r^2}$$

k はクーロンの法則の比例定数である。

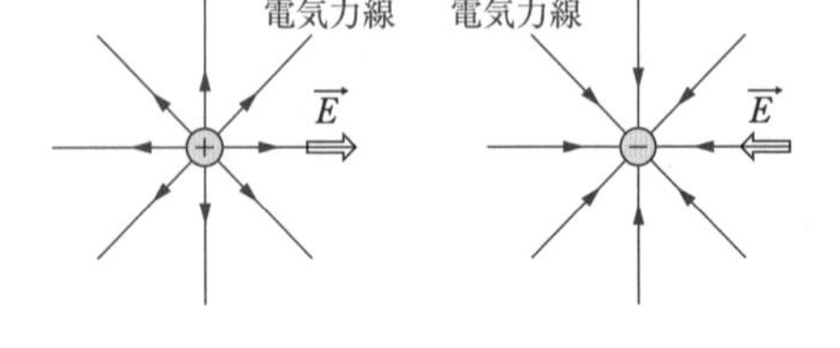

電場の重ねあわせ

点Pの電場ベクトル $\vec{E_P}$ は，点電荷 Q_1，Q_2，…がそれぞれ点Pに作る電場ベクトル $\vec{E_1}$，$\vec{E_2}$，…を合成した $\vec{E_P}=\vec{E_1}+\vec{E_2}+\cdots$ で表される。

132 (1) 向き：右向き，大きさ：6.0×10^{-2} N
(2) 向き：左向き，大きさ：8.0×10^{-2} N

解説 電場の強さは $E=2.0\times10^4$ N/C である。

(1) 正電荷なので，電場と同じ右向きに力を受ける。力の大きさ F〔N〕は，

$$F=qE=3.0\times10^{-6}\times2.0\times10^4=6.0\times10^{-2}\text{ N}$$

(2) 負電荷なので，電場と逆向きの左向きに力を受ける。力の大きさ F〔N〕は，

$$F=qE=4.0\times10^{-6}\times2.0\times10^4=8.0\times10^{-2}\text{ N}$$

133 点Aから 0.80 m の位置

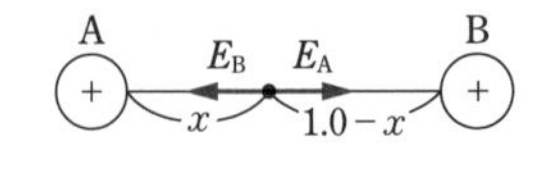

解説 線分AB上で点Aから x〔m〕の点の電場の強さを考えると，点Aによる電場の強さ E_A は，クーロンの法則の比例定数を k として，$E_A=k\dfrac{1.6\times10^{-8}}{x^2}$

同様に点Bによる電場の強さ E_B は，$E_B=k\dfrac{1.0\times10^{-9}}{(1.0-x)^2}$

よって，点Pでは $E_A=E_B$ となることから，

$$k\frac{1.6\times10^{-8}}{x^2}=k\frac{1.0\times10^{-9}}{(1.0-x)^2} \quad より \quad 15x^2-32x+16=0$$

◀ x の 2 次方程式は，$(5x-4)(3x-4)=0$ と因数分解される。

これを解くと $x=\dfrac{4}{5}$，$\dfrac{4}{3}$ となるが，$0<x<1.0$ より

$x=\dfrac{4}{5}=0.80$ m である。

134 $6\sqrt{2}\dfrac{kq}{l^2}$

解説 点A～Dにある電荷が点Oに作る電場を$\overrightarrow{E_A}$～$\overrightarrow{E_D}$とおく。点Oにおける電場$\vec{E}$はこれらのベクトルの和になる。点Oにおける電場は図のようになり，$\overrightarrow{E_A}$～$\overrightarrow{E_D}$の電場の強さE_A～E_Dは，$AO=BO=CO=DO=\dfrac{l}{\sqrt{2}}$ より

$$E_A=k\frac{2q}{AO^2}=\frac{4kq}{l^2},\quad E_B=k\frac{q}{OB^2}=\frac{1}{2}E_A$$

$$E_C=\frac{1}{2}E_A,\quad E_D=E_A$$

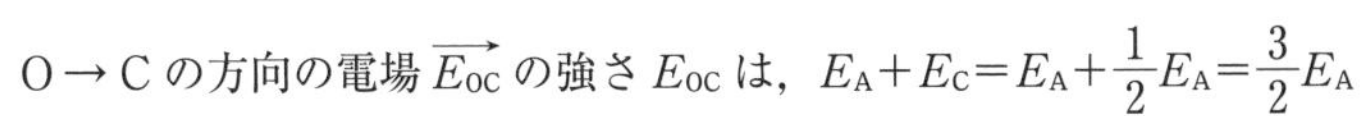

O→Cの方向の電場$\overrightarrow{E_{OC}}$の強さE_{OC}は，$E_A+E_C=E_A+\dfrac{1}{2}E_A=\dfrac{3}{2}E_A$

O→Bの方向の電場$\overrightarrow{E_{OB}}$の強さE_{OB}は，$E_B+E_D=\dfrac{1}{2}E_A+E_A=\dfrac{3}{2}E_A=E_{OC}$

となるから，$\overrightarrow{E_{OC}}$と$\overrightarrow{E_{OB}}$を合成した点Oにおける電場$\vec{E}$は下向きで，その強さEは，

$$E=2E_{OC}\cos 45°=\sqrt{2}\times\frac{3}{2}E_A=6\sqrt{2}\frac{kq}{l^2}$$

135 (1) $k\dfrac{q_1q_2}{r^2}$　(2) qE　(3) $k\dfrac{q_1}{r^2}$　(4) $k\dfrac{q_1}{r^2}$　(5) $4\pi kq_1$

解説 (1) クーロンの法則より，$F=k\dfrac{q_1q_2}{r^2}$〔N〕となる。

◀q_1，q_2の符号が不明なときは，静電気力の大きさF〔N〕(>0)を表すのに$F=k\dfrac{|q_1q_2|}{r^2}$と絶対値記号を使う必要がある。

(2) 電荷が電場から受ける力 $\vec{F}=q\vec{E}$ より，

$F'=qE$〔N〕

(3) (2)でqをq_2とすると

$F=q_2E$ より $E=\dfrac{F}{q_2}=k\dfrac{q_1}{r^2}$〔N/C〕

(4) $1\,m^2$の面を貫く電気力線の数を電場の強さE〔本〕と定めているので，電気力線数は，

$E=k\dfrac{q_1}{r^2}$〔本〕

◀電気力線は，正電荷からは出ていき，負電荷へ入り込む。

(5) 点電荷を囲んでいる半径r〔m〕の球面の表面積は$4\pi r^2$〔m^2〕であるから，

$N=4\pi r^2\times E$ よって $N=4\pi r^2\times k\dfrac{q_1}{r^2}=4\pi kq_1$〔本〕

44 点電荷のまわりの電位

Point

点電荷のまわりの電位

電気量 Q〔C〕の電荷から距離 r〔m〕の点の電位 V〔V〕は，無限遠を電位の基準点として，

$$V=k\frac{Q}{r}$$ （k はクーロンの法則の比例定数）

静電気力による位置エネルギー

電位が V〔V〕の点に電気量 q〔C〕の電荷があるとき，その電荷がもつ静電気力による位置エネルギー U〔J〕は，$\boldsymbol{U=qV}$

電場がする仕事

電気量 q〔C〕の電荷が，電位 V_A の点Aから電位 V_B の点Bまで移動するとき，電場がする仕事 W_{AB} は，

$$\boldsymbol{W_{AB}=qV_A-qV_B=q(V_A-V_B)}$$

同じ移動で静電気力に逆らって外力がする仕事 $W_{外}$ は，$W_{外}=-W_{AB}$ となる。W_{AB} は点AとBで決まり，途中の移動経路にはよらない。

136 (1) 1.8×10^4　(2) -2.7×10^4　(3) -9.0×10^3

解説 電荷 q_1 から 2.0 m 離れた点Aでの電位を V_A〔V〕とすると，点電荷のまわりの電位より，

$$V_A=9.0\times10^9\times\frac{4.0\times10^{-6}}{2.0}=1.8\times10^4\ \text{V}$$

◀この V_A は，電荷 q_1 が単独で存在するときの点Aの電位である。

同様にして，電荷 q_2 から 2.0 m 離れた点Bでの電位を V_B〔V〕とすると，

$$V_B=9.0\times10^9\times\frac{-6.0\times10^{-6}}{2.0}=-2.7\times10^4\ \text{V}$$

◀この V_B は，電荷 q_2 が単独で存在するときの点Bの電位である。

電荷 q_1，q_2 が 4.0 m 離れて同時に存在するとき，中点Mは各電荷から 2.0 m 離れた点であるから，点Mの電位 V_M〔V〕は，q_1，q_2 がそれぞれ単独で存在するときに，電荷から 2.0 m 離れた点の電位 V_A，V_B の重ねあわせになる。

$$V_M=V_A+V_B=1.8\times10^4-2.7\times10^4=-0.9\times10^4=-9.0\times10^3\ \text{V}$$

137 0.14 J

解説 点電荷のまわりの電位より，電気量 2.0×10^{-6}C の電荷が作る点Aの電位 V_A〔V〕は，

$$V_A=9.0\times10^9\times\frac{2.0\times10^{-6}}{0.25}=7.2\times10^4\ \text{V}$$

同様にして，点Bの電位 V_B〔V〕は，

$$V_B=9.0\times10^9\times\frac{2.0\times10^{-6}}{0.15}=1.2\times10^5\ \text{V}$$

電気量 $q=3.0\times10^{-6}$C の電荷を点AからBまで移動するのに必要な仕事 W〔J〕は，外力がする仕事 $W=qV_B-qV_A$ より，

$$W=3.0\times10^{-6}\times1.2\times10^{5}-3.0\times10^{-6}\times7.2\times10^{4}$$
$$=0.144\fallingdotseq0.14\text{ J}$$

◀求める仕事は始点Aと終点Bだけで決まるので，点Aから点Bまで移動する経路をどのようにとっても仕事は等しくなる。

138 (1) 1.2×10^{2} V 高い　(2) 3.0×10^{-7} J

解説 (1) 点Oの電位 V_O〔V〕は，点Aの電荷による電位と点Bの電荷による電位の重ねあわせになる。点電荷のまわりの電位より，

$$V_O=9.0\times10^{9}\times\frac{2.0\times10^{-9}}{0.12}+9.0\times10^{9}\times\frac{2.0\times10^{-9}}{0.12}$$
$$=3.0\times10^{2}\text{ V}$$

同様にして，点Pの電位 V_P〔V〕は，

$$V_P=9.0\times10^{9}\times\frac{2.0\times10^{-9}}{0.20}+9.0\times10^{9}\times\frac{2.0\times10^{-9}}{0.20}$$
$$=1.8\times10^{2}\text{ V}$$

よって，点Oの電位が，

$$V_O-V_P=3.0\times10^{2}-1.8\times10^{2}=1.2\times10^{2}\text{ V}$$

だけ高い。

(2) $q=2.5\times10^{-9}$C として，電場がする仕事 W〔J〕は，電場がする仕事より，

$$W=q(V_O-V_P)$$
$$=2.5\times10^{-9}\times1.2\times10^{2}=3.0\times10^{-7}\text{ J}$$

◀この場合の点A，Bの電荷による電場を合成した電場は，OP上の点ではちょうどO→Pの向きになっている（点Oの電場は0）。したがって，変位 $\overrightarrow{OP}$ とOP上の電場は同じ向きなので，電場がする仕事は正となることがわかる。ただし，この仕事は点Oと点Pの電位差で決まるので，点OからPへ移動する経路をどのようにとっても仕事の値は変わらない。

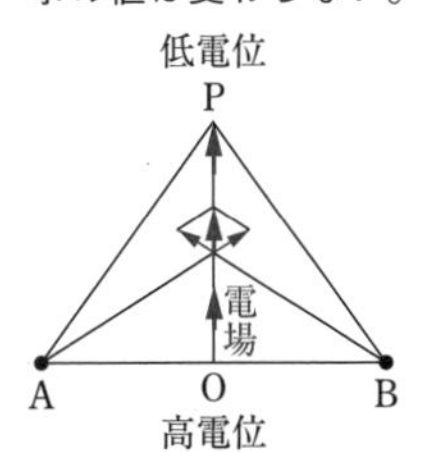

139 (1) $e(V_2-V_1)$　(2) $\sqrt{\dfrac{2e(V_2-V_1)}{m}}$

解説 (1) 点PからQまで移動する間に電場から受けた仕事 W は，電場がした仕事に等しく，位置エネルギーの減少分に相等するので，

$$W=-eV_1-(-eV_2)=e(V_2-V_1)$$

(2) 点Qでの電子の速さを v とすると，仕事と運動エネルギーの関係より，

$$\frac{1}{2}mv^2-\frac{1}{2}m\cdot0^2=W\quad よって\quad v=\sqrt{\frac{2W}{m}}=\sqrt{\frac{2e(V_2-V_1)}{m}}$$

別解 力学的エネルギー保存の法則より，

$$\frac{1}{2}m\cdot0^2+(-e)V_1=\frac{1}{2}mv^2+(-e)V_2\quad よって\quad v=\sqrt{\frac{2e(V_2-V_1)}{m}}$$

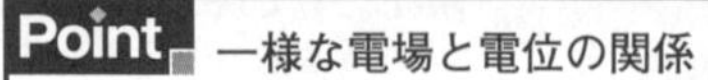

45 一様な電場

Point 一様な電場と電位の関係

強さ E〔V/m〕の一様な電場と平行に距離 d〔m〕だけ離れた 2 点間の電位差が V〔V〕のとき，

$$E=\frac{V}{d}$$

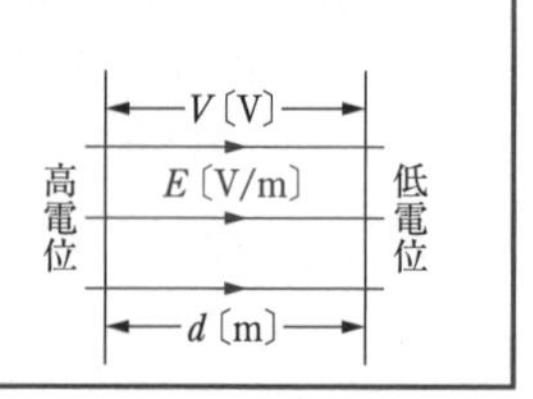

140 (1)　10 V/m　　(2)　−0.5 V

解説 (1)　0.40 m離れた AB 間の電位差は 9.0−5.0=4.0 V であるから，電場の強さを E〔V/m〕として，一様な電場と電位の関係より，

$$E=\frac{4.0}{0.40}=10\ \text{V/m}$$

(2)　点 A，P の電位を V_A〔V〕，V_P〔V〕とすると，点Pは点Aから電場の向きに $d=0.55$ m 離れた位置にあるから，$V_P<V_A$ である。一様な電場と電位の関係より，

$$E=\frac{V_A-V_P}{d}$$

よって，$V_P=V_A-Ed=5.0-10\times0.55=-0.5$ V

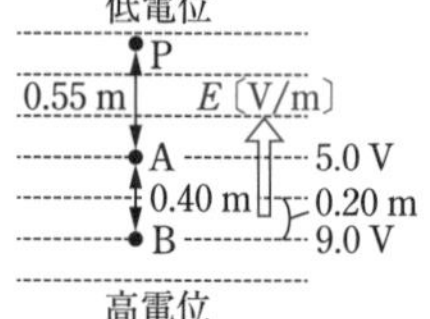

◀点Pは点Aよりさらに電場の向きに進んだ位置なので，電位は下がる。

141 問1　(1)　0.50　　(2)　10　　問2　(3)　A→B　　(4)　H→I

解説 問1　(1)　点 A，B の電位を V_A〔V〕，V_B〔V〕，$q=3.6\times10^{-10}$C とすると，外力がする仕事 W は $W=q(V_B-V_A)$ より，

$$3.6\times10^{-10}\times(V_B-V_A)=1.8\times10^{-10}\quad \text{よって}\quad V_B-V_A=\frac{1.8\times10^{-10}}{3.6\times10^{-10}}=0.50\ \text{V}$$

(2)　右図より，電場に平行に進んだ距離 d〔m〕は，

$$d=0.10\times\cos60^\circ=0.10\times\frac{1}{2}=0.050\ \text{m}$$

電場の強さを E〔V/m〕とすると，一様な電場と電位の関係より，

$$E=\frac{V_B-V_A}{d}=\frac{0.50}{0.050}=10\ \text{V/m}$$

問2　(3)　隣りあう等電位線の電位差を $V(>0)$ として，終点の電位から始点の電位を引いた値は，右図のように，A→B：$2V$，B→C：$1V$，C→D：$0V$，D→E：$1V$，E→F：$1V$，F→G：$1V$，G→H：$1V$，H→I：$-2V$ となる。

正電荷を移動するときに外力がする仕事が最大になるのは，電位が最も高い区間を移動するとき

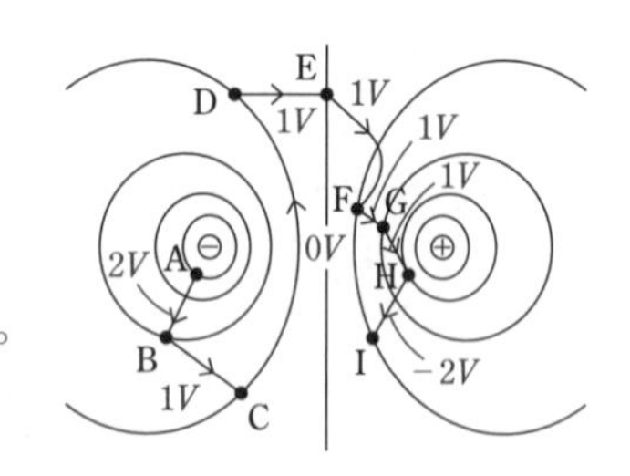

であるから，A → B である。

(4) 仕事が負になるのは電位が $-2V$ と変化する区間 H → I である。

142 (1) 2.0×10^{2} V/m　(2) 6.6×10^{-17} N　(3) 2.0×10^{10} m/s^2
(4) 1.7×10^{5} m/s

解説 (1) 電場の強さ E〔V/m〕は，$x=0$ m，$x=0.50$ m での電位がそれぞれ 0 V，100 V であるから，一様な電場と電位の関係より，

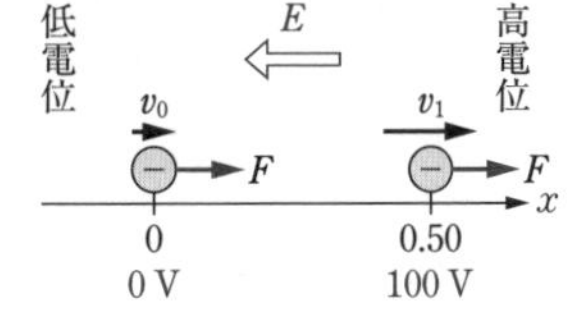

$$E=\frac{100-0}{0.50-0}=2.0\times10^{2}\ \mathrm{V/m}$$

(2) 求める力 F〔N〕は，電荷が電場から受ける力より，

$$F=-3.3\times10^{-19}\times(-2.0\times10^{2})=6.6\times10^{-17}\ \mathrm{N}$$

◀ x が大きいほど電位が高く，電場の向きは負の向きであるから，電場は
$E=-2.0\times10^{2}$ V/m
と表される。

(3) 質量を $m=3.3\times10^{-27}$ kg，求める加速度を a〔m/s^2〕とおくと，運動方程式 $ma=F$ より，

$$a=\frac{F}{m}=\frac{6.6\times10^{-17}}{3.3\times10^{-27}}=2.0\times10^{10}\ \mathrm{m/s^2}$$

(4) 求める速さを v〔m/s〕とおくと，仕事と運動エネルギーの関係より，

$$\frac{1}{2}mv^2-\frac{1}{2}mv_0{}^2=Fx$$

よって，$v=\sqrt{v_0{}^2+\dfrac{2Fx}{m}}=\sqrt{(1.0\times10^{5})^2+\dfrac{2\times6.6\times10^{-17}\times0.50}{3.3\times10^{-27}}}$

$$=\sqrt{3.0\times10^{10}}\fallingdotseq1.7\times10^{5}\ \mathrm{m/s}$$

別解 等加速度直線運動になるから，速さと変位の関係より，

$v^2-(1.0\times10^{5})^2=2\times(2.0\times10^{10})\times0.50$　よって　$v=\sqrt{3.0\times10^{10}}\fallingdotseq1.7\times10^{5}$ m/s

46 コンデンサーの性質

Point

コンデンサーに蓄えられる電気量

コンデンサーを電位差 V〔V〕にしたときに蓄えられる電気量 Q〔C〕は V に比例し，

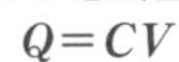

$$Q=CV$$

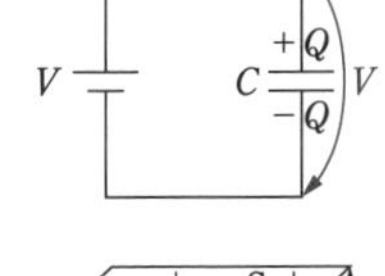

比例定数 C〔F〕をコンデンサーの電気容量という。

平行板コンデンサーの電気容量

極板面積 S〔m^2〕，極板間隔 d〔m〕の平行板コンデンサーの電気容量 C〔F〕は，

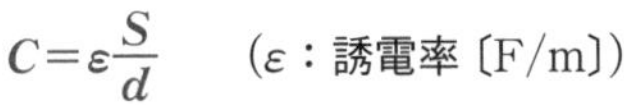

$$C=\varepsilon\frac{S}{d}\qquad(\varepsilon：誘電率〔F/m〕)$$

極板間は一様な電場

コンデンサーの静電エネルギー

コンデンサーに蓄えらえる静電エネルギー U〔J〕は，

$$U=\frac{1}{2}QV=\frac{1}{2}CV^2=\frac{Q^2}{2C}$$

143 (1) 1.0×10^{-3}　(2) $\frac{1}{2}$

解説 (1) 電気容量 $C=5.0\times10^{-4}$ F のコンデンサーに $V=2.0$ V の電源を接続したときに，コンデンサーに蓄えられる電気量 Q〔C〕は，

$$Q=CV=5.0\times10^{-4}\times2.0=1.0\times10^{-3}\text{ C}$$

(2) 平行板コンデンサーの電気容量は極板間隔に反比例するから，極板間隔を 2 倍にすると電気容量 C'〔F〕は C〔F〕の $\frac{1}{2}$ 倍になり，$C'=\frac{1}{2}C$ となる。コンデンサーの電圧は $V=2.0$ V のままなので，蓄えられる電荷 Q'〔C〕は，

$$Q'=C'V=\frac{1}{2}CV=\frac{1}{2}Q$$

◀電源を接続したまま極板間隔を変化させるときは，コンデンサーの電圧は一定に保たれて，蓄えられる電荷は変化する。

144 (1) $\frac{\varepsilon_1 SE}{d}$　(2) $\frac{(\varepsilon_2-\varepsilon_1)SE}{d}$

解説 (1) 極板間隔を広げる前のコンデンサーの電気容量 C_1 は，$C_1=\varepsilon_1\frac{S}{d}$ である。

$d\rightarrow\frac{d}{2}$ とすると，電気容量は C_1 から，

$$C'=\varepsilon_1\frac{S}{\frac{d}{2}}=2\varepsilon_1\frac{S}{d}=2C_1$$

になる。蓄えられる電気量は，$Q_1=C_1E$ から $Q'=C'E=2C_1E$ になるので，電気量の増加分は，

$$Q'-Q_1=2C_1E-C_1E=C_1E=\frac{\varepsilon_1 SE}{d}$$

(2) 電気容量は C_1 から，$C_2=\varepsilon_2\frac{S}{d}$ に変化する。よって，電気量の増加分は，

$$C_2E-C_1E=\frac{\varepsilon_2 SE}{d}-\frac{\varepsilon_1 SE}{d}=\frac{(\varepsilon_2-\varepsilon_1)SE}{d}$$

145 (1) $\frac{V_0}{d}$　(2) CV_0　(3) $\frac{1}{2}QV_0$　(4) $\varepsilon_0\frac{S}{d}$　(5) $\frac{Q}{\varepsilon_0 S}$
(6) $\frac{1}{2}QE_0$　(7) $\frac{1}{2}QE_0d$　(8) 2　(9) 2

解説 (1) 間隔 d，電位差 V_0 の極板間には一様な電場が生じているので，一様な電場と電位の関係より，$E_0=\frac{V_0}{d}$

(2) コンデンサーに蓄えられる電荷の式より，$Q=CV_0$

(3) コンデンサーの静電エネルギーの式より，$U_0=\frac{1}{2}QV_0$

(4)　平行板コンデンサーの電気容量の式より，$C=\varepsilon_0\dfrac{S}{d}$

(5)　(4)の結果を $\dfrac{1}{d}=\dfrac{C}{\varepsilon_0 S}$ として(1)の結果に代入して d を消去すると，

$E_0=\dfrac{CV_0}{\varepsilon_0 S}$　(2)の結果を用いて　$E_0=\dfrac{Q}{\varepsilon_0 S}$

(6)　＋極にある電荷は，－極の電荷の作る大きさ $\dfrac{1}{2}E_0$ の電場から力を受ける。その大きさ F は，電荷が電場から受ける力の式より，$F=Q\cdot\dfrac{1}{2}E_0=\dfrac{1}{2}QE_0$

(7)　求める仕事を W とする。(6)の力と逆向きで等しい大きさの外力を加えて極板を d だけ広げるので，仕事の式より，$W=Fd=\dfrac{1}{2}QE_0d$

(8)　極板間隔を 2 倍にすると，平行板コンデンサーの電気容量の式より，電気容量は $\dfrac{1}{2}C$ になる。コンデンサーの静電エネルギーの式より，

$$U_1=\frac{Q^2}{2\cdot\frac{1}{2}C}=\frac{Q^2}{C}$$

(3)の結果を Q，C で表すと $U_0=\dfrac{Q^2}{2C}$ となるから，$U_1=2U_0$

(9)　コンデンサーは電池から切り離されているので，極板の間隔を広げても電気量は変わらない。コンデンサーの電気量の式より，

$Q=CV_0=\dfrac{1}{2}CV_1$　これより　$V_1=2V_0$

47 コンデンサーの接続

Point　合成容量

電気容量 C_1〔F〕，C_2〔F〕のコンデンサーを，

並列に接続したときの合成容量 C〔F〕は，$C=C_1+C_2$

直列に接続したときの合成容量 C〔F〕は，$\dfrac{1}{C}=\dfrac{1}{C_1}+\dfrac{1}{C_2}$

146　(1)　24μF　　(2)　100μF

解説　$C_A=40\mu F$，$C_B=60\mu F$ とする。

(1)　合成容量を C_1〔μF〕とすると，直列接続の合成容量の式より，

$\dfrac{1}{C_1}=\dfrac{1}{C_A}+\dfrac{1}{C_B}=\dfrac{1}{40}+\dfrac{1}{60}=\dfrac{1}{24}$　よって　$C_1=24\mu F$

(2)　合成容量を C_2〔μF〕とすると，並列接続の合成容量の式より，

$C_2=C_A+C_B=40+60=100\mu F$

147 4.5×10^{-13}F

解説 金属板(導体)の部分は導線と見なすことができるので，求める電気容量 C〔F〕は，右図のように，極板の面積 $S=1.0\times10^{-4}$ m^2，極板間隔 $d=1.0\times10^{-3}$ m のコンデンサー(電気容量を C_1〔F〕とする)が直列に接続されたときの合成容量に等しい。よって，直列接続の合成容量の式より，

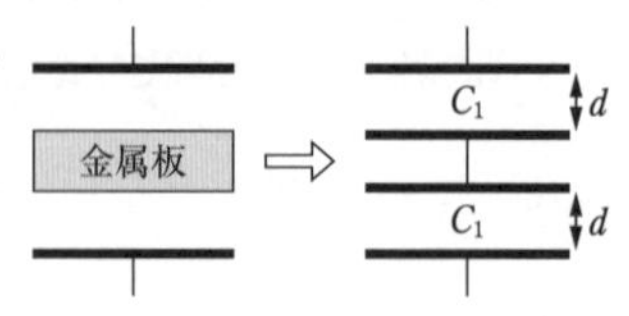

$$\frac{1}{C}=\frac{1}{C_1}+\frac{1}{C_1}=\frac{2}{C_1}\quad よって\quad C=\frac{1}{2}C_1$$

空気の誘電率を $\varepsilon_0=8.9\times10^{-12}$ F/m とおくと，

$$C=\frac{1}{2}C_1=\frac{1}{2}\times\varepsilon_0\frac{S}{d}$$
$$=\frac{1}{2}\times(8.9\times10^{-12})\times\frac{1.0\times10^{-4}}{1.0\times10^{-3}}$$
$$=4.45\times10^{-13}\fallingdotseq4.5\times10^{-13}\text{ F}$$

◀導体内に電場があると自由電子が力を受けて導体表面に移動するため，導体内に電場はない。コンデンサーの極板間に挿入された導体の表面には電荷が現れて，下図のようにコンデンサーの極板と導線を兼ねたようなものになる。

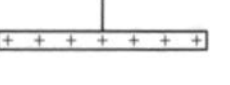

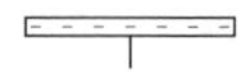

148 問1　(1) $\varepsilon_0\dfrac{S}{d}$　(2) $\dfrac{\varepsilon_0\{(S-S_a)+\varepsilon_r S_a\}}{d}$　(3) $1+(\varepsilon_r-1)\dfrac{S_a}{S}$

問2　(4) $\dfrac{\varepsilon_r\varepsilon_0 S}{\varepsilon_r(d-l)+l}$　(5) $\dfrac{\varepsilon_r d}{\varepsilon_r(d-l)+l}$　(6) $\varepsilon_0\dfrac{S}{d-h}$　(7) $\dfrac{d}{d-h}$

解説 問1　(1)　平行板コンデンサーの電気容量の式より，$C=\varepsilon_0\dfrac{S}{d}$

(2)　右図のように，左側(極板面積 $S-S_a$)，右側(極板面積 S_a)を電気容量 C_1〔F〕，C_2〔F〕のコンデンサーと見なすと，これらが並列に接続されたときの合成容量が C_a となる。また，C_2 の誘電率は $\varepsilon_r\varepsilon_0$ と表されることに注意して，

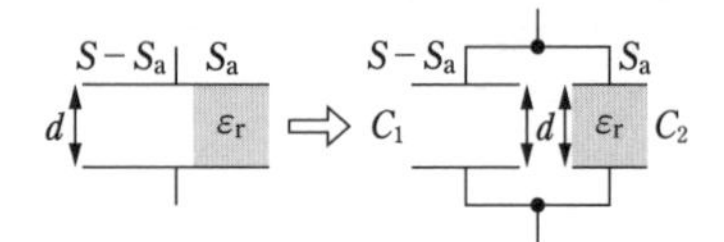

$$C_a=C_1+C_2=\varepsilon_0\frac{S-S_a}{d}+\varepsilon_r\varepsilon_0\frac{S_a}{d}=\frac{\varepsilon_0\{(S-S_a)+\varepsilon_r S_a\}}{d}$$

(3)　(2)の結果を(1)の結果で割ると，

$$\frac{C_a}{C}=\frac{\varepsilon_0\{(S-S_a)+\varepsilon_r S_a\}}{d}\div\varepsilon_0\frac{S}{d}=\frac{(S-S_a)+\varepsilon_r S_a}{S}=1+(\varepsilon_r-1)\frac{S_a}{S}$$

問2　(4)　右図のように，上側(極板間隔 $d-l$)，下側(極板間隔 l)を電気容量 C_3〔F〕，C_4〔F〕のコンデンサーと見なすと，これが直列に接続されたときの合成容量が C_b となる。よって，

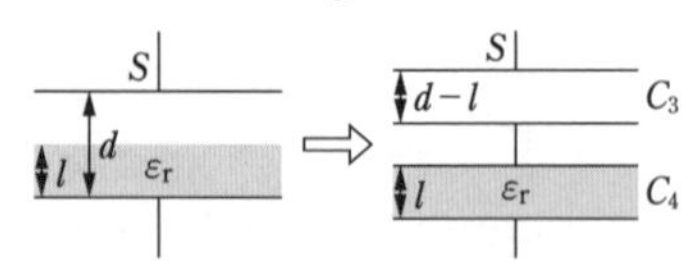

$$\frac{1}{C_b}=\frac{1}{C_3}+\frac{1}{C_4}=\frac{d-l}{\varepsilon_0 S}+\frac{l}{\varepsilon_r\varepsilon_0 S}=\frac{\varepsilon_r(d-l)+l}{\varepsilon_r\varepsilon_0 S}\quad \text{より}\quad C_b=\frac{\varepsilon_r\varepsilon_0 S}{\varepsilon_r(d-l)+l}$$

(5)　(4)の結果を(1)の結果で割ると，

$$\frac{C_b}{C}=\frac{\varepsilon_r\varepsilon_0 S}{\varepsilon_r(d-l)+l}\div\varepsilon_0\frac{S}{d}=\frac{\varepsilon_r d}{\varepsilon_r(d-l)+l}$$

(6)　導体板の部分は導線と見なすことができるので，右図のように，C_c は極板間隔が $d-h$ のコンデンサーの電気容量に等しい。よって，

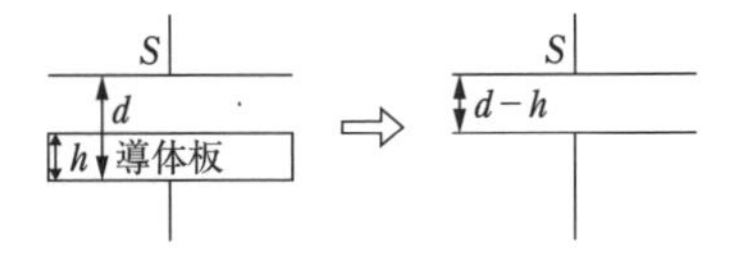

$$C_c=\varepsilon_0\frac{S}{d-h}$$

(7)　(6)の結果を(1)の結果で割ると，

$$\frac{C_c}{C}=\varepsilon_0\frac{S}{d-h}\div\varepsilon_0\frac{S}{d}=\frac{d}{d-h}$$

48　オームの法則と抵抗の接続

Point

オームの法則

導体に流れる電流の大きさ I〔A〕は，加えた電圧 V〔V〕に比例し，

$\boldsymbol{V=RI}$　R〔Ω〕を電気抵抗（抵抗）という。

合成抵抗

抵抗値 R_1〔Ω〕，R_2〔Ω〕の抵抗を，直列に接続したときの合成抵抗 R〔Ω〕は，

$\boldsymbol{R=R_1+R_2}$

並列に接続したときの合成抵抗 R〔Ω〕は，$\boldsymbol{\frac{1}{R}=\frac{1}{R_1}+\frac{1}{R_2}}$

149　(1)　25 Ω　　(2)　1.5 A　　(3)　1.5 V

解説 (1)　求める抵抗を R〔Ω〕とすると，オームの法則より，$R=\frac{15}{0.60}=25\ \Omega$

(2)　求める電流の大きさを I〔A〕とすると，オームの法則より，$I=\frac{12}{8.0}=1.5\ \text{A}$

(3)　求める電圧を V〔V〕とすると，オームの法則より，$V=3.0\times0.50=1.5\ \text{V}$

150　(1)　120 Ω　　(2)　240 Ω　　(3)　60 V

解説 (1)　BC 間の合成抵抗を R_{BC}〔Ω〕とすると，並列接続の合成抵抗の式より，

$$\frac{1}{R_{BC}}=\frac{1}{240}+\frac{1}{240}=\frac{1}{120}\quad \text{よって}\quad R_{BC}=120\ \Omega$$

(2)　AC 間の合成抵抗を R_{AC} とすると，直列接続の合成抵抗の式より，

$R_{AC}=120+R_{BC}=120+120=240\ \Omega$

(3)　AC 間の電圧を V〔V〕とすると，オームの法則より，

$V=R_{AC}\times0.25=240\times0.25=60\ \text{V}$

151 (1) $\dfrac{R_1R_2+(R_1+R_2)R_3}{R_1+R_2}$ (2) 120

解説 (1) R_1 と R_2 の合成抵抗を R_{12}〔Ω〕とすると,

$$\frac{1}{R_{12}}=\frac{1}{R_1}+\frac{1}{R_2}=\frac{R_1+R_2}{R_1R_2} \quad より \quad R_{12}=\frac{R_1R_2}{R_1+R_2}$$

したがって3つの抵抗の合成抵抗値は

$$R_{12}+R_3=\frac{R_1R_2+(R_1+R_2)R_3}{R_1+R_2}〔Ω〕$$

(2) 3つの抵抗の合成抵抗値が, $\dfrac{100\text{ V}}{2.0\text{ A}}=50\,Ω$ となるので, (1)の結果に値を代入して

$$\frac{60R_1+(R_1+60)\times10}{R_1+60}=50 \quad これより,\ R_1=120\,Ω$$

49 電気抵抗

Point

電流

導線の断面をt〔s〕の間にQ〔C〕の電気量が通過するとき, 電流の大きさI〔A〕は, $\boldsymbol{I=\dfrac{Q}{t}}$

抵抗率

導体の抵抗R〔Ω〕は, 導体の長さl〔m〕に比例し, 導体の断面積S〔m^2〕に反比例する。

$\boldsymbol{R=\rho\dfrac{l}{S}}$ (比例定数ρ〔Ω･m〕を抵抗率という。)

電力

電流が1s間にする仕事(仕事率)P〔W〕を電力といい,

$$\boldsymbol{P=IV=RI^2=\frac{V^2}{R}}$$

152 0.24 A

解説 求める電流の大きさI〔A〕は, 電流の式より, $I=\dfrac{7.2}{30}=0.24\text{ A}$

153 8

解説 導線A, Bの断面積, 長さ, 抵抗をそれぞれS_A, l_A, R_A, S_B, l_B, R_Bとする。また, A, B共通の抵抗率をρとする。A, Bの半径の比が $1:\dfrac{1}{2}$ より面積の比は

$S_A:S_B=1:\dfrac{1}{4}$ となり, これより $S_B=\dfrac{1}{4}S_A$ である。長さの関係は $l_B=2l_A$ であるから, 抵抗率の式より, $R_B=\rho\dfrac{l_B}{S_B}=\rho\dfrac{2l_A}{\frac{1}{4}S_A}=8\times\rho\dfrac{l_A}{S_A}=8\times R_A$

154 (1) $\rho\dfrac{l_1S_2+l_2S_1}{S_1S_2}$　(2) $\rho\dfrac{l_1l_2}{l_1S_2+l_2S_1}$

解説 導体1，2の抵抗を R_1〔Ω〕，R_2〔Ω〕とする。抵抗率の式より，

$$R_1=\rho\frac{l_1}{S_1},\qquad R_2=\rho\frac{l_2}{S_2}$$

(1) 直列接続の合成抵抗の式より，

$$R_A=R_1+R_2=\rho\frac{l_1}{S_1}+\rho\frac{l_2}{S_2}=\rho\frac{l_1S_2+l_2S_1}{S_1S_2}$$

(2) 並列接続の合成抵抗の式より，

$$\frac{1}{R_B}=\frac{1}{R_1}+\frac{1}{R_2}=\frac{S_1}{\rho l_1}+\frac{S_2}{\rho l_2}=\frac{l_1S_2+l_2S_1}{\rho l_1l_2}\quad \text{よって}\quad R_B=\rho\frac{l_1l_2}{l_1S_2+l_2S_1}$$

155 (1) 長さ　(2) 断面積　(3) 2.0　(4) 8.0　(5) 8.0

解説 (1)(2) 抵抗率の式より，抵抗は導線の長さに比例し，断面積に反比例する。

(3) 導線の抵抗 R〔Ω〕は，オームの法則より，

$2.0=R\times4.0$　よって　$R=0.50\ \Omega$

抵抗率の式より，抵抗率 ρ〔Ω·m〕は，断面が円形なので

$$0.50=\rho\times\frac{3.1}{3.1\times(2.0\times10^{-3})^2}\quad \text{よって}\quad \rho=(2.0\times10^{-3})^2\times0.50=2.0\times10^{-6}\ \Omega\cdot\text{m}$$

(4)(5) 電流が1s間にする仕事（仕事率）が電力 P〔W〕であるから，

$P=IV=4.0\times2.0=8.0\ \text{W}$

よって，10s間に電流がする仕事 W〔J〕は

$W=P\times10=8.0\times10\ \text{J}$

50 直流回路

Point

キルヒホッフの第一法則

回路中の1点に，流れ込む電流の和は，流れ出る電流の和に等しい。

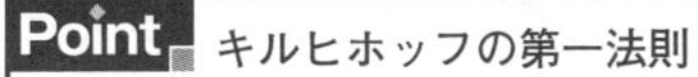

$I_1+I_2+\cdots=I_1'+I_2'+\cdots$

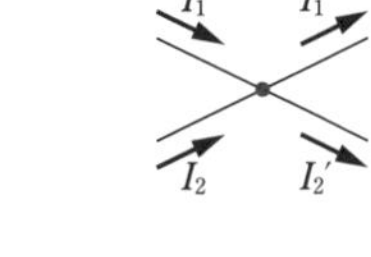

キルヒホッフの第二法則

回路中の閉じた経路について，起電力の和は，電圧降下の和に等しい。

$E_1+E_2+\cdots=R_1I_1+R_2I_2+\cdots$

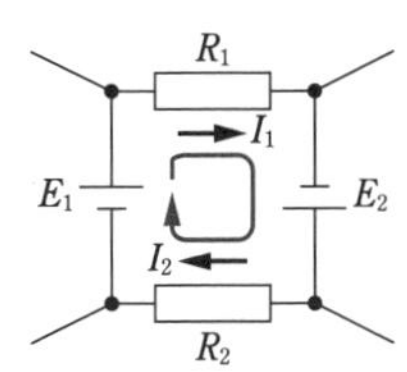

156 (1) $\dfrac{30X}{X+30}$〔Ω〕　(2) 6.0 V　(3) 0.30 A　(4) 60 Ω　(5) 1.2 W

解説 (1) 求める合成抵抗を $R_合$〔Ω〕とすると，並列接続の合成抵抗の式より，

$$\frac{1}{R_合}=\frac{1}{30}+\frac{1}{X}=\frac{X+30}{30X}\quad よって\quad R_合=\frac{30X}{X+30}〔Ω〕$$

(2) オームの法則より，$30\times0.20=6.0$ V

(3) (2)の結果より，抵抗 R_1 の両端の電圧は

$12-6.0=6.0$ V

よって，オームの法則より，流れる電流を I_1〔A〕とすると，

$$I_1=\frac{6.0}{20}=0.30\ \mathrm{A}$$

(4) 未知抵抗 R を流れる電流の大きさを I_X〔A〕とする。キルヒホッフの第一法則より，

$0.30=0.20+I_X$　よって　$I_X=0.10$ A

オームの法則より，

$6.0=X\times0.10$　よって　$X=60$ Ω

(5) 求める電力を P〔W〕とすると，抵抗の消費電力の式より，

$P=I_2V_2=0.20\times6.0=1.2$ W

157 問1 (1) 70　(2) 23　問2 (3) 90　問3 (4) 60　(5) 1.0　(6) (イ)　問4 (7) 5.0　(8) (ア)

解説 100 V の電源を E_0，10 Ω の抵抗を R_1，20 Ω の抵抗を R_2，R の抵抗値を R〔Ω〕とする。

問1 (1) bc 間の電圧は $10\times3.0=30$ V より，

$E=100-30=70$ V

(2) R_2 に電流が流れていないので，R を流れる電流は 3.0 A，電圧は $E=70$ V で，オームの法則より，

$$70=R\times3.0\quad よって\quad R=\frac{70}{3.0}=23.3\fallingdotseq23\ \Omega$$

問2 (3) 求める電力を P〔W〕とすると，抵抗の消費電力の式より，

$P=3.0\times30=90$ W

問3 (4) ab 間の電圧を V_{ab}〔V〕とし，キルヒホッフの第二法則を $E_0\to R\to R_1\to E_0$ の経路①に適用する。

$100=V_{ab}+10\times4.0$　よって　$V_{ab}=100-40=60$ V

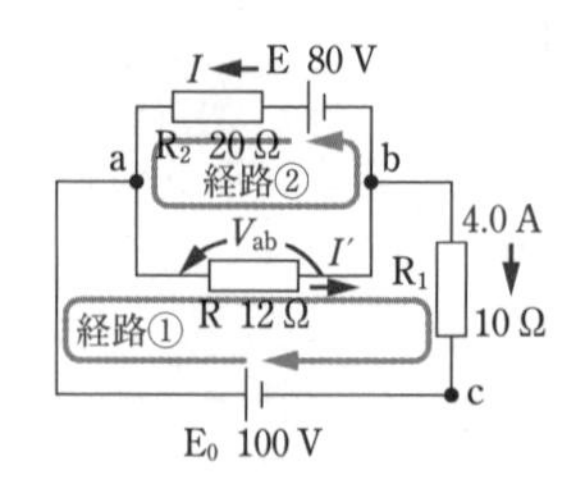

(5)(6) R_2 を流れる電流を，b → a の向きと仮定して I〔A〕とし，キルヒホッフの第二法則を $E\to R_2\to R\to E$ の経路②に適用すると，

$80=20I+60$　よって　$I=1.0$ A

正の値なので向きは仮定どおり b → a，すなわち(イ)である。

◀ R_2 を流れる電流の向きを a → b と仮定して，キルヒホッフの第二法則で計算して電流が負の値になった場合は，実際の電流は b → a の向きに流れていることになる。

問４ (7)(8) (4)の結果よりRを流れる電流の大きさを I'〔A〕とすると，オームの法則より，

$60 = 12 \times I'$　よって　$I' = 5.0\ \mathrm{A}$

向きは a → b の向きなので(ア)である。

158 **問１** (1) $\dfrac{E_1+E_2}{R_1+R_2}$〔A〕　(2) $\dfrac{|E_1R_2-E_2R_1|}{R_1+R_2}$〔V〕

問２ (3) B　(4) $\dfrac{R_2}{R_1} \geqq \dfrac{E_2}{E_1}$

解説 **問１** (1) 求める電流の大きさを I〔A〕とする。キルヒホッフの第二法則を右図の $E_1 \to E_2 \to R_2 \to R_1 \to E_1$ の経路に適用すると，

$$E_1+E_2 = R_2I + R_1I \quad よって \quad I = \frac{E_1+E_2}{R_1+R_2}〔A〕$$

◀下図の経路に対してキルヒホッフの第二法則を適用する。

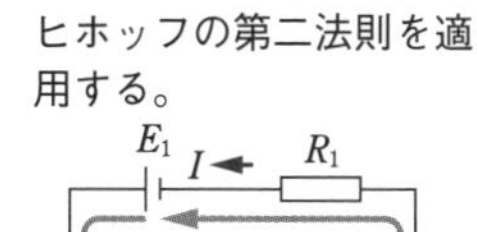
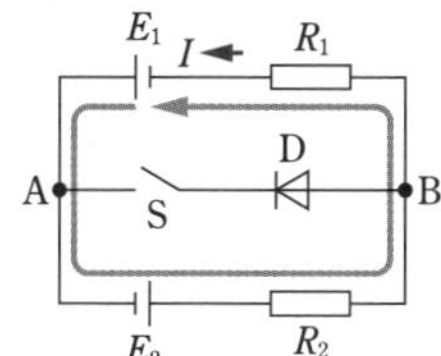

(2) 点Bを電位の基準とした点Aの電位を V_A〔V〕とすると，

$$V_\mathrm{A} = E_1 - R_1I = E_1 - R_1 \cdot \frac{E_1+E_2}{R_1+R_2}$$
$$= \frac{E_1(R_1+R_2) - R_1(E_1+E_2)}{R_1+R_2}$$
$$= \frac{E_1R_2 - E_2R_1}{R_1+R_2}$$

◀点Aを基準とした点Bの電位を V_B〔V〕とすると，
$V_\mathrm{B} = \dfrac{E_2R_1 - E_1R_2}{R_1+R_2}$

これより，AとBの間の電位差は，絶対値をつけて

$$\frac{|E_1R_2 - E_2R_1|}{R_1+R_2}〔V〕$$

問２ (3) ダイオードDに電流が流れる向きはBからAの向きであり，このときはBの方がAより高電位である。

(4) ダイオードDに電流が流れないのは(3)ではないとき，すなわちAの電位がBの電位以上であるときだから，$0 \leqq V_\mathrm{A}$ である。(2)より，絶対値をそのままはずして，

$$0 \leqq V_\mathrm{A} = \frac{E_1R_2 - E_2R_1}{R_1+R_2} \quad よって \quad 0 \leqq E_1R_2 - E_2R_1$$

すなわち，$\dfrac{R_2}{R_1} \geqq \dfrac{E_2}{E_1}$

159 問1 (1) キルヒホッフ (2) 1.9×10^{-1} (3) 2.3×10^{-1} (4) 3.8×10^{-2}

問2 (5)

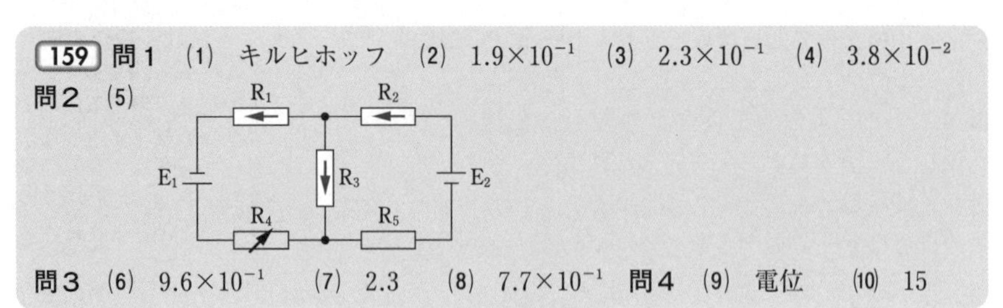

問3 (6) 9.6×10^{-1} (7) 2.3 (8) 7.7×10^{-1} 問4 (9) 電位 (10) 15

解説 問1 (1) 起電力と抵抗が与えられた回路に流れる電流を求めるには，キルヒホッフの第一，第二法則を適用する。

(2)(3)(4) R_1を流れる電流をI_1〔A〕(左向きを仮定)，R_2を流れる電流をI_2〔A〕(左向きを仮定)とおく。キルヒホッフの第一法則より，R_3を流れる電流は上向きにI_1-I_2〔A〕である。キルヒホッフの第二法則を$E_1\to R_4\to R_3\to R_1\to E_1$の経路①に適用すると，

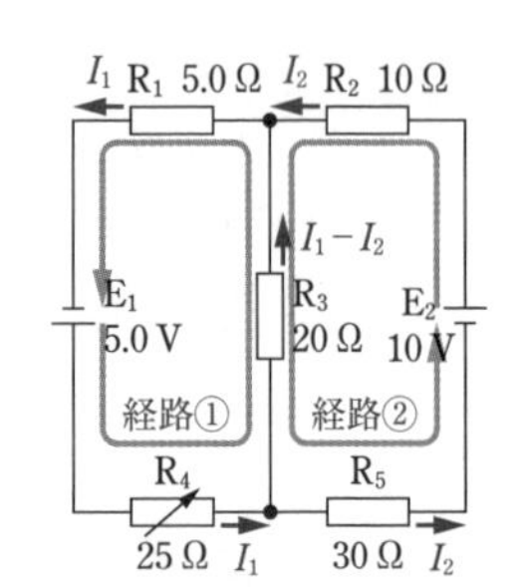

$$5.0=25I_1+20(I_1-I_2)+5.0I_1 \quad \cdots\cdots①$$

$E_2\to R_2\to R_3\to R_5\to E_2$の経路②に適用すると，

$$10=10I_2-20(I_1-I_2)+30I_2 \quad \cdots\cdots②$$

①，②式を整理して，$10I_1-4I_2=1$，$-2I_1+6I_2=1$ より

$$I_1=\frac{5.0}{26}=0.192\fallingdotseq1.9\times10^{-1}\ \text{A}$$

$$I_2=\frac{6.0}{26}=0.230\fallingdotseq2.3\times10^{-1}\ \text{A}$$

R_3を流れる電流は，

$$I_1-I_2=\frac{5.0}{26}-\frac{6.0}{26}=-0.0384\fallingdotseq-3.8\times10^{-2}\ \text{A}$$

負なので，R_3を流れる電流の向きは下向きで，大きさは3.8×10^{-2} A である。

問2 (5) (2)〜(4)の結果より，R_1，R_2，R_3を流れる電流の向きはそれぞれ左向き，左向き，下向きである。

問3 (6)(7)(8) R_1，R_2，R_3の電位差は，オームの法則より，

$$R_1：5.0\times\frac{5.0}{26}=\frac{25}{26}=0.961\fallingdotseq9.6\times10^{-1}\ \text{V}$$

$$R_2：10\times\frac{6.0}{26}=\frac{30}{13}=2.30\fallingdotseq2.3\ \text{V}$$

$$R_3：20\times\left(\frac{6.0}{26}-\frac{5.0}{26}\right)=\frac{10}{13}=0.769\fallingdotseq7.7\times10^{-1}\ \text{V}$$

問4 (9) R_3に電流が流れないので，R_3の両端は電位が等しい。

(10) **問4**ではR_4の抵抗値が未知なので，それをR_4〔Ω〕とおく。R_3に電流は流れないので，**問1**で $I_1=I_2=I$ として経路①，②でキルヒホッフの第二法則を適用すると，

経路①：$5.0=R_4I+5.0I$　……③

経路②：$10=10I+30I$　……④

④式より，$I=0.25$ A を③式に代入して，

$$R_4=\frac{5.0}{I}-5.0=\frac{5.0}{0.25}-5.0=15\ \Omega$$

別解　点aの電位を基準として，点bの電位を V_b〔V〕とおくと，電位差が0となることから，

$$V_b=-30I+10-10I=R_4I-5.0+5.0I=0$$

より，$I=0.25$ A，$R_4=15\ \Omega$

51 コンデンサーを含む直流回路

Point

電気量の保存

　回路中の孤立した部分の電気量の和は変わらない。

コンデンサーに流れる電流（直流）

　電荷を蓄えていないコンデンサーは抵抗0の導線と見なせる。また，十分に時間が経ったとき，コンデンサーに流れる電流は0となる。

160 (1)　4.5×10^{-5} C　(2)　3.4×10^{-4} J　(3)　6.0 V　(4)　2.7×10^{-5} C

解説 $C_1=3.0\times10^{-6}$ F，$C_2=4.5\times10^{-6}$ F，$V=15$ V とおく。

(1)　C_1 に蓄えられた電気量を Q_0〔C〕とすると，コンデンサーに蓄えられた電荷の式より，

$$Q_0=C_1V=(3.0\times10^{-6})\times15=4.5\times10^{-5}\ \text{C}$$

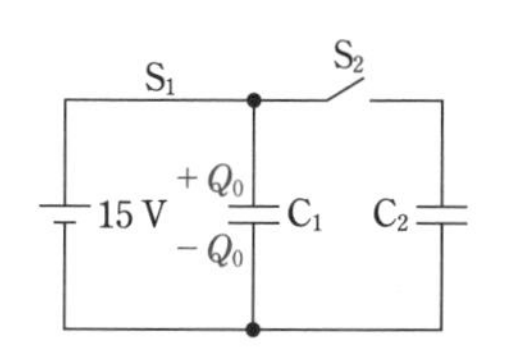

(2)　C_1 に蓄えられた静電エネルギーを U_0〔J〕とすると，コンデンサーの静電エネルギーの式より，

$$U_0=\frac{1}{2}Q_0V=\frac{1}{2}\times4.5\times10^{-5}\times15$$

$$=3.375\times10^{-4}\fallingdotseq3.4\times10^{-4}\ \text{J}$$

(3)　C_1 に蓄えられていた電荷の一部が，C_1 と C_2 の極板間電圧が等しくなるまで C_2 に移動する。C_1，C_2 に蓄えられた電気量を Q_1〔C〕，Q_2〔C〕，求める電圧を V_1〔V〕とおくと，電気量の保存と電圧の関係より，

$$Q_0=Q_1+Q_2\quad\cdots\cdots①$$

$$V_1=\frac{Q_1}{C_1}=\frac{Q_2}{C_2}\quad\cdots\cdots②$$

①，②式より，$Q_0=C_1V_1+C_2V_1$　よって，

$$V_1=\frac{Q_0}{C_1+C_2}=\frac{4.5\times10^{-5}}{3.0\times10^{-6}+4.5\times10^{-6}}=6.0\ \text{V}$$

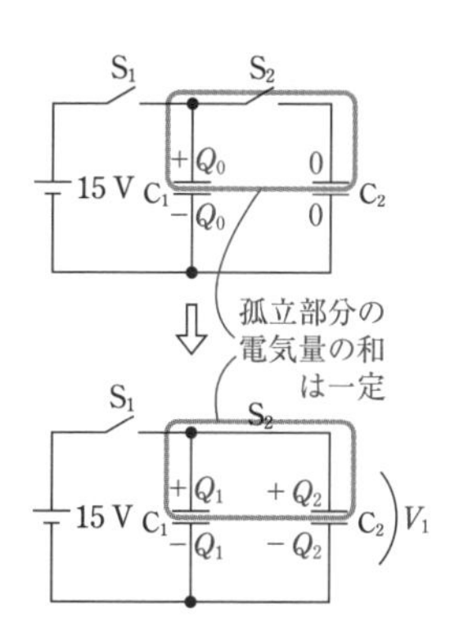

(4) (3)の結果を②式に代入して，

$$Q_2=C_2V_1=4.5\times10^{-6}\times6.0=2.7\times10^{-5}\,\mathrm{C}$$

161 (1) $\dfrac{1}{2}CV$　(2) $\dfrac{3}{4}V$

解説 (1) C_1，C_3 に蓄えられる電気量を Q_1，Q_3 とする。電気量の保存と電圧の関係より，

$$0=-Q_1+Q_3,\qquad V=\frac{Q_1}{C}+\frac{Q_3}{C}$$

これより，

$$V=\frac{Q_3}{C}+\frac{Q_3}{C}\quad よって\quad Q_3=\frac{1}{2}CV$$

別解 はじめの電荷が0のときは，C_1 と C_3 が直列に接続されているので，合成容量を C_{13} として，

$$\frac{1}{C_{13}}=\frac{1}{C}+\frac{1}{C}\quad より\quad C_{13}=\frac{C}{2}$$

よって，$Q_3=C_{13}V=\dfrac{1}{2}CV$

(2) C_2，C_3 に蓄えられる電気量を Q_2，Q_3' とする。電気量の保存 $Q_3=Q_3'-Q_2$ より，

$$\frac{1}{2}CV=Q_3'-Q_2\quad \cdots\cdots①$$

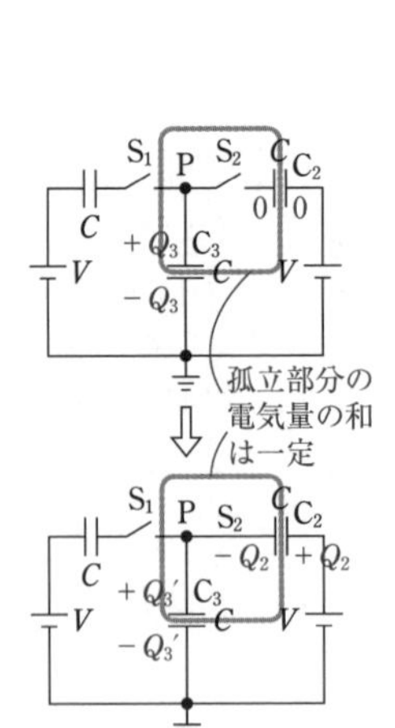

電圧の関係より，

$$V=\frac{Q_3'}{C}+\frac{Q_2}{C}\quad \cdots\cdots②$$

①，②式を連立させて解くと，

$$Q_2=\frac{1}{4}CV,\qquad Q_3'=\frac{3}{4}CV$$

点Pの電位 V_P は C_3 の極板間電圧に等しいから，

$$V_P=\frac{Q_3'}{C}=\frac{\frac{3}{4}CV}{C}=\frac{3}{4}V$$

162 (1) $\dfrac{E}{R}$〔A〕　(2) $\dfrac{CE-q}{CR}$〔A〕　(3) $\dfrac{3}{2}CE^2$〔J〕

(4) 直後：0 A　十分な時間経過後：$\dfrac{E}{3R}$〔A〕　(5) $\dfrac{2}{3}CE$〔C〕

解説 (1) 求める電流の大きさを I_0〔A〕とする。スイッチを閉じた直後では，電荷を蓄えていないコンデンサーは抵抗 0 の導線と見なせる。オームの法則より，

$$E=RI_0 \quad よって \quad I_0=\frac{E}{R}〔A〕$$

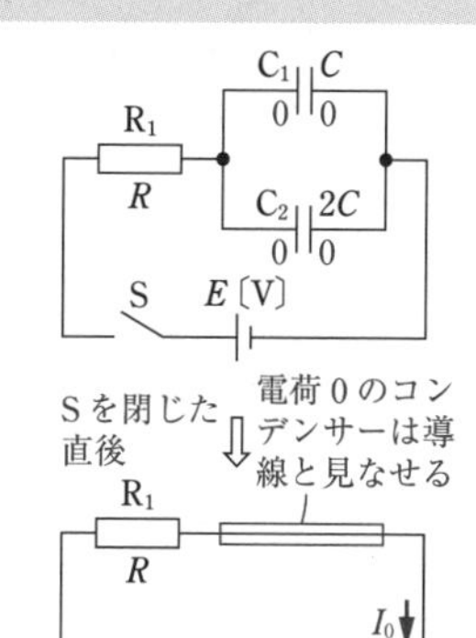

(2) 求める電流の大きさを I〔A〕として，電圧の関係より，

$$E=RI+\frac{q}{C} \quad よって \quad I=\frac{CE-q}{CR}〔A〕$$

(3) 十分に時間が経つとコンデンサーに流れる電流は 0 になるから，C_1，C_2 の電圧はともに E〔V〕になる。コンデンサーの静電エネルギーの式より，求める静電エネルギーの合計 U〔J〕は，

$$U=\frac{1}{2}\cdot C\cdot E^2+\frac{1}{2}\cdot 2C\cdot E^2=\frac{3}{2}CE^2〔J〕$$

参考 (2)で $I=0$ より $q=CE$ となるので，C_1，C_2 の極板間電圧はともに E〔V〕。

(4) スイッチを閉じた直後では，電荷を蓄えていないコンデンサーは抵抗 0 の導線と見なせるから，電流は R_2 には流れず，C_1 の方にだけ流れる。よって，スイッチを閉じた直後に R_2 を流れる電流の大きさは 0 A である。ちなみに，R_1 を流れる電流の大きさ I_1〔A〕は(1)と同じ $\dfrac{E}{R}$〔A〕である。

十分に時間が経ったとき，コンデンサー C_1 には電荷 Q_1〔C〕が蓄えられて電流が流れなくなるが，R_2 には，電流が流れる。この電流の大きさを I_2〔A〕とすると，電圧の関係より，

$$E=RI_2+2RI_2 \quad ……①$$

$$\frac{Q_1}{C}=2RI_2 \quad ……②$$

①式より，$I_2=\dfrac{E}{3R}$〔A〕

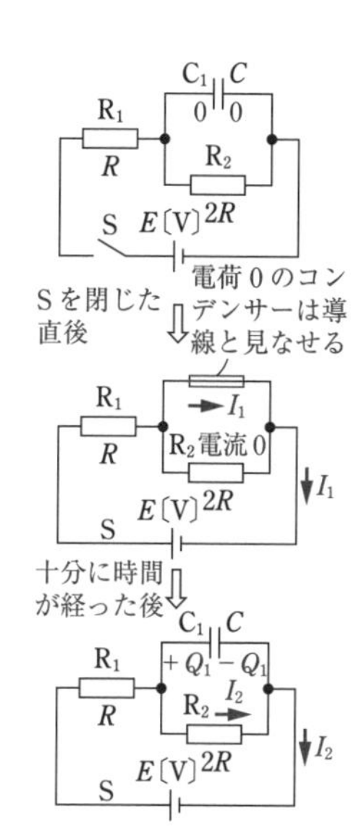

(5) (4)の結果を②式に代入して，

$$Q_1=C\cdot 2RI_2=C\cdot 2R\cdot\frac{E}{3R}=\frac{2}{3}CE〔C〕$$

第4章 電磁気

52 電流による磁場

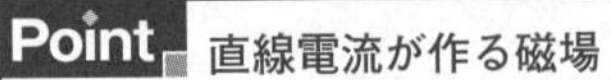

Point

直線電流が作る磁場

直線電流からの距離 r〔m〕の点に作る磁場の強さ H〔A/m〕は，電流の大きさを I〔A〕として，

$$H=\frac{I}{2\pi r}$$

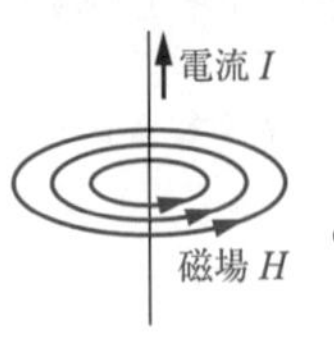

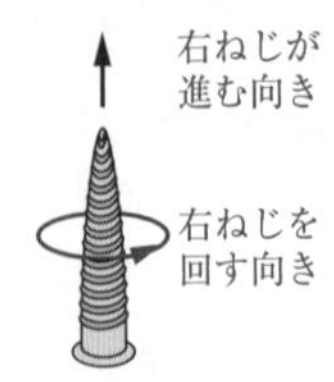

円形電流が中心に作る磁場

円形電流が円の中心に作る磁場の向きは，電流の向きを右ねじを回す向きとすると，右ねじの進む向きに

$$H=\frac{I}{2r}$$

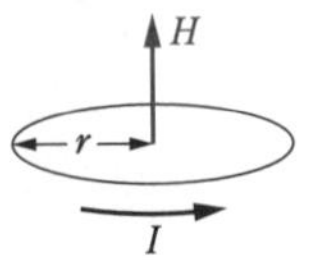

ソレノイドが内部に作る磁場

ソレノイドが内部に作る磁場は一様で，その向きは電流の向きを右ねじを回す向きとすると，右ねじの進む向きになる。ソレノイドの単位長さ当たりの巻き数を n〔/m〕として，

$$H=nI$$

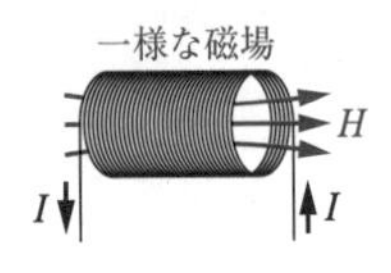

163 (1) $\frac{15}{2\pi}$〔A/m〕　(2) 25 A/m　(3) 9.0×10^2 A/m

解説 (1) 磁場の強さを H〔A/m〕とすると，直線電流が作る磁場の式より，

$$H=\frac{3.0}{2\pi\times0.20}=\frac{15}{2\pi}\text{〔A/m〕}$$

(2) 磁場の強さを H〔A/m〕とする。巻数が5なので，円形電流が中心に作る磁場を5倍する。

$$H=5\times\frac{1.5}{2\times0.15}=25\text{ A/m}$$

(3) 磁場の強さを H〔A/m〕とする。長さ0.20 mに300回巻かれているので，単位長さあたりの巻数は

$$\frac{300}{0.20}=1.5\times10^3\text{ /m}$$

となる。ソレノイドが内部に作る磁場の式より，

$$H=1.5\times10^3\times0.60=9.0\times10^2\text{ A/m}$$

164 $\frac{2I}{\pi d}$

解説 大きさ I，$3I$ の電流が流れる導線をそれぞれ導線1，導線2とする。図のように，2本の導線からの距離が $\frac{d}{2}$ の点Pでの，導線1，2の電流によって作ら

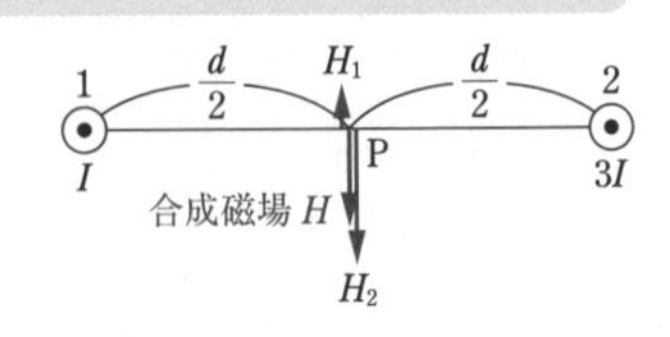

れる磁場の強さ H_1，H_2 は，直線電流が作る磁場の式より，

◀図の⊙は電流の向きが紙面の裏から表の向きであることを示す。

$$H_1=\frac{I}{2\pi\cdot\frac{d}{2}}=\frac{I}{\pi d},\qquad H_2=\frac{3I}{2\pi\cdot\frac{d}{2}}=\frac{3I}{\pi d}$$

それぞれの磁場の向きは反対になるので，それらを重ねあわせた合成磁場は，導線 2 の電流が作る磁場の向きで，強さ H は，

$$H=H_2-H_1=\frac{3I}{\pi d}-\frac{I}{\pi d}=\frac{2I}{\pi d}$$

165 (1) $\frac{5}{\pi}$〔A/m〕　(2) b　(3) c　(4) $\frac{5}{\pi}$〔A/m〕

解説 (1) 導線Aの電流が点Pに作る磁場の強さを H_1〔A/m〕とすると，直線電流が作る磁場の式より，

$$H_1=\frac{1}{2\pi\times0.10}=\frac{5}{\pi}\text{〔A/m〕}$$

磁場の向きは e の向きである。

(2) AP 間の距離と AB 間の距離は同じで，導線Bには紙面の表から裏に電流が流れているので，導線Bの電流が点Pに作る磁場の向きは b である。

(3) 導線Bの電流が点Pに作る磁場の強さを H_2〔A/m〕とすると，直線電流が作る磁場の式より，BP 間の距離は $0.10\times\sqrt{2}$ m なので，

$$H_2=\frac{2}{2\pi\times0.10\sqrt{2}}=\frac{5\sqrt{2}}{\pi}\text{〔A/m〕}$$

これは H_1 の $\sqrt{2}$ 倍であるから，図のように合成磁場は c の向きになる。

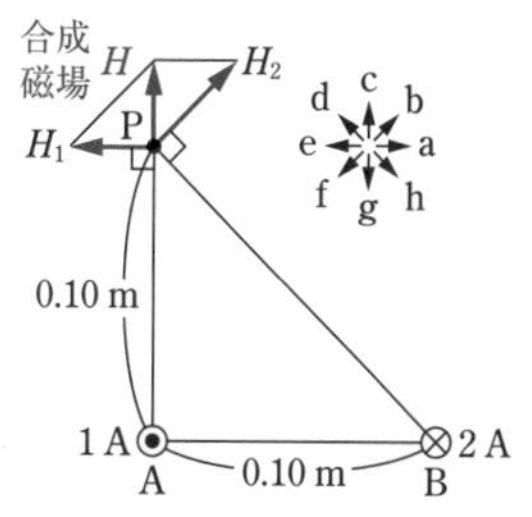

(4) 図から，点Pの合成磁場の強さは H_1 に等しく，$\frac{5}{\pi}$〔A/m〕である。

53 磁場が電流に及ぼす力

Point 直線電流が一様な磁場から受ける力

一様な磁場中で，大きさ I〔A〕の電流が流れている直線状の導線の長さ l〔m〕の部分が，磁場から受ける力の大きさ F〔N〕は，

$$\boldsymbol{F=IBl}$$

B〔T〕は磁束密度といい，磁場の強さ H〔A/m〕と，

$$\boldsymbol{B=\mu H}\quad(\mu\text{〔N/A}^2\text{〕：透磁率})$$

の関係がある。

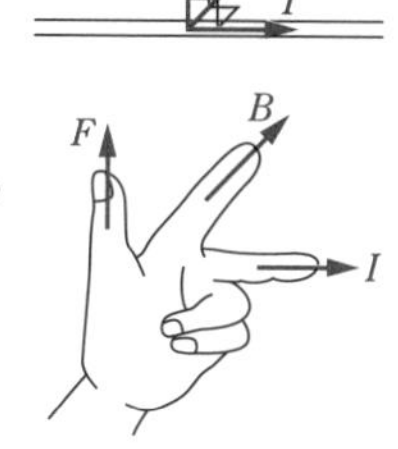

フレミングの左手の法則

直線電流が一様な磁場から受ける力の向きは，左手の親指：力 F，人差し指：磁場 B，中指：電流の向きで求められる。

166 (1) ⑦　(2) ①　(3) $\dfrac{\mu_0 I^2}{2\pi r}$〔N/m〕

解説 (1) 右ねじの法則より，導線Pの電流によって導線Qの位置に作られる磁場の向きは⑦の向きである。

(2) フレミングの左手の法則より，(1)の磁場によって導線Qには①の向きの力がはたらく。

(3) 導線Qの電流によって導線Pの位置に作られる磁場は，⑦の向きで，磁場の強さH〔A/m〕は，直線電流が作る磁場の式より，$H=\dfrac{I}{2\pi r}$〔A/m〕であり，磁束密度の大きさB〔T〕は，

$$B=\mu_0 H=\mu_0\cdot\frac{I}{2\pi r}=\frac{\mu_0 I}{2\pi r}\text{〔T〕}$$

◀導線P，Qの位置での磁場の向き，力の向きは下図のようになる。

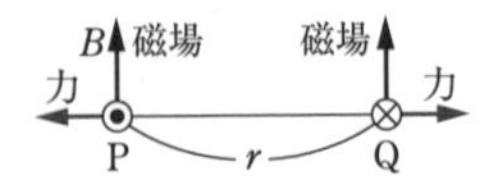

直線電流が一様な磁場から受ける力の式より，1m当たりにはたらく力の大きさF〔N/m〕は，

$$F=IB\cdot 1=I\cdot\frac{\mu_0 I}{2\pi r}=\frac{\mu_0 I^2}{2\pi r}\text{〔N/m〕}$$

167 問1 (1) (ア)　(2) (エ)　問2 (3) (キ)　(4) (ク)
問3 (5) (ス)　問4 (6) (ソ)　問5 (7) (キ)　(8) (ツ)

解説 問1 (1) 辺PSの位置に作られる磁場の向きは，右ねじの法則により紙面の表から裏の向きになるから(ア)である。

(2) 磁場の強さH_{PS}は，直線電流が作る磁場の式より，$H_{PS}=\dfrac{I}{2\pi x}$となるから(エ)である。

問2 (3) 辺PSには上向きに大きさiの電流が流れているから，フレミングの左手の法則より，辺PSが受ける力の向きは左向きであるから(キ)である。

(4) 辺PSが受ける力の大きさF_{PS}は，直線電流が一様な磁場から受ける力の式より，磁束密度の大きさが

$B_{PS}=\mu_0 H_{PS}=\dfrac{\mu_0 I}{2\pi x}$であるから，

$$F_{PS}=iB_{PS}d=i\cdot\frac{\mu_0 I}{2\pi x}\cdot d=\frac{\mu_0 Iid}{2\pi x}$$

となる。よって，(ク)である。

◀コイル付近の磁場の向きと，辺PS，辺QRが受ける力の向きは下図のようになる。

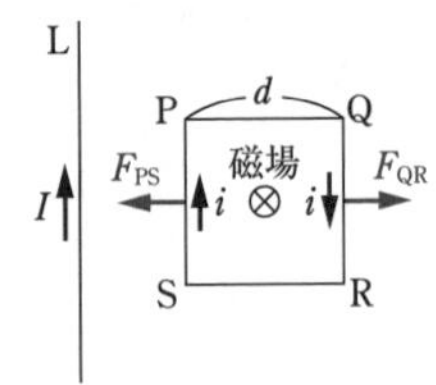

問3 (5) 辺QRの位置の磁場の向きは辺PSの位置の磁場の向きと同じで，辺QRでは辺PSと逆向きの下向きの電流が流れているから，辺QRにはたらく力は辺PSにはたらく力の向きとは逆の右向きになる。その大きさF_{QR}は(4)のF_{PS}の式において磁束密度のxを$x+d$にして，$F_{QR}=\dfrac{\mu_0 Iid}{2\pi(x+d)}$となる。よって，(ス)である。

問4 (6) Lから同じ距離の点には，同じ向きで同じ強さの磁場がある。辺PQと辺SRに流れる電流の向きは逆向きなので，フレミングの左手の法則より，辺PQと辺SRにはたらく力の向きは逆になり，大きさは等しいので，これらの力は打ち消しあう。よって，(ソ)である。

◀辺PQ，辺SR上にある直線導線Lから同じ距離にある点が受ける力の向きは下図のようになる。

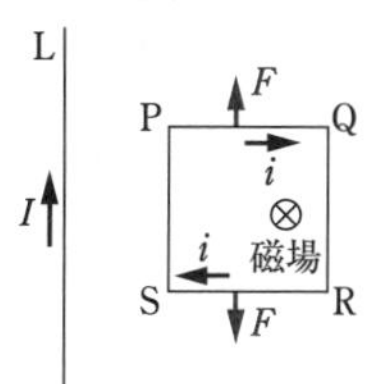

問5 (7) (4)(5)より，辺PSにはたらく力の方が辺QRにはたらく力よりも大きいので，コイルにはたらく合力は，左向きである。よって，(キ)である。

(8) コイルにはたらく合力の大きさは，

$$F_{PS}-F_{QR}=\frac{\mu_0 Iid}{2\pi x}-\frac{\mu_0 Iid}{2\pi(x+d)}=\frac{\mu_0 Iid^2}{2\pi x(x+d)}$$

となる。よって，(ツ)である。

168 向き：P→Q　　大きさ：$\dfrac{W\tan\theta}{BL}$

解説 導体棒は静止しているので，導体棒にはたらく力はつりあっている。右図のように，水平方向にx軸，鉛直方向にy軸をとり，導線の張力の大きさをTとする。導体棒がつりあうためには，図のように導体棒が磁場から受ける力Fの向きはx軸の負の向きになる。

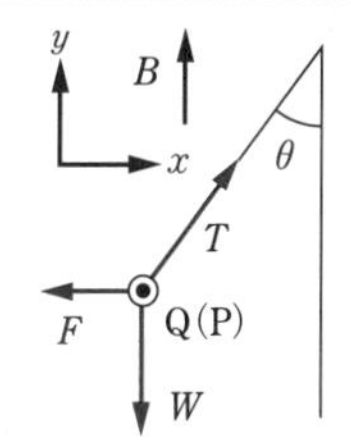

フレミングの左手の法則より導体棒に流れる電流の向きはP→Qの向きである。

導体棒について力のつりあいの式を立てると，

水平方向：$T\sin\theta=F$，　鉛直方向：$T\cos\theta=W$

これより，

$$F=T\sin\theta=\frac{W}{\cos\theta}\cdot\sin\theta=W\tan\theta$$

電流の大きさをIとすると，直線電流が一様な磁場から受ける力の式より $F=IBL$ であるから，

$$W\tan\theta=IBL \quad よって \quad I=\frac{W\tan\theta}{BL}$$

54 ローレンツ力

Point ローレンツ力

磁束密度 B〔T〕の磁場に垂直な向きに速さ v〔m/s〕で運動する電気量 q〔C〕($q>0$) の荷電粒子は，磁場からローレンツ力を受ける。その大きさ f〔N〕は，$f=qvB$

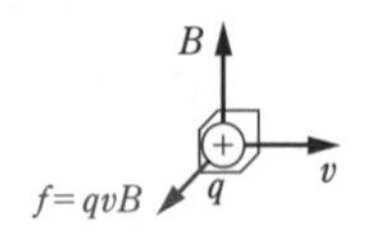

ローレンツ力の向きは，正電荷の運動の向きを電流の向きと見て，フレミングの左手の法則から決まる力の向きとなる。負電荷の粒子（電子など）は，運動の向きと逆向きを電流の向きとする。

169 6.4×10^{-17} N

解説 電子は磁場からローレンツ力を受ける。その大きさを f〔N〕とおくと，ローレンツ力の式より，

$$f=1.6\times10^{-19}\times1.0\times10^{6}\times4.0\times10^{-4}=6.4\times10^{-17}\text{ N}$$

注意 大きさを求めるので，電荷の－は無視して正の値で答える。ただし，力の向きは正電荷の場合と比べて逆向き。

170 (1) IBl〔N〕　(2) gの向き　(3) evB〔N〕　(4) $\dfrac{Il}{ev}$

(5) $\dfrac{I}{\pi evr^2}$

解説 (1) 求める力の大きさを F〔N〕とすると，直線電流が一様な磁場から受ける力の式より，

$$F=IBl\text{〔N〕}$$

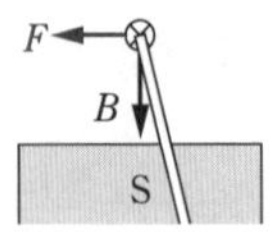

(2) フレミングの左手の法則よりgの向きである。

(3) 自由電子1個が受けるローレンツ力の大きさを f〔N〕とすると，ローレンツ力の式より，

$$f=evB\text{〔N〕}$$

(4) 求める自由電子数を N とすると，$Nf=F$ より，

$$N=\frac{F}{f}=\frac{IBl}{evB}=\frac{Il}{ev}$$

(5) 半径 r，長さ l の円柱の体積は πr^2l であり，この中に(4)の N 個の自由電子が含まれると考えて，1 m^3 当たりの平均の自由電子数は，

$$\frac{N}{\pi r^2l}=\frac{\dfrac{Il}{ev}}{\pi r^2l}=\frac{I}{\pi evr^2}$$

171 (1) qvB (2) $\dfrac{mv}{qB}$ (3) $\sqrt{\dfrac{2dqE}{m}}$ (4) $\dfrac{2dE}{r^2B^2}$

解説 (1) ローレンツ力の大きさをfとすると，ローレンツ力の式より，

$$f=qvB$$

(2) 粒子が受けるローレンツ力が円運動の向心力となっている。よって，向心方向の運動方程式を立てると，

$$m\frac{v^2}{r}=qvB \quad よって \quad r=\frac{mv}{qB}$$

(3) 粒子が静止していた位置と右の電極間の電位差をVとおく。運動エネルギーと静電気力による位置エネルギーの関係より，

$$\frac{1}{2}mv^2=qV \quad よって \quad v=\sqrt{\frac{2qV}{m}}$$

一様な電場と電位の関係より $V=Ed$ と表されるから，

$$v=\sqrt{\frac{2qV}{m}}=\sqrt{\frac{2dqE}{m}}$$

(4) (2)の結果を $v=\dfrac{q}{m}rB$ として，(3)の結果に代入してvを消去すると，

$$\frac{q}{m}rB=\sqrt{2dE\cdot\frac{q}{m}} \quad 両辺を2乗して，\left(\frac{q}{m}\right)^2r^2B^2=2dE\cdot\frac{q}{m}$$

これより $\dfrac{q}{m}=\dfrac{2dE}{r^2B^2}$

55 電磁誘導

Point

レンツの法則

磁束の変化で生じる誘導起電力の向きは，それによって生じる誘導電流の作る磁束が磁束の変化を打ち消すような向きに生じる。

ファラデーの電磁誘導の法則

巻き数Nのコイルを貫く磁束Φ〔Wb〕が，時間Δt〔s〕の間に$\Delta\Phi$〔Wb〕だけ変化するとき，生じる誘導起電力V〔V〕は，

$$V=-N\frac{\Delta\Phi}{\Delta t}$$

一様な磁場を横切る導体棒の誘導起電力

磁束密度B〔T〕の一様な磁場中にある長さl〔m〕の導体棒を，外力によって磁場に垂直に速さv〔m/s〕で動かすとき，導体棒に生じる誘導起電力の大きさV〔V〕は，

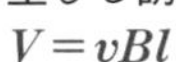

$$V=vBl$$

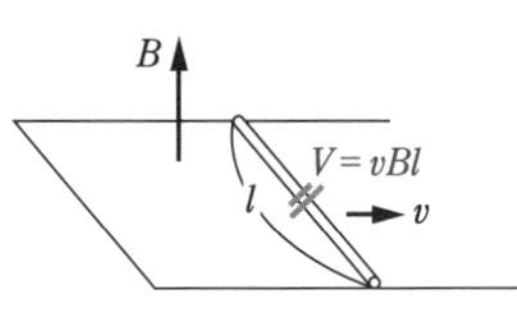

172 (1) イ　(2) ア　(3) イ　(4) ア

解説 レンツの法則（磁束の変化を打ち消すような磁束の向きを決める）と，右ねじの法則（誘導電流が作る磁束の向きを決める）によって誘導電流の向きを判断する。磁石による磁場の向きは，磁石のN極から出てS極に入る向きである。

(1) N極が近づく → 下向きの磁束が増加 → 上向きの磁束を増加するように誘導電流が流れる → イの向きに誘導電流が流れる。

(2) N極が遠ざかる → 下向きの磁束が減少 → 下向きの磁束を増加するように誘導電流が流れる → アの向きに誘導電流が流れる。

(3) S極が遠ざかる → 上向きの磁束が減少 → 上向きの磁束を増加するように誘導電流が流れる → イの向きに誘導電流が流れる。

(4) 磁場のある領域に近づく → 下向きの磁束が増加 → 上向きの磁束を増加するように誘導電流が流れる → アの向きに誘導電流が流れる。

173 (1) 2.0×10^{-2} V　(2) 4.0×10^{-5} W

解説 (1) 断面積を $S=2.0\times10^{-3}\,\mathrm{m^2}$，巻き数を $N=100$ とする。コイルを貫く磁束 Φ〔Wb〕は磁束密度を B〔T〕とすると $\Phi=BS$ で与えられる。磁場の変化は磁束の変化を生じ，磁束の変化 $\Delta\Phi$ は磁束密度の変化 ΔB を用いると，$\Delta\Phi=\Delta B\cdot S$ となる。

図2から1s間に0.1Tだけ変化することが読み取れるので，ファラデーの電磁誘導の法則より，誘導起電力の大きさ V〔V〕は，

$$V=\left|-N\frac{\Delta\Phi}{\Delta t}\right|=N\frac{\Delta B}{\Delta t}\cdot S=100\times\frac{0.1}{1}\times2.0\times10^{-3}=2.0\times10^{-2}\,\mathrm{V}$$

(2) $R=10\,\Omega$ の抵抗で消費される電力 P〔W〕は，電力の式 $P=\dfrac{V^2}{R}$ より，

$$P=\frac{(2.0\times10^{-2})^2}{10}=4.0\times10^{-5}\,\mathrm{W}$$

174 (1) vBl〔V〕　(2) ア　(3) $\dfrac{vBl}{R}$〔A〕　(4) $\dfrac{vB^2l^2}{R}$〔N〕

(5) $g-\dfrac{vB^2l^2}{mR}$〔m/s²〕　(6) $\dfrac{mgR}{B^2l^2}$〔m/s〕　(7) $\dfrac{m^2g^2R}{B^2l^2}$〔J〕

(8) $\dfrac{m^2g^2R}{B^2l^2}$〔J〕

解説 (1) おもりは下向きに落ちていくので，導線PQは右向きに動く。一様な磁場を横切る導体棒の誘導起電力の式より，求める誘導起電力の大きさを V〔V〕とすると，

$$V=vBl\,\text{〔V〕}$$

(2) 導線PQが右向きに動くので，回路を貫く上向きの磁束が増加する。レンツの法則より，誘導電流は上向きに増加する磁束を打ち消すように導線PQをP→Qの向きに流れるので，アの向きである。

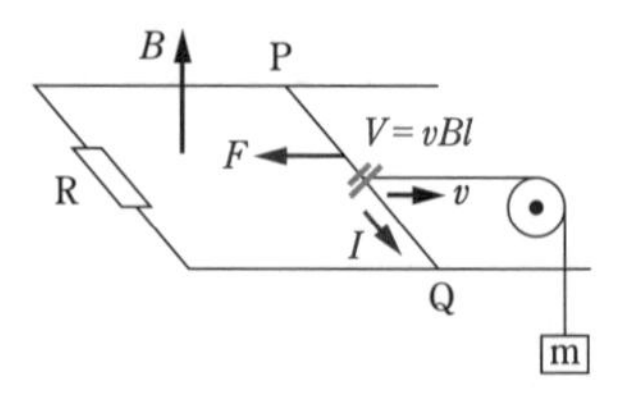

(3) オームの法則より，求める電流の大きさ I〔A〕は，

$$I=\frac{V}{R}=\frac{vBl}{R}\text{〔A〕}$$

(4) 求める力の大きさを F〔N〕とすると，直線電流が一様な磁場から受ける力の式より，

$$F=IBl=\frac{vBl}{R}\cdot Bl=\frac{vB^2l^2}{R}\text{〔N〕}$$

(5) (4)の力はフレミングの左手の法則より棒が動く向きと反対向きにはたらき，導線PQの質量は無視できるので，Fはおもりmにはたらくひもの張力に等しい。鉛直下向きを正の向きとして，おもりの加速度を a〔m/s²〕とおき，おもりの運動方程式を立てると，$ma=mg-F$ より，

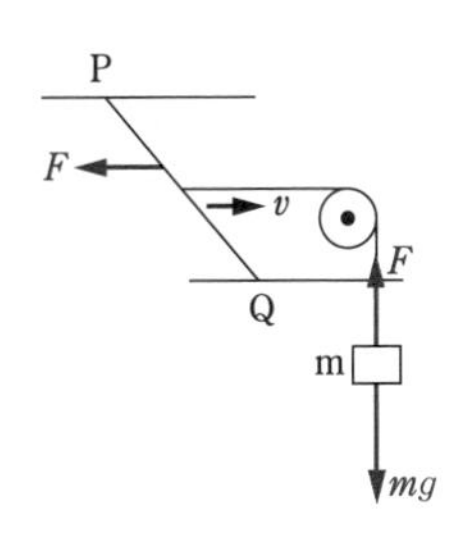

$$a=g-\frac{F}{m}=g-\frac{\frac{vB^2l^2}{R}}{m}=g-\frac{vB^2l^2}{mR}\text{〔m/s}^2\text{〕}$$

(6) 一定の速さのとき加速度は0である。求める速さを v'〔m/s〕として，(5)の加速度 aを0とおくと，

$$g-\frac{v'B^2l^2}{mR}=0\quad\text{よって}\quad v'=\frac{mgR}{B^2l^2}\text{〔m/s〕}$$

(7) 重力が1s間にする仕事を W〔J〕とすると，1s間で距離 v'〔m〕移動するので，仕事の式より，

$$W=mg\cdot v'=mg\cdot\frac{mgR}{B^2l^2}=\frac{m^2g^2R}{B^2l^2}\text{〔J〕}$$

(8) 抵抗Rで1s間に発生する熱エネルギーを Q〔J〕とする。(3)の v を v' とした電流の大きさを $I'=\frac{v'Bl}{R}$ とする。ジュール熱の式より，(3)と(6)の結果を使うと，

$$Q=RI'^2=R\left(v'\cdot\frac{Bl}{R}\right)^2=R\left(\frac{mgR}{B^2l^2}\cdot\frac{Bl}{R}\right)^2=R\left(\frac{mg}{Bl}\right)^2=\frac{m^2g^2R}{B^2l^2}\text{〔J〕}$$

参考 (7)の重力がする仕事と，(8)の抵抗で発生するジュール熱は等しくなる。これはエネルギーの保存を表す。

第5章 原　子

56 電場中の荷電粒子の運動

Point 電場中の荷電粒子の運動

強さ E〔V/m〕の一様な電場中に，荷電粒子が電場に垂直に入射すると，電場方向では等加速度運動，電場に垂直な方向では等速直線運動になり，放物線軌道を描く。

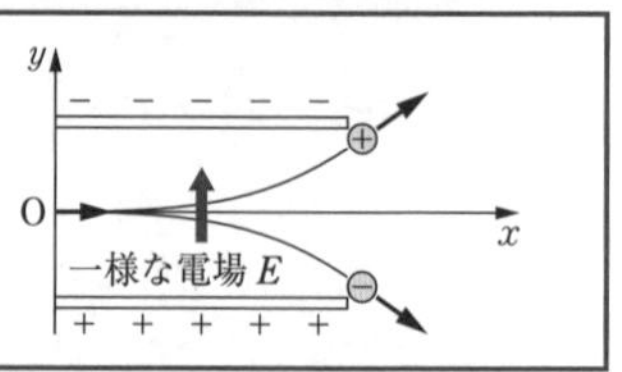

175 (1) mg〔N〕　(2) $\dfrac{mg}{k}$〔m/s〕　(3) $\dfrac{V}{d}$〔V/m〕　(4) QE〔N〕

(5) $\dfrac{mgd}{Q}$〔V〕　(6) $\dfrac{2mgd}{Q}$〔V〕

解説 (1) $F_g = mg$〔N〕

(2) 小球が終端速度 v_f で等速直線運動するとき，重力と空気抵抗 R $(=kv_f)$ の力がつりあいの状態となっているので，

$$kv_f = mg \quad より \quad v_f = \frac{mg}{k}〔m/s〕$$

(3) 極板間には一様な電場が生じているので，$E = \dfrac{V}{d}$〔V/m〕

(4) $F_s = QE$〔N〕

(5) 力のつりあいより，$F_s = F_g$ であるから(1)，(3)の結果を用いて，

$$Q \cdot \frac{V_0}{d} = mg \quad より \quad V_0 = \frac{mgd}{Q}〔V〕$$

(6) 右図の力のつりあいより，$F_s = F_g + R$ となるので，

$$Q \cdot \frac{V_1}{d} = mg + kv_f \quad よって \quad V_1 = \frac{2mgd}{Q}〔V〕$$

176 $F = \dfrac{q(V_A - V_B)}{d}$〔N〕，　$t = d\sqrt{\dfrac{m}{q(V_A - V_B)}}$〔s〕

解説 電場の強さを E〔V/m〕とすると，一様な電場と電位の関係より，$E = \dfrac{V_A - V_B}{d}$ である。荷電粒子が受ける静電気力の大きさ F〔N〕は，電荷が電場から受ける力 $F = qE$ より，

$$F = q \cdot \frac{V_A - V_B}{d} = \frac{q(V_A - V_B)}{d}〔N〕$$

荷電粒子はx軸方向には力を受けないので，等速直線運動をする。y軸方向には静電気力を受けるので，y軸方向の加速度をa〔m/s^2〕とすると，運動方程式 $ma=F$ より，

$$a=\frac{F}{m}=\frac{q(V_A-V_B)}{md}$$

この加速度は一定であるから，荷電粒子はy軸方向には金属板Bに向かって等加速度直線運動をし，時間t〔s〕後にBに衝突する。この際のy軸方向の変位は$\frac{d}{2}$〔m〕となるから，等加速度直線運動の変位の式より，

$$\frac{d}{2}=\frac{1}{2}at^2 \quad よって \quad t=\sqrt{\frac{d}{a}}=\sqrt{\frac{d}{\frac{q(V_A-V_B)}{md}}}=d\sqrt{\frac{m}{q(V_A-V_B)}}〔s〕$$

57 光電効果

Point

光子のエネルギー

振動数ν〔Hz〕の光の光子1個が持つエネルギーE〔J〕は，

$\boldsymbol{E=h\nu}$ （$h=6.63\times10^{-34}$ J·s：プランク定数）

光電効果

金属に光を当てたとき金属から電子が飛び出す現象を光電効果という。光の振動数ν〔Hz〕が，金属によって決まる限界振動数ν_0〔Hz〕よりも大きいときだけ起こる。これは，エネルギー$h\nu$〔J〕を持った1個の光子が，そのエネルギーを1個の電子に与えると考えて説明できる。飛び出した電子（光電子）の運動エネルギーの最大値K_{max}〔J〕は，

$\boldsymbol{K_{max}=h\nu-W}$

ここで，W〔J〕は，電子が金属から離れるために必要な最小のエネルギーで，仕事関数と呼ばれる。

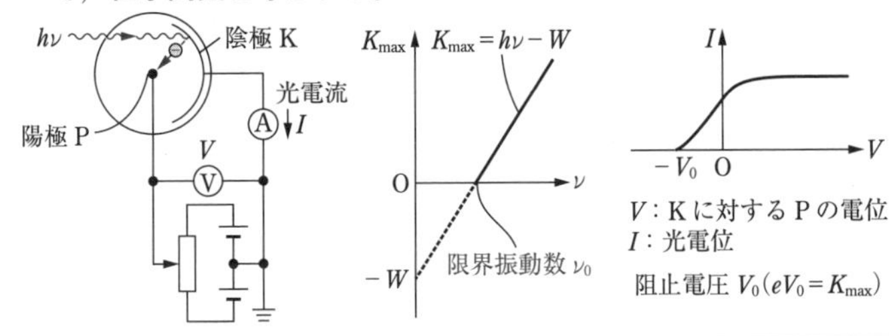

177 **問1** (1) 光電効果 (2) 光電子 (3) 仕事関数 (4) $h\nu$

(5) $h\nu-W$ (6) $\sqrt{\frac{2(h\nu-W)}{m}}$

問2 (7) 4.6×10^{14} (8) 3.0×10^{-19} (9) 6.6×10^{-34}

解説 **問1** (1)〜(3) 光電効果によって飛び出す電子を特に光電子という。

(4) 振動数ν〔Hz〕の光子のエネルギーE〔J〕は，$E=h\nu$〔J〕と表される。

(5) 1個の光子の持つエネルギー $E=h\nu$〔J〕が電子1個に与えられたとすると，そ

の電子が金属外部に飛び出すのに W〔J〕が費やされるので，それを差し引いた残り $h\nu-W$〔J〕が最も速い電子の運動エネルギー K_0〔J〕になるので，

$K_0=h\nu-W$〔J〕 ……①

(6) 最大の速さ v〔m/s〕を持つ電子の運動エネルギーは $\frac{1}{2}mv^2$〔J〕と表されるので，

$K_0=\frac{1}{2}mv^2$ よって $v=\sqrt{\frac{2K_0}{m}}$

①式を代入して，$v=\sqrt{\frac{2(h\nu-W)}{m}}$〔m/s〕

問2 (7) 問題文の図の直線は，振動数 ν を変数と見て①式を表したグラフである。限界振動数 ν_0〔Hz〕は光電子が飛び出す最小の振動数であり，グラフでは K_0 が 0 になる振動数のことである。よって，グラフから $\nu_0=4.6\times10^{14}$ Hz である。

(8)(9) グラフから，①式の直線は $\nu=4.6\times10^{14}$，$K_0=0$ という点Aと，$\nu=9.6\times10^{14}$，$K_0=3.3\times10^{-19}$ という点Bを通る。よって，直線の傾きは，

$$\frac{3.3\times10^{-19}-0}{9.6\times10^{14}-4.6\times10^{14}}=6.6\times10^{-34}$$

これより①式は，

$K_0=6.6\times10^{-34}\times(\nu-4.6\times10^{14})$

と表される。整理すると，

$K_0=6.6\times10^{-34}\nu-3.036\times10^{-19}$

となり，①式と比べると，仕事関数は，$W=3.036\times10^{-19}\fallingdotseq3.0\times10^{-19}$ J

プランク定数は，$h=6.6\times10^{-34}$ J·s と求まる。

178 問1 5.0 問2 −5.7

解説 **問1** λ_0〔m〕に対応する振動数が限界振動数 ν_0〔Hz〕である。波の基本式より，

$$\nu_0=\frac{c}{\lambda_0}=\frac{3.0\times10^8}{4.0\times10^{-7}}=7.5\times10^{14}\text{ Hz}$$

光子のエネルギー $h\nu_0$ を受け取った金属中の電子は，このエネルギーをすべて金属外部へ飛び出すためのエネルギー W に費やすから，仕事関数 W と限界振動数 ν_0 の間には $W=h\nu_0$ の関係がある。よって，

$W=h\nu_0=6.6\times10^{-34}\times7.5\times10^{14}=4.95\times10^{-19}\fallingdotseq5.0\times10^{-19}$ J

問2 $\lambda=1.4\times10^{-7}$ m，$\nu=\frac{c}{\lambda}$〔Hz〕とすると，Kを飛び出す光電子の運動エネルギーの最大値 K_{max}〔J〕は，

$K_{max}=h\nu-W=h\frac{c}{\lambda}-W$

である。K_{max} を持つ光電子は，陰極Kに対する陽極Pの電位 V〔V〕が負の場合には減速され，$V=-V_0$ でPに到達できなくなるとすると，エネルギーの関係より $eV_0=K_{max}$ が成り立つ。(1)の結果を使うと，

$$eV_0=h\frac{c}{\lambda}-W$$

よって,

$$V_0=\frac{h\frac{c}{\lambda}-W}{e}=\frac{6.6\times10^{-34}\times\frac{3.0\times10^8}{1.4\times10^{-7}}-4.95\times10^{-19}}{1.6\times10^{-19}}=5.74\fallingdotseq5.7\ \mathrm{V}$$

これより, $V=-V_0=-5.7$ V で電流計の針が振れなくなる。

参考 V と I の関係は右図のようになる。

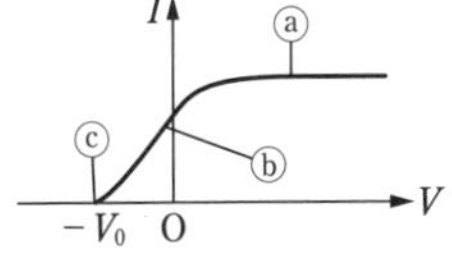

ⓐ:V が大きい場合, 光電子はすべてPに捕獲され, I は一定になる。

ⓑ:V を下げていくと, Pに捕獲される光電子が減り I は小さくなる。

ⓒ:$I=0$ となる $V=-V_0$ では, 最大の運動エネルギーを持つ光電子でもPに捕獲されなくなる。V_0 を阻止電圧という。

58 X線の発生, 物質波

Point

X線の発生

熱せられた陰極から飛び出した電子(電荷 $-e$〔C〕)を, 高い加速電圧 V〔V〕で加速して陽極に衝突させるとX線が発生し, X線の波長 λ と強度の関係は右図のようになる。鋭いピークの部分は固有X線といい, その波長(λ_1〔m〕, λ_2〔m〕)は陽極の物質で決まっていて V によらない。ピーク以外のなだらかな部分を連続X線といい, X線の最短波長 λ_{min}〔m〕(振動数 ν_0〔Hz〕)は次の関係から求められる。

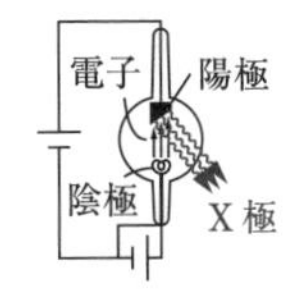

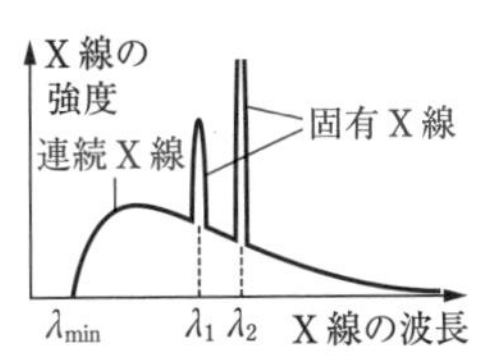

$$eV=h\nu_0=h\frac{c}{\lambda_{min}}$$ (h〔J・s〕:プランク定数, c〔m/s〕:光速度)

物質波

質量 m〔kg〕, 速さ v〔m/s〕の粒子にも波としての性質があり, その波長 λ〔m〕(ド・ブロイ波長)は, 運動量の大きさを $p=mv$〔kg・m/s〕として次のように表される。

$$\lambda=\frac{h}{p}=\frac{h}{mv}$$ (h〔J・s〕:プランク定数)

179 (1) eV (2) $\sqrt{\frac{2eV}{m}}$ (3) $\frac{hc}{eV}$ (4) 4.14×10^{-11} m

解説 (1) 陽極に衝突する直前の電子の速さを v とする。電子は電圧 V によって $W=eV$ の仕事をされるので, 運動エネルギーと仕事の関係 $\frac{1}{2}mv^2=W$ より,

$$\frac{1}{2}mv^2=eV \quad \cdots\cdots①$$

(2) ①式を v について解くと,

$$v^2=\frac{2eV}{m} \quad よって \quad v=\sqrt{\frac{2eV}{m}}$$

(3) 求める波長を $\lambda_{\min}$, 対応する振動数を ν_0 とすると, 光子のエネルギーは

$h\nu_0=h\dfrac{c}{\lambda_{\min}}$ であるから,

$$eV=h\frac{c}{\lambda_{\min}} \quad よって \quad \lambda_{\min}=\frac{hc}{eV} \quad \cdots\cdots ②$$

参考 ①式の電子1個の運動エネルギー eV をすべて1個のX線の光子が受け取るとき, そのX線の波長が最短波長になる。

(4) ②式に, $h=6.63\times10^{-34}$ J･s, $c=3.00\times10^{8}$ m/s, $e=1.60\times10^{-19}$ C, $V=3.00\times10^{4}$ V を代入して,

$$\lambda_{\min}=\frac{6.63\times10^{-34}\times3.00\times10^{8}}{1.60\times10^{-19}\times3.00\times10^{4}}=4.143\times10^{-11}\fallingdotseq4.14\times10^{-11}\ \text{m}$$

180 (1) 物質波(ド・ブロイ波)　(2) $\dfrac{h}{mv}$　(3) $\sqrt{2meV}$　(4) $\dfrac{h}{\sqrt{2meV}}$

解説 (1) 物質波をド・ブロイ波ともいう。

(2) 運動量の大きさを p〔kg･m/s〕とすると, 物質波の波長 λ〔m〕は $\lambda=\dfrac{h}{p}$ と表される。$p=mv$ であるから,

$$\lambda=\frac{h}{p}=\frac{h}{mv}\ \text{〔m〕}$$

(3) eV の仕事をされて電子の速さが v〔m/s〕になったとすると, 運動エネルギーと仕事の関係 $\dfrac{1}{2}mv^2=W$ より,

$$\frac{1}{2}mv^2=eV \quad よって \quad v=\sqrt{\frac{2eV}{m}}$$

これを $p=mv$ に代入して, $p=m\sqrt{\dfrac{2eV}{m}}=\sqrt{2meV}$〔kg･m/s〕 ……①

別解 運動エネルギー $\dfrac{1}{2}mv^2$ を $\dfrac{1}{2m}(mv)^2=\dfrac{p^2}{2m}$ と p で表して, $\dfrac{p^2}{2m}=eV$ を p について解いてもよい。

(4) 求める波長 λ は, $\lambda=\dfrac{h}{p}$ に①式を代入して, $\lambda=\dfrac{h}{\sqrt{2meV}}$〔m〕

59 放射性崩壊，半減期

Point 放射性崩壊

原子核の中には，放射線を出して別の原子核に変わるものがある。原子番号Z，質量数Aの原子核Xは$^{A}_{Z}X$と表され，Z個の陽子と$A-Z$個の中性子を持つ。この原子核がα崩壊，β崩壊，γ崩壊を1回するときのA，Zの変化は上の表のようになる。

種類	放出されるもの	A，Zの変化
α崩壊	$^{4}_{2}He$（ヘリウム原子核）	$A\to A-4$，$Z\to Z-2$
β崩壊	e^-（電子）	A：変化なし，$Z\to Z+1$
γ崩壊	電磁波（光子）	A：変化なし，Z：変化なし

半減期

放射性崩壊を起こす一定量の原子核の個数は時間とともに減少していく。最初の原子核の個数をN_0とすると，時間t後に残っている原子核の個数Nは，

$$N=N_0\left(\frac{1}{2}\right)^{\frac{t}{T}}\quad (T：半減期)$$

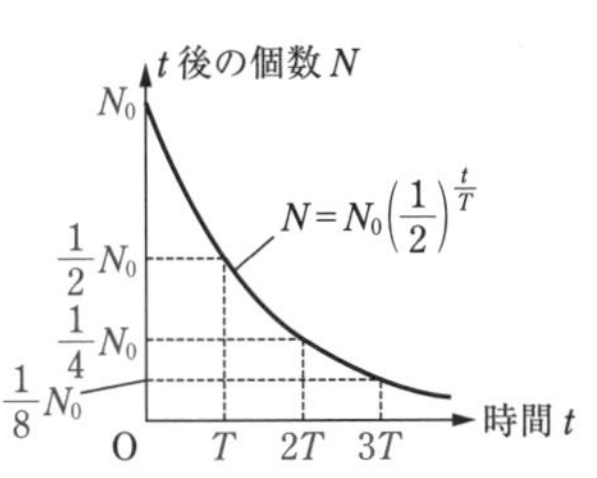

181 (1) 90　(2) 234

解説 (1) α崩壊によって，原子番号は2減少するから，崩壊後の原子核の原子番号は $92-2=90$ になる。

(2) α崩壊によって，質量数は4減少するから，崩壊後の原子核の質量数は $238-4=234$ になる。

182 (1) 陽子　(2) 中性子　(3) 6　(4) 8　(5) 17000

解説 (1) Zは原子核中の陽子の個数である。

(2) Aは原子核中の核子（陽子と中性子）の個数であるから，中性子の個数は$A-Z$個になる。

(3)(4) $^{14}_{6}C$は$A=14$，$Z=6$であるから，陽子の個数は6個，中性子の個数は$14-6=8$個である。

(5) 半減期を$T=5700$年，t〔年〕後の個数が$\frac{1}{8}$になったとすると，$\frac{N}{N_0}=\frac{1}{8}=\left(\frac{1}{2}\right)^3$であるから，半減期の式より，

$$\left(\frac{1}{2}\right)^{\frac{t}{T}}=\left(\frac{1}{2}\right)^3\quad よって\quad \frac{t}{T}=3$$

したがって，$t=3T=3\times5700=17100\fallingdotseq17000$年

183 (1) 1　(2) 2　(3) 88

解説 (1)(2) ${}^{210}_{82}\mathrm{Pb}$ が α 崩壊を x 回，β 崩壊を y 回して ${}^{206}_{82}\mathrm{Pb}$ になったとすると，

$$\begin{cases} 210-4x=206 & \cdots\cdots① \\ 82-2x+y=82 & \cdots\cdots② \end{cases}$$

①式より $x=1$，これを②式に代入して $y=2$ となるから，α 崩壊の回数は 1 回，β 崩壊の回数は 2 回である。

(3) 半減期を $T=22$ 年として，t〔年〕後の個数が $\dfrac{1}{16}$ になったとすると，

$\dfrac{N}{N_0}=\dfrac{1}{16}=\left(\dfrac{1}{2}\right)^4$ であるから，半減期の式より，

$$\left(\frac{1}{2}\right)^{\frac{t}{T}}=\left(\frac{1}{2}\right)^4 \quad よって \quad \frac{t}{T}=4$$

したがって，$t=4T=4\times22=88$ 年